非线性系统的动力学行为及其数值分析

Dynamical Behaviors and Numerical Analysis of Nonlinear System

王贺元　编著

科 学 出 版 社

北　京

内 容 简 介

本书系统介绍了非线性系统的动力学行为及其数值分析问题，综述了非线性系统的分岔与混沌的发展历史和研究方法，包含了作者近年来在这一领域取得的一些研究成果。包括五方面内容：非线性系统的分岔和混沌行为简述及其相关研究方法概述；微分方程稳定性与定性理论；分歧及其数值计算方法简介；非线性系统的混沌行为分析；无穷维混沌系统的低模分析及其数值仿真问题。

本书可供理工科院校的数学、物理等相关专业的教师、研究生和高年级本科生使用，也可供流体力学、航空航天、大气物理等相关专业科技工作者参考。

图书在版编目(CIP)数据

非线性系统的动力学行为及其数值分析/王贺元编著. —北京：科学出版社，2018.6
ISBN 978-7-03-057973-7
Ⅰ.①非… Ⅱ.①王… Ⅲ.①非线性系统(自动化)–动力学分析 Ⅳ.①O655.9
中国版本图书馆 CIP 数据核字(2018)第 131404 号

责任编辑：刘信力／责任校对：邹慧卿
责任印制：张 伟／封面设计：陈 敬

科学出版社出版
北京东黄城根北街 16 号
邮政编码：100717
http://www.sciencep.com
北京凌奇印刷有限责任公司印刷
科学出版社发行 各地新华书店经销
*
2018 年 6 月第 一 版 开本：720 × 1000 B5
2018 年10月第二次印刷 印张：12 3/4
字数：244 000
POD定价： 88.00元
(如有印装质量问题，我社负责调换)

前　言

对非线性系统动力学行为的探索，自 19 世纪 80 年代初开始，已经经历了一个多世纪，至今仍方兴未艾。其研究汇聚了世界上一大批优秀学者，发表了数以千计的科学论著，吸引了各领域的众多科技工作者和青年学生。迄今为止，国内已出版多部非线性动力学方面的教材和专著，但基于以下几点考虑，我们还是决定把这本《非线性系统的动力学行为及其数值分析》奉献给读者。第一，大千世界是非线性的，非线性系统普遍存在于自然界和人类社会的各个领域，非线性系统的研究无论是对现代科学技术还是对社会经济系统都有重大的理论价值和实践意义。为了使初学者对非线性系统有较全面的了解，不至于在茫茫文献中迷失方向，编写一本虽不是专著，但也不是普通科普读物的非线性系统方面的书籍是非常必要的。第二，非线性系统分岐与混沌现象的研究领域之深广，攻关气势之磅礴，震撼着整个学术界。研究生的相关专业甚至本科的相关专业都已开设了相关的必修和选修课，编写合适的教材和教学参考书是当务之急，本书是这方面工作的探索和尝试。第三，无穷维系统的动力学行为是人们目前普遍关注的焦点和难点，其理论和数值分析极具挑战性，本书借鉴协同学役使原理以及无穷维动力系统惯性流形的思想，在约化无穷为有限方面作了一些探索和尝试。

本书具有以下特点：第一，介绍非线性动力学的主干，精练而不失全面；第二，作为教材或教学参考书，由浅入深，易读而不失严密；第三，既不限于论述某一方面的专门研究成果，也非一般非线性动力学资料的汇编，而是在精选资料的基础上，根据作者的理解和研究重新编排组合，构建一个比较科学的非线性动力学的知识体系，体现出“组合即创新”的原则；第四，对协同学与非线性动力学之间的关系、无穷维非线性动力系统等的最新进展作了较详细的阐述，对分数阶、时滞和复杂网络系统等目前人们普遍关注的热点问题也作了简单的介绍，将读者直接引向学科发展的前沿；第五，数值仿真与分析典型非线性系统的动力学行为是本书的亮点。

本书内容如下：第 1 章是绪论，对非线性科学理论与描述混沌现象的方法进行了简单的综述，简单介绍了探讨混沌的几种方法与描述非线性系统混沌行为的几个指标等，介绍了混沌学研究的意义；第 2 章介绍了微分方程稳定性与定性理论，包括解的存在唯一性定理、解的稳定性、定性理论简介、线性稳定性分析和中心流形定理、混沌系统吸引子的存在性和全局稳定性分析等内容；第 3 章介绍了非线性系统的分岐及其研究方法与数值计算方法等内容；第 4 章是非线性系统的混沌行为分析，介绍了协同学与维数约化方法、典型的混沌案例分析、混沌的内在规律、洛伦兹 (Lorenz) 系统等几个典型的混沌系统截取过程及混沌行为分析等内容；第 5 章是两个无穷维混沌系统的低模分析及其数值仿真，包括库埃特-泰勒 (Couette-Taylor) 流三模系统的混沌行为及其数值仿真和不可压缩磁流体动力学类洛伦兹系统的动力学行为及其数值仿真，并给出了非线性系统的数值仿真算法与 MATLAB 程序，这一章内容是作者近年来承担国家自然科学基金等各类科研项目的部分研究成果，在此感谢国家自然科学基金 (11572146)、辽宁省教育厅科研基金 (L2013248) 和锦州市科技专项基金 (13A1D32) 的资助。

由于学识和水平所限，不当和错误之处在所难免，敬请同行专家批评指正。

王贺元

2017 年 6 月

目　　录

第1章 绪　　论

1.1 非线性科学理论与描述混沌现象的方法概述

1. 动力学系统

非线性动力系统包括代数的、常微和偏微的或者它们耦合的非线性系统，即使是简单的，也具有极为复杂的动力学行为。非线性动力学成为物理学、力学和数学等学科中研究的主流之一。1923 年，泰勒 (G. I. Taylor) 从实验和理论上，分析了两个同心无限长的、以不同的角速度旋转的圆柱体之间的粘性流体流动稳定性问题。当雷诺 (Reynolds) 数较低时，流动是定常的层流，称为库埃特 (Couette) 流；当雷诺数增长到一定的数值时，库埃特流变为不稳定, 出现了有旋涡的流动，形成了绕轴旋转的环形涡流；再增加雷诺数，轴对称的涡流也变得不稳定，出现了一个地平经度的行进波，这种可以观察到的分歧现象，引起了很多数学家和物理学家的极大兴趣。1963 年，气象学家洛伦兹 (E. N. Lorenz) 在数值实验中发现混沌现象；1971 年，茹厄勒 (D. Ruelle) 和塔肯斯 (F. Takens) 对耗散动力系统引出了奇怪吸引子概念，建议用于描述湍流发生的新机制，随后，梅 (R. May) 指出，生态学中一些非常简单的动力学数学模型，具有极为复杂的动力学行为；1975 年，李天岩 (Li) 和约克 (Yorke) 在一篇《周期 3 意味着混沌》的论文中，正式提出混沌这个概念；随后，费根鲍姆 (M. J. Feigenbaum) 和 Coullet 独立地发现了倍周期分歧现象中标度性和普适常数，揭示了混沌现象中也存在确定性规律；这些研究方向迅速融成一片，引起了众多物理学家和数学工作者的关注。

应该说，促进这一研究热潮的基本动力之一，是寄希望于打开湍流研究的新门户。一百多年以来，湍流运动规律的研究一直没有取得根本性的突破，至今仍是物理学领域内最为困难的一个基础理论问题。由于它具有广泛而重要的应用价值，是自然界的所有非线性现象中一个典型代表，且 20 世纪 60 年代以后，在非线性科学中相继发现了孤立子、拟序结构、确定性混沌、奇怪吸引子以及分形结构等等基本规律，这极大地刺激了湍流的研究。科学家们逐渐认识到分歧、分形和混沌的研究最终将为了解湍流运动的本质和产生机理敞开大门。1983 年，瑞典诺贝尔奖学术委员会和美国科学、工程和公共政策委员会都对湍流和混沌现象之间的关系作过深入细致的探讨并广泛征求意见，给出了比较乐观的估计。低维动力学研究取得显著成就的同时，无限维动力学长时间行为研究也方兴未艾，尤其是对纳维–斯托

克斯 (Navier-Stokes) 方程、Kuramoto-Sivashinsky 方程、Cahn-Hilliard 方程、金茨堡–朗道 (Ginzburg-Landau) 方程、非线性薛定谔 (Schrödinger) 方程、非线性反应扩散方程等吸引子及其分维数的估计的研究，以及由此引出的惯性流形、近似惯性流形等新概念和建立此基础上的新算法的研究等。

真实动力系统几乎总是含有各种各样的非线性因素，诸如机械系统中的间隙、干摩擦，结构系统中的材料弹塑性和黏弹性、构件大变形，控制系统中的元器件饱和特性、控制策略非线性等。通常在某些情况下，线性系统模型可提供对真实系统动力学行为的很好的逼近。然而，这种线性逼近在许多情况下并非总是可靠的，被忽略的非线性因素有时候会在分析和计算中引起无法接受的误差，使理论结果与实际情况有着“失之毫厘，谬以千里”之别。特别是对于系统的长时间历程动力学问题，即使略去很微弱的非线性因素，也常常会在分析和计算中出现本质性的错误。

非线性动力学理论的研究和发展已经经历了一个多世纪，为了使非线性动力学理论在“十三五”期间得到更好的发展，非常有必要回顾一下非线性动力学研究和发展的历史。非线性动力学理论的发展大致经历了 3 个阶段：第 1 阶段是从 1881 年到 1920 年前后，第 2 阶段从 20 世纪 20 年代到 70 年代，第 3 阶段从 20 世纪 70 年代至今。第 1 阶段主要是定性理论的发展，其主要的标志性成果有法国科学家庞加莱 (Poincaré) 1881~1886 年间发表的系列论文《微分方程定义的积分曲线》，俄罗斯科学家李雅普诺夫 (Lyapunov) 1882~1892 年间完成的博士论文《运动稳定性理论》以及美国科学家伯克霍夫 (Birkhoff) 在 1927 年出版的著作《动力系统》。第 2 阶段主要是非线性系统动力学问题的定量方法研究的发展，代表人物有俄罗斯科学家克雷洛夫 (Krylov) 和包戈留包夫 (Bogliubov)，乌克兰科学家特罗波尔斯基 (Mitrpolsky)，美国科学家奈弗 (Nayfeh) 等。在这个阶段，克雷洛夫和包戈留包夫二人提出并系统地发展了平均法。在平均法的基础上，Krylov, Bogliubov 和 Mitrpolsky 三人发展了三级数法，也简称为 KBM 方法。奈弗系统地发展和总结了多尺度方法。许多科学家利用这些方法解决了大量的动力学和工程学中的问题。在这个阶段中抽象提炼出的著名非线性系统如 Duffing 方程、Van der Pol 方程以及马蒂厄 (Mathieu) 方程等，至今仍被人们用以研究非线性系统动力学现象的本质特征。从 20 世纪 60 年代开始，原来独立发展的分岔理论汇入非线性动力学研究的主流当中，混沌现象的发展更为非线性动力学的研究注入活力，分岔、混沌的研究成为非线性动力学理论新的研究热点。俄罗斯科学家阿诺德 (Arnold) 和美国科学家斯梅尔 (Smale) 等数学家和力学家相继对非线性系统的分岔理论和混沌动力学进行了基奠性和深入的研究，洛伦兹、上田 (Ueda) 和费根鲍姆等科学家则在数值模拟中获得了重要发现。他们的杰出贡献使非线性动力学从 20 世纪 70 年代起成为一门重要的前沿科学。

近 40 年来，非线性动力学在理论和应用两个方面均取得了很大发展。随着非线性动力学理论和相关科学的发展，人们基于非线性动力学的观点以及现代数学和计算机等工具，对工程科学等领域中的非线性系统建立动力学模型，预测其长期的动力学行为，揭示内在的规律性，提出改善系统品质的控制策略。一系列成功的实践使人们认识到：许多过去无法解决的难题源于系统的非线性，而解决难题的关键在于对问题所呈现的分岔、混沌和分形等复杂非线性现象具有正确的认识和理解。

随着计算机代数、数值模拟和图形技术的进步，非线性动力学理论正从低维向高维发展，非线性动力学理论和方法所能处理的问题规模和难度不断提高，已逐步接近实际系统。在工程科学界，以往研究人员对于非线性问题采取绕道而行的现象已经发生了变化。人们不仅力求深入分析非线性对系统动力学特性的影响，使系统和产品的动态设计、加工、运行与控制满足日益提高的运行速度和精度需求，而且开始探索利用分岔、混沌等非线性现象造福人类。

非线性动力学理论在高科技领域和工程实际问题中的应用，已经引起了各领域科学家们的广泛关注，并使这门学科有了强大的生命力。在工程系统中，有许多动力学问题都是非线性的，它们的数学模型和运动方程可以用非线性动力系统来描述，在工程问题中的应用实例有：(1) 柔性机器人和弹性机构中的非线性振动问题；(2) 机械柔性结构的非线性振动问题；(3) 航天飞机和空间站中柔性机械臂、卫星天线和太阳能列阵的非线性振动问题；(4) 航天器的混沌姿态运动；(5) 系绳卫星的非线性振动与控制问题；(6) 内燃机中曲轴系统的非线性扭转振动、气门机构的非线性振动和离心摆式减振器的非线性振动问题；(7) 带有裂纹的大型转子和大型发电机组的非线性振动问题和网络智能监测诊断问题；(8) 金属切削机床的非线性颤振和控制问题；(9) 振动机械中的非线性动力学问题；(10) 滑动轴承中的油膜涡动问题；(11) 齿轮传动和黏弹性带传动中的非线性振动问题；(12) 高速机车行驶稳定性和蛇行问题；(13) 流固耦合机械系统和流体诱发的机械结构的非线性振动问题；(14) 大型船舶在横浪或纵向波作用下的横摇运动、操纵稳定性和倾覆机理问题；(15) 车辆半主动悬架系统的时滞非线性动力学问题；(16) 悬索结构以及悬索和梁结构之间相互耦合的非线性动力学问题；(17) 天空安全工程问题等。由此可见，研究非线性动力学理论和方法对于解决工程系统中的实际动力学问题具有重要的意义。非线性动力学的研究进展将会对工程系统的研究、设计和使用产生深远的影响。

2. 线性系统和非线性系统

自然科学和技术的发展，正在使传统学科的划分和研究方法发生深刻的变化。学科之间的互相渗透以及传统学科与日新月异的新技术的结合，促进了大批综合性边缘学科的孕育和发展。这种发展的一个重要特征是“非线性”，以研究各门学科中非线性问题的共性特征和运动规律以及解决方法为目的的非线性科学正在成为跨学科的研究前沿。非线性科学的发展从根本上影响和改变着整个科学体系。目前，人们已经认识到，正是非线性创造了我们五彩缤纷的世界。

当代科学技术发展的重要特征之一，是在几乎所有的领域中都发现了非线性现象。非线性科学主要研究各门学科中有关非线性的共性问题，特别是那些无法通过线性模型稍加修正就可以解决的问题，以及它自身理论发展所需要的概念和方法。换言之，非线性科学揭示各种非线性现象的共性，发展处理它们的普适方法。非线性动力系统按其特性可分为两大类。其一是耗散系统，其解在相空间内的相体积在时间演化过程中收缩到 0，收缩到低维空间，这种系统存在吸引子，相空间中所有运动轨道最终都要被吸引到这种吸引子上；相反，另一类是保守系统，其解在相空间中始终保持体积不变，这种系统不存在吸引子。

我们在前面多次提到 “非线性”。这是混沌理论中一个非常重要的概念。郝柏林说，“现代自然科学和技术的发展，正在改变着传统的学科划分和科学研究的方法。‘数、理、化、天、地、生’ 这些纵向发展为主的基础学科，与日新月异的新技术相结合，使用数值、解析和图形并举的计算机方法，推出了横跨多种学科门类的新兴领域。这种发展的一个重要特征，可以概括为 ‘非’ 字当头，即出现了以 ‘非’ 字起首而命名的一系列新方向和新领域。其中非线性科学占有极其重要的位置。” 非线性科学如此重要，那么什么是非线性呢？这正是我们首先要弄清的问题。

从数学上说，动力学系统按变量之间的关系划分为线性和非线性两类。线性和非线性用于区分函数 $y = f(x)$ 对自变量 x 的依赖关系。函数

$$y = ax + b \tag{1.1}$$

对自变量 x 的依赖关系是一次多项式，在 x-y 平面中的图像是一条直线，就说 y 对 x 是线性关系。其他高于一次的多项式函数关系都是非线性的。最简单的非线性函数是抛物线：

$$y = ax^2 + bx + c \tag{1.2}$$

在上述两式中，a, b, c 是参数。

线性与非线性的区别。

首先，线性是简单的比例问题，而非线性是对这种简单关系的偏离。当 $b = 0$ 时式 (1.1) 表示的是 “水涨船高” 的正比例关系。对线性关系的小小局部偏离并不导致抛物线，而是更接近一条三次曲线。在传统的数理科学中，早已发展出许多计入小小修正的微扰方法，其并不属于非线性科学的范畴。非线性科学是处理对线性实质有较大影响的偏离问题。人们发现，在非线性方程中，一个变量的微小变化对其他变量有成比例的，甚至灾难性的影响。一个动力学系统各要素之间的相关性可

以在很大数值范围内保持相对不变，但在某些临界点处会出现突变，刻画系统的方程会出现一种新的性态。

其次，线性关系是组成部分互不相干、各自独立地起作用，而非线性是它们之间的相互作用。因此，线性系统满足叠加原理，整体等于部分之和；而非线性的相互作用使得整体不再简单地等于局部之和，可能出现不同于线性叠加的增益或亏损。

最后，线性关系保持信号的频率成分不变，而非线性使频率结构发生变化。这一点对理解混沌动力学有极重要的意义。

在线性系统中，输出信号的频率与输入信号的成分相同。如果输出信号中有和频、差频或倍频，就表明是非线性系统。但这不一定是非线性科学的研究对象。如果当非线性越过一定阈值，输出信号冒出某种分频成分，这就不再是一个平常的非线性系统了。

近代科学是从研究线性系统开始的。数学家总是先研究线性代数、线性微分方程、线性算子理论，线性规划等；物理学家也首先考虑无摩擦的理想摆，无粘滞性的理想流体，无摩擦又不散热的卡诺循环，无其他天体的二体问题等等。经典科学实质上是线性科学。线性科学在理论和实践上都已取得十分辉煌的成就，许多令人注目的重大理论和技术创造都是线性科学对人类的贡献。

然而，今天的科学家认识到，现实世界实际上是非线性的。在天体动力学中，三体运动方程是非线性的，庞加莱正是在这里与混沌不期而遇。在一般力学中，考虑流体粘滞作用时，由牛顿第二定律得到的流体运动方程，叫纳维–斯托克斯方程，方程中的平流项都是非线性的，它们反映通过风的输运造成的物理量的不均匀性。在简单的单摆运动中，线性理论也不一定管用。单摆的等时性并非严格的定律，而是小摆幅下的近似。如果对摆幅不加限制，它的运动就是非线性的，有着意想不到的复杂性。

在电磁学中，欧姆定律说的是，流经电路的电流等于外加电压除以电路的电阻。这是线性关系：根据欧姆定律，如果加上两个电压，从而把两条电路叠加，则对应的电流也加在一起，给出组合电路中的电流。但在晶体管中，线性叠加原理不再成立，即它们不遵从欧姆定律。

在化学反应中

$$\frac{\mathrm{d}C_A}{\mathrm{d}t} = -kC_AC_B$$

式中，C_A, C_B 分别是两种参加反应的反应物的浓度。化学反应的速率与两种反应物的浓度乘积有关，因而方程右端 $-kC_AC_B$ 为非线性项。反映种群演化的逻辑斯谛 (Logistic) 方程也是一个非线性方程。

德国物理学家海森堡 (W. K. Heisenberg) 在 1966 年的一次演讲中说，“实际上理论物理学中的每个问题都是非线性数学方程刻画的，量子理论也许除外，但量子理论最终是线性的还是非线性的理论，还是一个颇有争议的问题。因此，理论物理学的绝大部分要归为非线性问题。”

线性关系简单，线性方程可以解析求解。而非线性方程一般地无解析解。例如，纳维–斯托克斯方程是流体力学的典型方程，是一个非线性方程。要求解这样的方程是很困难的。美国数学家冯 · 诺伊曼 (J. von Neumann) 在讲到求解纳维–斯托克斯方程时说，“在一切方面方程的性质都同时变化着，方程的阶和次都在变化着。因此，出现令人头痛的数字困难就在意料之中。”

过去，科学家常常在忽略非线性因素的前提下建立系统模型，能够建立线性模型被看作科学研究获得成功的标志。如果在建模过程中，非线性因素排除不掉，也要对非线性模型作线性化处理。这种方法用得很广，对于讨论非线性问题也很重要。这可能是摄动理论的主要任务。摄动理论的目的就在于，使运动方程变得简单、可解。这种科学思想和方法论就是科学研究的线性观。

当科学以简单的动力学系统为研究对象时，线性观是十分有效的。然而，当科学以复杂系统为对象时，线性观的缺陷日益暴露出来。在讨论天体力学的三体问题和行星系统更复杂的问题时，人们总是用摄动理论。采用摄动理论在有限的时间(如几千年) 内可以相当容易地导出行星的运动轨道。但是，当时间继续流逝，摄动不再是很小的，就可能存在一个很大的效应，以致不可能说清楚行星的轨道是不是同周期的。更为严重的是，线性观掩盖了世界的非线性本质，扭曲了科学研究的目标、重点和方法，成为科学进一步发展的障碍。梅说，“这样发展出来的数学直觉，不能正确地把学生武装起来，使之能面对最简单的离散非线性系统所表现出来的稀奇古怪的行为。”

为了解决非线性问题，数学家首先研究出一些数学理论和方法。这是从卡瓦列夫斯卡娅开始的，庞加莱、伯克霍夫、李雅普诺夫、斯梅尔也都做出了贡献，创立了非线性数学。它提供了洞悉现实世界本质的手段。

20 世纪 70 年代，科学家用计算机和非线性数学，发现了确定性系统中的混沌行为，这极大地激发了人们探索自然界和人类社会中存在的各种复杂性问题的热情，同时深深地改变了人们观察周围世界的观点和方法。现在人们终于明白了，非线性不是罕见的例外，而是普遍存在的现象，线性问题才是稀少的；非线性特征不是可有可无的支流或细枝末节，而是世界的基本特征和本质，线性系统只不过是一部分非线性系统的理想化；非线性是现实世界无限多样的复杂性的根源，而线性世界是抽象的、简单的、单调的。近三四十年，在各种不同领域中展开的非线性问题研究所取得的成果，显示了非线性理论的必要性和深刻性，并且一定会导致哲学的深刻变革。

混沌研究更否定了非线性问题没有普遍原理的说法。过去，人们曾以为非线性问题个性极强，每一具体问题要求发明特殊的算法和运用新颖的技巧。事实上，数学和力学都有一些可精确求解的非线性方程，物理学中也解出少数并非平常的模型。这时，人们还不可能看见它们之间内在的联系，不可能认识到它们的共性。近四五十年，由于近似计算方法的进展，更由于计算机的发展，使得求解非线性方程的数值变得容易、快捷。于是，人们能发现不同领域非线性问题的共性。

混沌的研究表明，分岔、突变、对初始条件的敏感依赖性、长期行为的不可预见性、奇怪吸引子等都是非线性系统的共同性质，分数维数、李雅普诺夫指数、费根鲍姆常数等是定量地刻画非线性系统的普适概念。非线性系统既有普遍成立的规律，又有普遍适用的方法，于是可建立系统的理论体系，这就是非线性科学。

线性系统满足叠加原理，整体等于部分之和。数学的发展早已为线性系统的研究提供了包括线性代数、线性微分方程、傅里叶分析、线性算子理论和随机过程的线性理论在内的强有力的解析方法，因此没有必要形成 “线性科学” 这样一门独立的学科。

正如非线性科学不满足叠加原理一样，非线性科学并不是非线性数学、非线性物理、非线性力学等分支学科的总和。人们已经发现，自然科学的各个不同领域的非线性系统有着共同的概念，即非线性系统具有超越不同学科领域的共同性质。非线性科学只考虑不同学科中非线性的共性问题，特别是那些无法通过线性化解决的问题，再加上它自身理论发展所需要的概念和方法。

非线性科学已经大大改变了人们观察世界的方法和思维方式。这几十年来的研究已经使人们认识到，人类正处在变革的、演化的、复杂化的时代，探索复杂性已成为许多科学家的共同愿望。

世界是非线性的，线性只能近似地描述世界，非线性才能刻画世界的本来面目。普利高津 (I. Prigogine) 指出：“线性律与非线性律的一个明显区别就是叠加性质有效还是无效：在一个线性系统里两个不同因素的组合作用只是每个因素单独作用的简单叠加。但在非线性系统中，一个微小的因素能导致用它的幅值无法衡量的戏剧效果。”

线性微分方程有一套普适理论 (常微分方程等课程)，而对非线性微分方程没有普适理论可以运用，但人们构建了研究非线性微分方程的一些普适方法，探讨非线性系统的共性。由于线性系统与非线性系统有着本质的区别，线性系统满足叠加原理，而非线性系统不满足叠加原理，所以无法化 “整” 为 “零”，而且非线性系统对初值极为敏感，因此，非线性问题的研究是极其困难的。过去通常采用的奇点附近线性化的方法，或者针对具体的非线性方程来寻求个别的解析处理方法。直到目前，对于非线性问题仍然没有系统的处理方法，更多的是集中于典型范例的研究和作某些定量分析。

非线性科学研究的内容有主要以下几个方面：非线性映射的宏观特性、混沌与分形、动力学系统的时间反演问题、自组织与耗散结构、随机非线性微分方程、湍流、神经网络系统、孤立子与拟序结构、复杂性探索等。一般认为，混沌、分形和孤立子是非线性科学的主题，而且它们三者是彼此联系的。当一个系统或事物里有可调的恒定参量时，参量的不同会引起系统长期动态发生根本性的变化，这是分岔理论所关心的问题；当参量的变化跨越某些临界点时，系统将发生根本性的转变。例如，孤立波失稳、分形结构的改变、混沌过程变成周期振荡等等。如果在一个系统或事物的演化中，从时间过程看有混沌，而在空间分布上又有变化的分形图形，就应把时空联系起来研究其动力学行为。

由于非线性系统对初值的极度敏感性，使得在处理非线性问题时不能得心应手地使用一些已经非常成熟的数学方法，如线性叠加、微扰、摄动、无穷小分析等。非线性系统往往错综复杂，对其进一步研究呼唤着新的方法和思维方式。应运而生的系统论、信息论、耗散结构、协同学、混沌理论、分形几何学、孤立子理论等已成为研究非线性科学的有力武器。混沌理论作为其中的一种，可谓一枝独秀，已渐渐成为非线性科学的主要研究手段。混沌科学使人们原来限于简单系统的观念发生了革命性转变，使人们更清楚地认识了简单与复杂、确定与随机的内在联系。因此，科学家将以混沌理论为核心的非线性科学誉为 20 世纪继相对论与量子力学之后的第三次科学革命。

3. 保守系统和耗散系统

从数学角度，可以把动力学系统分为线性和非线性的；而从物理学角度，则可以把它分为保守的和耗散的。如果系统不存在摩擦、黏滞等因素，运动过程中能量守恒，这类系统称为保守系统；如果系统有着摩擦、黏滞性的扩散或热传导性质或过程，在运动过程中消耗能量，系统的能量不能保持恒定不变，这样的系统称为耗散系统。

任何一个实际系统，当运动时间足够长时，耗散效应是不可忽略的。任何一个宏观系统实际上都是耗散系统。因此，对耗散系统的混沌的研究有重要的实际意义。由于耗散系统的相体积在运动过程中不断收缩，不同初始条件会趋于同一结果或少数几个结果，且耗散系统的混沌与保守系统的混沌的根本区别在于有无吸引子。因此，对耗散系统混沌的研究可归结为对吸引子的研究，对奇怪吸引子的研究。

哈密顿 (Hamilton) 系统是一类保守系统。保守系统又可分为可积系统和不可积系统。不可积系统意味着存在混沌运动。不可积系统比可积系统多得多，而可积系统是非常稀少的。这就又从物理学角度说明了混沌的普遍性。

对不可积系统的研究，导致了 KAM 定理。这是 19 世纪以来，对不可积系统的研究所获得最重大理论成果，解决了牛顿力学中长期悬而未决的一些问题，并且直接促进了 20 世纪 80 年代关于保守系统混沌的研究，具有重要的理论意义。如果说耗散系统的混沌研究有重要的实际意义的话，那么保守系统的混沌研究就有着基本的理论意义。

4. 高维 (无穷维) 非线性系统

在实际工程系统中，有许多问题的数学模型和动力学方程都可用高维非线性系统来描述，例如黏弹性传动带由于在运动过程中可以忽略弯曲刚度，因此其动力学模型可以简化成为具有黏弹性特性的轴向运动弦线，内燃机曲轴、机器人柔性机械臂等可以简化成悬臂梁，还有广泛应用在航空航天工程领域的薄板和薄壳结构，由流体诱发的输流管的非线性振动问题，在机械、航空等领域广泛应用的主动电磁轴承等。如何研究由这些工程实际问题所建立的无限维或高维非线性动力学方程是工程科学领域中非常重要的研究课题。对于高维非线性动力系统来说，其研究难度比低维非线性动力系统要大得多，不仅有理论方法上的困难，而且还有空间几何描述和数值计算方面的困难。对于高维非线性系统和无限维非线性系统来说，从理论上讲，都可用中心流形理论和惯性流形理论对高维非线性系统和无限维非线性系统进行降维处理，使系统的维数有所降低，但是降维后系统的维数仍然很高，并且高维非线性系统中的稳定流形和不稳定流形的空间几何结构难于直观的构造和描述，其后续研究仍然非常困难。因此发展能够处理高维非线性动力学系统的理论研究方法是非常重要和迫切的。高维非线性系统的复杂动力学、全局分岔和混沌动力学，是目前国际上非线性动力学领域的前沿课题，受到科学家们的广泛关注。大部分工程实际问题都可用高维非线性系统来描述，并且大多数都是高维扰动哈密顿系统。然而目前研究高维非线性系统的复杂动力学、全局分岔和混沌动力学的方法还不是很多，国内外均处于发展阶段。尽管对于高维非线性系统已有一些理论研究方法和结果，但由于高维非线性系统的复杂性和多样性，现有的数学成果还远不能满足工程实际问题的需要，而且研究高维非线性系统动力学的很多数学理论和方法高度抽象，目前阶段尚难于在工程实际问题中进行大规模应用。因此，结合工程实际中有典型意义的高维非线性动力学模型，在理论方面发展相应的适用研究方法，对于解决工程实际问题来说是至关重要的。目前对于高维非线性系统复杂动力学、全局分岔和多脉冲混沌动力学的研究主要是以理论分析和数值模拟为主，尽管在数值模拟中发现了大量的各种分岔与混沌现象，但对于产生这些复杂现象的非线性本质及其物理意义还缺乏实验方面和工程上的合理解释。尽管研究高维非线性系统的全局分岔和混沌动力学具有很大的挑战性和困难，但是近几十年来，国内外的学者还是取得了一些研究成果。

斑图和湍流等问题的研究涉及动力系统随时间的演化和空间结构的性质，无疑反映了非线性科学当前研究的主流方向。从理论本质来看，与无穷维动力系统问题有关。在近年来建立无穷维动力系统框架之前，人们在解决实践问题时已经用到了若干方法，从早期的模式截断伽辽金 (Galerkin) 方法到近二十年来广泛使用的元胞自动机、格子气方法，一直到近几年才建立的耦合映射就是其中有代表性典型方法，所有这些方法的中心思想都是把无穷维问题约化为有限维问题加以讨论。这种把无穷维 (高维) 的动力系统问题约化为有限维 (低维) 动力系统的思想，从物理学角度看，在普利高津开创的耗散结构理论和哈肯 (H. Haken) 开创的协同论中已经得到了体现。按照耗散结构理论，一个远离平衡态的复杂开放系统可以通过物质和能量交换形成各种各样的自组织，显然这种自组织是一些被激励模式通过耦合而组成的空间结构。按照哈肯提出的役使原理，一个复杂的大系统中起主导作用的往往是一些被称为“序参量”的变量，其他变量受到这些序参量的役使。事实上，这些序参量变量个数就代表起到支配动力系统构形的参数个数，故也反映了约化思想。然而普利高津和哈肯只是提出了新的思想, 这种思想，除了极个别情况 (比如中心流形情况) 外都没有从理论上得到证实。从这个意义上讲，从理论上解决把无穷维动力系统约化为有限维动力系统的问题，对非线性科学的进一步发展具有开创性意义。

5. 分数阶时滞非线性系统

自 1983 年曼德尔布罗特 (B. Mandelbort) 指出自然界及许多科学技术领域中存在大量的分数维以来，分数阶微积分在各个领域得到了广泛研究，分数阶微积分较整数阶微积分具有诸多突出优势，迅速成为当前的研究热点。在实际非线性系统控制中，由于反馈延时、信号传输延时等都具有时滞，而时滞的存在往往是系统的稳定性和性能变差的原因，时滞的存在可能导致通信网拥塞、数据丢包，可能导致交通系统中车辆流动不畅、交通拥堵等诸多问题。如何判定分数阶时滞非线性系统的稳定性以及实现分数阶时滞非线性系统的有效控制是目前人们普遍关注的热点问题，发展分数阶时滞非线性系统稳定性理论，实现分数阶时滞系统控制，推动分数阶控制理论和控制方法的应用，有助于丰富非线性系统控制理论，推动控制理论和控制工程的发展。

6. 复杂网络系统

复杂网络是最近二十年飞速发展的一个多学科交叉领域，是研究复杂系统的一门新兴学科，受到国内外研究学者的广泛关注。复杂网络是指具有复杂拓扑结构和动力学行为的大规模网络，它是由大量的节点通过边的相互连接而构成的图。任何复杂系统都可以抽象成为由相互作用的个体组成的网络，因而网络无处不在，遍及自然界和人类社会。其中颇具代表性且受到广泛研究的网络有互联网、万维网、铁路网、航空网、电力网、蛋白质相互作用网、新陈代谢网、基因调控网和各种合作性的网络等。研究这些网络不仅对人们的工作和生活至关重要，而且对了解自然界特别是生物系统的奥秘有深远的科学意义。另一方面，复杂网络研究关注个体之间的微观相互作用导致的系统的宏观现象。这种将系统行为作为一个整体的研究方式不受传统还原论方法的限制，从而能够预言复杂系统丰富的整体行为，包括自组织特性，涌现等。这使得以网络的方式研究复杂系统成为了必然趋势。同时，复杂网络的研究热潮促进了学科之间界限的打破，推动了统计物理、非线性动力学、应用数学、信息工程、社会学和生物学等多学科的交叉和发展。因此，复杂网络研究具有重大的理论价值。研究复杂网络的最终目标是理解网络上的各种动力学过程如何受到网络结构的影响，而网络的形成和演化机制决定网络的结构，因此研究网络结构的演化动力学成为了复杂网络研究的前提和热点之一。

复杂网络与大数据、动力学及控制理论密不可分，在互联网、社会网络、生物网络、语言网络、技术网络、交通网络、人工网络、经济等学科领域具有广泛的应用。对于复杂网络，人们普遍关心的是如何定量刻画复杂网络，网络结构的描述及其性质，网络是如何发展成现在这种结构的，网络演化模型网络特定结构的后果是什么，网络结构的鲁棒性，网络上的动力学行为和过程，网络在疾病传播控制、信息 (舆情) 传播与控制、个性化推荐、生物系统等应用。

复杂网络结构与同步间的关系是近年来复杂网络研究的热点，在近几年大量研究结果的基础上，目前很多学者开始考虑如何提高网络的同步能力，以方便人们更好地控制网络的同步。

1.1.1 分岔概念简述

若系统的参数变化导致结构不稳定，系统的相轨迹拓扑结构突然变化，则称这种变化为分岔。因此可将分岔的定义叙述为

对于含参数的系统：

$$\dot{x} = f(x, \mu) \tag{1.3}$$

其中，$x \in R^n$ 为状态变量，$\mu \in R^m$ 为分岔参数。当参数 μ 连续地变动时，若系统 (1.3) 的相轨迹的拓扑结构在 $\mu = \mu_0$ 处发生突然变化，则称系统在 $\mu = \mu_0$ 处发生分岔。μ_0 称为分岔值或临界值，(x, μ_0) 称为分岔点。在参量 μ 的空间 R^m 中，由分岔值构成的集合称为分岔集。在 (x, μ) 的空间 $R^n \times R^m$ 中，平衡点和极限环随参数 μ 变化的图形形成分岔图。

分岔的物理意义是，当非线性动力系统的参数在某临界值发生微小变化时，系统的定性性质发生“质变”的一种现象，该临界参数称为系统的分岔点。分岔不仅揭示了系统的不同运动状态之间的联系和转化，而且同失稳和混沌密切相关。

分岔问题可以分为静态分岔、动态分岔，也可以按局部分岔和全局分岔来分类。静态分岔是指系统的平衡状态数目和稳定性的变化，动态分岔是指系统在相空间中相轨迹定性性质的变化，它与动力系统理论、结构稳定性概念密切相关。动力

系统的拓扑结构由轨线、平衡点、闭轨、极限集和非游荡集来表征，其结构稳定性意味着在小扰动下保持拓扑等价，这可以是指整个向量场的结构稳定，也可以是指某不动点附近的局部结构稳定性的否定。这里系统的小扰动概念通常是在参数空间的邻域内来描述的。动态分岔是对结构稳定性的否定，即总存在一个小扰动与原拓扑结构不等价。局部分岔是研究平衡状态或相轨线附近拓扑结构的变化，而全局分岔是研究系统大范围内拓扑结构的变化。

静态分岔可以分为平衡点的鞍结分岔、跨临界分岔、叉式分岔等等。动态分岔可以分为霍普夫 (Hopf) 分岔、闭轨分岔、环面分岔、同宿或异宿分岔等等。局部分岔有鞍结分岔、霍普夫分岔等。全局分岔的例子是大范围内出现同宿轨道和异宿轨道。一般分岔问题的求解，包括维数的约化和形式的化简两个方面，为此发展有中心流形理论、李雅普诺夫–施密特 (Lyapunov-Schmidt) 方法、奇异性理论和规范形方法等。

1.1.2 混沌概念简述

混沌是非线性系统特有的一种运动形式，是产生于确定性系统的依赖于初始条件的往复性稳态非周期运动，类似于随机振动而具有长期不可预测性。混沌的基本特征是具有对初始条件的敏感性，即初始值的微小差别经过一定时间后可导致系统运动过程的显著差别。这种对初始条件的敏感依赖性称为初态敏感性。

混沌还必须是往复的稳态非周期性运动，这是非线性系统的又一特征。在无限时间历程中，确定性线性系统的非周期运动 (即周期运动、准周期运动和拟周期运动之外的运动) 都不是往复的稳态运动。如强阻尼线性振动趋于静止，而无阻尼线性受迫振子共振时的运动发散到无穷。非线性系统则不同，它可能存在往复但非周期性的运动。混沌的这种往复的非周期运动看上去似乎无任何规律可循，完全类似于随机噪声，而且采用传统的相关分析和谱分析等信号处理技术也无法将混沌信号与真正的随机信号区分。值得注意的是，这种类似随机的过程产生于完全确定性的系统。因此混沌具有内在随机性。

混沌的另一特征是长期预测的不可能性，这又有别于完全不可预测的真正随机过程。现实中的任何物理量都只能以有限精度被测量，无穷高精度在物理世界中是不存在的。因此在其中存在着不确定因素。可以认为，具有初态敏感性的系统对于初值误差的作用不断进行放大。随着时间的流逝，初始条件中的不确定因素起着越来越大的作用。一段时间以后决定运动的已不是初始条件中以有限精度给定的部分，而是在精度范围之外无法确定而又必然存在的误差，运动的预测便成为不可能了。由于初态敏感性而具有的不可长期预测性，被形象地称为“蝴蝶效应”。

1. 混沌的定义及其概念的演化

混沌是服从确定性规律但又具有随机性的运动。所谓服从确定性规律，是指系统的运动或演化，可以用确定的动力学方程表述，而不是像噪声那样不服从任何动力学方程。所谓运动具有随机性，是指不能像经典力学中的机械运动那样，由某时刻状态可以预测以后任何时刻的运动状态。混沌运动像其他随机运动或噪声那样，其运动状态是不可预言的，即混沌运动在相空间中没有确定的轨道。洛伦兹把混沌运动这种在确定性系统中出现的随机性称为“貌似随机”。现在关于混沌的概念与通常人们对混沌一词的理解完全不一样。在古代，无论中国还是西方，混沌 (或浑沌) 都表示宇宙形成之前的无序状态。在西方，古巴比伦和古希腊对混沌一词也有类似的意义，例如，说混沌是“在秩序的宇宙之前就已存在的无秩序、无定形的物质。”以后混沌就表示完全无序或彻底混乱的意思。19 世纪人们把“混沌”一词引入到气体分子运动论，认为气体中分子混乱无序的运动状态为“分子混沌”(molecular chaos)。所有以上这些定义或概念的共同点是，混沌是表示完全随机无序的状态。直至 1986 年，英国皇家学会举办的一次国际性专题学术会上，与会者达成共识，即认为“混沌”就是“确定性系统中出现的随机状态”。

由于混沌运动的初值敏感性和长时间发展趋势的不可预见性，混沌是一个相当难以精确定义的数学概念。因此关于混沌，目前还没有一个统一的比较严格的标准定义。研究中常用李雅普诺夫指数来定义，即：如果一个系统所有的李雅普诺夫指数之和小于零且至少有一个指数为正的，那么这个系统就是混沌的。在混沌定义的历史上，影响较大的数学定义主要有李–约克 (Li-Yorke) 定义和 Devaney 定义。

定义 1.1 李–约克定义 [1]

设连续映射 $f: I \to I \subset R, I$ 是 R 中一个子区间。如果存在不可数集合 $S \subset I$ 满足：

(1) S 不包含周期点；

(2) 对任意 $x, y \in S$，当 $x \neq y$ 时，有

$$\lim_{n\to\infty} \sup |f^n(x) - f^n(y)| > 0$$

$$\lim_{n\to\infty} \inf |f^n(x) - f^n(y)| = 0$$

这里 $f^n(\cdot) = f(f(\cdots f(\cdot)))$ 表示 n 重函数关系；

(3) 对任意 $x \in S$ 及 f 的任意周期点 $y \in I$，有

$$\lim_{n\to\infty} \sup |f^n(x) - f^n(y)| > 0$$

则称 f 在 S 上是混沌的。

该定义的缺陷在于集合 S 的勒贝格测度有可能为 0，这时混沌是不可观测的。根据李–约克定义，1983 年，Devaney 指出了混沌系统应具有如下的性质：

(1) 存在所有阶的周期轨道；

(2) 存在一个不可数集合，该集合只含有混沌轨道，且任意两个轨道既不趋向远离也不趋向接近，而是两种状态交替出现，同时任一轨道不趋于任一周期轨道，即该集合不存在渐近周期轨道；

(3) 混沌轨道具有高度的不稳定性。

定义表明在区间映射中，对于集合 S 中的任意两个初值，经过迭代，两序列之间的距离的上限可以为大于 0 的正数，下限等于 0。就是说当迭代次数趋向无穷时，序列间的距离可以在某个正数和 0 之间 “漂忽”，即系统的长期行为不能确定，是一种与我们通常熟悉的周期运动极不相同的运动形态。但应该指出的是, 上述定理或定义都只是表明一种数学上的 “存在性”，并没有描述其测度和稳定性。

定义 1.2　Devaney 定义 [1]

设 X 是一个度量空间，一个连续映射 $f: X \to X$ 称为 X 上的混沌，如果

(1) f 是拓扑传递的；

(2) f 的周期点在 X 中稠密；

(3) f 具有对初始条件的敏感依赖性。

除了以上两个对于混沌的定义之外，混沌的定义还有很多，如 (斯梅尔) 马蹄、横截同宿点、拓扑混合以及符号动力系统等定义。但至今没有一个统一的定义，仍处于继续研究和发展中。当然，仅仅从非线性动力学，或者从数学、物理学的角度来定义混沌是远远不够的。混沌作为一种自然界与人类社会中普遍存在的运动形态也不可能完全纳入某一学科的范畴，我们只能从此为一个起点，逐步扩展对混沌的研究。随着研究的深入对混沌运动的特征和涵义的认识也会不断深化。

“混沌” 或 “浑沌” 一词最早在中国和希腊的神话故事中出现，以后随着人类文明的进步，文化和科学的发展，“混沌” 一词在英文、法文、德文中都写作 “chaos”，在俄文中写作 “xaoc”，都来源于希腊文 “$\chi\alpha o\varsigma$”。到了近代，尤其是近几年，“混沌” 一词以极高的频率出现在各类报刊文章、文献著作中。几千年来，混沌的词义在不同的地域文化背景和不同的科学领域中有着不同的内涵，混沌概念也在不断演化。其演化的过程和阶段大致可分为古代理解的混沌、一般科学混沌涵义和具有严格定义的非线性动力学混沌三个层次。古代理解的混沌 (浑沌) 主要是描述一种自然状态及其演化。混沌是古代思想家关于宇宙起源的重要概念。众多古籍一般都把混沌作为宇宙开天辟地之前的一种状态。《三无历》中说：“未有天地之时，混沌如鸡子，盘古生其中，万八千岁，天地开辟，阳清为天，阴浊为地。”《论衡 · 天篇》中说：“元气未分混沌唯一。”《易纬 · 乾凿度》中说：“混沌者，言万物相混成而未分离”。由此可见，混沌状态的主要特征是浑然一体。但此一体是一个含蓄着万物的整体。《易纬 · 乾凿度》还认为宇宙生成之前也有一个演化过程，经历了不同阶段才达到混沌：“太易未见气也。太初者，未见始也。太始者行之似也。太素者，质之始也。气似质而未相离，谓之混沌。” 古埃及、古希腊的思想家极早就有世界起源

于混沌的观点，古希腊神话诗人赫西俄德 (约公元前 8 世纪) 在《神谱》中说："万物之前先有混沌，然后才产生宽阔的大地。" 这和中国古代的认识极为接近："世界是演化来的，世界产生之前的状态是混沌的。" 古希腊的自然哲学观点还认为，世界演化的最终结局也是混沌，世前的称原始混沌，世后的称终极混沌。对西方文化起着重要影响的《圣经》也讲到混沌，《旧约全书》创世纪第一章第一句就说："期初上帝创造天地。地是空虚混沌，渊面黑暗；上帝的灵运在水面上。上帝说：'要有光'，就有了光。上帝看光是好的，就把光暗分开了 …… 有晚上，有早晨，这是头一日。" 宗教信奉上帝创造了天地，但《圣经》的字里行间还是隐含了人们的天地由混沌演化而来的观念。古代哲学家还将混沌概念作为对一种思维方式的描述，即为在人类认识发展过程中条理分明的认识阶段之前浑浑噩噩的朦胧状态，现代哲学家还确认这是人类思维发展中的一个重要环节，称为混沌思维，等。可见，在古代，虽然对混沌的概念没有统一的严格的定义，但东西方一般都将混沌作为一种自然状态，一种演化形态，一种思维方式。

到了近代，混沌概念随着科学的发展逐渐演化。近代科学以牛顿力学为旗帜。然而牛顿力学是关于运动的学说，而不是关于演化的理论。牛顿及其追随者抛弃了古希腊学者朴素的辩证思想，把混沌与混乱、无规等同，否认宇宙起源于混沌的观点，他们认为宇宙创生之前的唯一存在是上帝，从上帝施加第一推动力的时刻起，宇宙成了像钟表一样的一个动力学系统，处于遵循牛顿定律的、确定的、和谐有序的运动中。由于牛顿力学的巨大成功和决定论观点的严重影响，致使混沌在近代科学兴盛发展的整个时期几乎被排除在科学研究的对象之外。

近代的哲学家们，尤其是形而上学的唯物论者，以 18 世纪的伟大的唯物主义者，法国的狄德罗 (D. Diderot) 为代表，从哲学上否定了混沌的客观意义。他宣称，"在一般的及抽象的意义下，行星系统、宇宙也就是个弹性物体：混沌是不可能的。" 伟大的德国哲学家康德，虽然也与牛顿一样企图以自然科学成果去论证上帝的存在，但他坚持辩证思维，坚持演化观点，认为宇宙起源于 "原始混沌"。他试图把秩序和混沌调合起来，认为大自然即使在混沌中，也只能有规则、有秩序地进行运动。可以看出，他力图以自然科学知识去丰富古代的混沌论。

科学发展到 19 世纪，虽然牛顿理论仍占主导地位，但拉普拉斯 (Laplace) 等对星云假设的科学论证，特别是达尔文的进化论，有力地促使古希腊和中国古代的演化思想重新为科学界所接受。热力学是首先讨论混沌的自然科学学科。热力学理论的创立，热力学第二定律的发现以及对热平衡态的深入研究，为古代学者关于宇宙原始混沌的猜想提供了科学论证。19 世纪末、20 世纪初，以量子论和相对论的创立为标志的科学大革命，把人们的认识引向了微观和宇观的层次，从而在这些领域结束了牛顿力学的支配地位。从玻尔 (Bohr)、海森堡到汤川秀树 (Yukawa)、普里高津，一批现代科学的杰出人物，为解决他们所面临的重大理论课题，纷纷研究古代的尤其是中国的哲学思想，古代混沌观就是被重视的一个重要方面。

在基本粒子物理学领域，随着新的基本粒子不断被发现，促使人们思考这些粒子的背后到底是什么？诺贝尔奖获得者，日本著名理论物理学家汤川秀树从中国古代庄子思想中得到启示，曾提出物质的最基本的东西不是基本粒子，而是混沌，这种混沌没有固定的形式，却具有分化出一切基本粒子的可能性。后来汤川秀树又提出了一个大胆的物理假设：混沌可能是把基本粒子包裹起来的时间和空间。他还把庄子寓言中的“倏”与“忽”理解为对立的两极，把混沌理解为两极相遇的统一体，可以认为这是把古代混沌观和现代科学联系起来的典型事例。

现代宇宙学的发展，也对混沌概念的深化和科学解释作出了贡献。被越来越多的人们所接受的“大爆炸”理论认为，宇宙是在大约 150 亿年以前，基本上处于热平衡态的、浩瀚的、炽热而稠密的物质状态，可以认为便是“原始混沌”。从这“原始混沌”出发，随着它急剧膨胀、冷却，逐渐衍生成众多的星系、星体、行星，直到生命出现，成为现在的宇宙。现代宇宙学提出的这样演化的理论模型，赋予原始混沌概念以现代的科学涵义。同时，由于发现了引力的自组织作用，现代科学拥有充分的根据断言，宇宙决不会走向古代学者提出的、经克劳修斯用热力学语言论证的、热寂式的“终极混沌”状态。

混沌概念最为深刻的演化与进展，发生在研究宏观世界的动力学中。由于牛顿理论的巨大影响，20 世纪 60 年代之前，人们仍普遍认为，确定性系统的行为是完全确定的、可以预言的。不确定性行为只会产生在随机系统里。然而，近几十年来的研究成果表明，绝大多数确定性系统都会发生奇怪的、复杂的、随机的行为。随着对这类现象的深入了解，人们与古代的混沌概念相联系，就把确定性系统的这类复杂随机行为称为混沌。动力学系统所称的混沌既不等于日常用语和一般科学中所说的混沌，也与粒子物理学家把混沌作为一种物理假设不同，而是一个有严格定义的、可用数学工具精确描绘的科学概念。现在，“混沌”这个在中外文化历史上源远流长的词汇随着非线性动力学研究的深入，已经成为一门新学科的名字，一个尚待研究开发的、有着巨大影响的新领域。

庞加莱是真正发现混沌的第一人，但他没有提出混沌概念。在混沌学文献中较早引入“混沌”(chaos) 这个概念的是华人学者李天岩和导师美国数学家约克，他们首次提炼出了混沌概念的数学表述。因此，加深了对现代混沌概念的深刻理解。约克坚持认为，混沌一词能代表正在成长的确定性无序的整个事业。中国混沌学研究的杰出代表郝柏林院士特别强调，混沌的科学涵义不是简单的无序，“它可能包含着丰富的内部结构”，他指出：“正因为这个缘故，我们才从古汉语中引用‘混沌’一词（‘气似质具而未相离，谓之混沌’），避免‘混乱’、‘紊乱’等等容易引起误解的说法”。

20 世纪 60 年代兴起的自组织理论，给古代关于宇宙万物起源于混沌的演化思想以现代科学的解释，并作为自己理论的基本观念之一。自组织理论的创始人普利高津，把古代“原始混沌”概念解释为热平衡态，称为“平衡热混沌”，也称第一类混沌，以此作为自组织过程的起点，并用“从混沌到有序”的命题来概括自组织过程。协同学创始人哈肯也持有类似的观点。自组织理论试图将混沌学的研究成果吸收到自己的框架中，作出了被混沌学家所承认的两点重要贡献：第一，阐明了混沌学的混沌是系统的一种远非平衡的状态，并称为非平衡态混沌，也称为第二类混沌；第二，提出混沌运动是一种自组织过程。自组织理论把非平衡态混沌作为从原始混沌开始的演化过程的归宿，这为古代的终极混沌观念提供了一种现代科学的解释。

应该着重说明，混沌学作为一门现代科学，对混沌概念作了严格的界定，虽然由于混沌运动的复杂性，这些界定尚未完全统一，但已经使它成为精确的科学概念，这也就限制了其使用范围。我们必须区分古人讲的混沌，现代日常生活和一般科学中讲的混沌及混沌动力学中的混沌概念。既不能用古代和近代一般科学中的混沌概念去牵强附会地论述混沌动力学中的科学概念，也不应以混沌动力学中的严格科学定义去限制日常生活和一般科学中对混沌一词的使用。然而最有价值的是人们了解了混沌概念的演化过程，将有助于加深理解现代科学混沌概念的深刻哲理，也将有助于现代混沌学从古代混沌观中吸取有益的营养。

2. 混沌的特征

混沌运动的发现和对它的分析研究还只是近几十余年的事，综合迄今人们对混沌的认识，混沌有以下特征 [13–14]：

(1) 混沌具有对初始状态的敏感依赖性。这是混沌区别于其他确定性运动的最重要标志。

拉伸和折叠特性是形成敏感依赖初始状态的内在机制。拉伸是指系统内部的局部不稳定所引起的点之间距离的扩大；折叠是指系统在整体稳定因素作用下形成的对点与点之间距离的限制。经过多次拉伸与折叠，轨道扰乱，从而形成混沌。由于混沌系统无法避免的涨落 (内禀的噪声)，初始条件的微小差别往往会使相邻轨道按指数形式分开。洛伦兹称混沌运动的这种对初始条件的敏感依赖性为蝴蝶效应 (butterfly effect)：如果全球气象处于混沌状态，那么一只蝴蝶在巴西拍动翅膀，就可能在美国得克萨斯州引起龙卷风。系统无法避免的固有的涨落和外界噪声干扰使得系统初始状态的微小差别是无法避免的 (真实世界中的实际系统所能有的有限精确度与数学上所述的无限精确度之间的原则差别！)，这就使非线性系统作混沌运动时不可避免地存在蝴蝶效应。这种状态变化微小差别的被放大就是运动的不确定性和随机性。由此可见，随机性和蝴蝶效应是密切相关的。在 19 世纪末 20 世纪初期，庞加莱在研究非线性系统运动和微分方程解的性质时指出："一种非常微小的，以至于察觉不到的起因可能产生一个显著的、决不能看到的结果。这时就说这结果是偶然产生的。可能会有这种情况：初始条件的微小差异将导致最终出现根本不同的现象，前者的微小差异将使后者出现巨大误差，于是不可能作出预言。这现象就被认为是偶然的现象"。综上所述，蝴蝶效应是区别混沌同其他确定性运动的最重要标志。因为不但经典力学中常见的各种确定性运动不具有蝴蝶效应，即使貌似具有随机性的准周期运动也不具有蝴蝶效应，因为准周期运动的初始条件的微小差别不会使两相邻轨道分道扬镳。

(2) 混沌运动是确定性和随机性的对立统一。

混沌系统是由确定性系统产生的不确定性行为，具有内在随机性，与外部因素无关。尽管系统的规律是确定的，但在它的吸引子中任意区域概率分布密度函数不为 0，这就是确定性系统产生的随机性。实际上，混沌的不可预测性和对初值的敏感性导致混沌的内在随机性性质，同时也就说明混沌是局部不稳定的。通常所说的随机性不仅是非周期的，而且不服从确定的动力学规律，从而其随时间的演化是完全不可预言的。也就是说，它不服从因果律。但是混沌运动是在确定性系统中发生的，这与完全随机运动有着本质的区别：

① 混沌运动服从确定的动力学规律；

② 混沌振荡虽具有随机性且不是规则的，但其运动也不是完全杂乱无规的；

③ 虽然混沌运动在整个时间进程中具有随机性，即在较长时间上不能对其运动作出预言，或者说它不服从因果律，但是在较短的一定的时间范围内，预言还是可能的，或者说，因果律并未被完全否定。因此，混沌运动是确定性和随机性的对立统一。

(3) 混沌具有有界性。

混沌吸引子始终局限于一个确定的区域，该区域称为混沌吸引域。无论混沌系统内部多么不稳定，它的轨迹都不会走出混沌吸引域。所以从整体上说混沌系统是稳定的。

(4) 混沌吸引子具有遍历性。

混沌运动在其吸引域内是各态经历的，即在有限的时间内混沌轨道经过混沌区域内每一个状态点。

(5) 混沌具有分维性。

分维性是指混沌的运动轨道在相空间中的行为特征，维数是对吸引子几何结构复杂程度的一种定量描述。分维性表示混沌运动状态具有多叶、多层结构，且叶层越分越细，表现为无限层次的自相似结构。

(6) 混沌具有长期不可预测性。

(7) 混沌具有标度性。

标度性是指混沌运动是无序中的有序态。其有序可理解为只要数值或实验设备精确度足够高，总可以在小尺度混沌区内看到其中有序的运动花样。

(8) 混沌具有普适性。

普适性是指不同系统在趋向混沌状态时所表现出来的某些共同的特征。它不依赖于具体的系统方程或参数而变。具体表现为几个混沌普适常数，如著名的费根鲍姆常数。普适性是混沌内在规律的一种体现。

3. 混沌的分类

混沌现象分为四类：时间混沌、空间混沌、时空混沌和功能混沌。

时间混沌是指经过长时间演化后，仅在时间上表现为混沌行为；空间混沌指在空间广延上表现为混沌行为；时空混沌指不仅在时间上表现为混沌行为，而且在系统长时间发展以后，空间广延上也表现为混沌行为；功能混沌指更高层次的混沌现象。

从刻画混沌系统的相空间或状态空间来看，混沌系统可分为低维、有限维的系统和高维、无限维的系统。

1.1.3 混沌学研究的兴起

1. 混沌学的早期探索及知识积累

混沌学的研究热潮始于 20 世纪 70 年代初期，但这门新学科的渊源却可以追溯到 19 世纪。19 世纪的自然科学取得了重大发展，为突破牛顿理论体系，迎接 20 世纪初的伟大科学革命准备了知识基础。同时，在思维方式上，理论自然科学向辩证思维复归这一历史性潮流，也为新学科的创立提供了认识论工具。

19 世纪 30 年代，英国数学物理学家哈密顿将动力学系统的能量表示为广义动量和广义坐标的函数。设系统具有 N 个自由度，则以 N 个广义动量和 N 个广义坐标组成 $2N$ 维的相空间，运动方程的解即为相空间中的曲线，称为轨道。这样，牛顿力学变成了相空间的几何学，几何方法成了研究动力学系统的有力工具。按照哈密顿函数的数学形式，可以把动力学系统划分为可积和不可积两大类。这一划分使人们逐步认识到，经典牛顿理论实际上只是关于可积系统的理论，而一般的动力学系统，包括多体甚至仅三体问题都是不可积的。这一认识是通向混沌学大门的重要一步，因为混沌正是不可积系统的典型行为。

公认为真正发现混沌的第一位学者，是伟大的法国数学和物理学家庞加莱，他是在研究天体力学，特别是在研究三体问题时发现混沌的。他以太阳系的三体运动为背景，证明了周期轨道的存在。他在详细研究了周期轨道附近流的结构，发现在所谓双曲点附近存在着无限复杂精细的“栅栏结构”。他发现了三体引力相互作用能产生出惊人的复杂性为，确定性动力学方程的某些解有不可预见性，这就是我们现在讲的动力学混沌现象。当庞加莱意识到当时的数学水平不足以解决天体力学的复杂问题时，就着力于发展新的数学工具。他与李雅普诺夫一起奠定了微分方程定性理论的基础；他为现代动力系统理论贡献了一系列重要概念，如动力系统、奇异点、极限环、稳定性、分叉、同宿、异宿等；提供了许多有效的方法和工具，如小参数展开法、摄动方法、庞加莱截面法等。他所创立的组合拓扑学是当今研究混沌学必不可少的工具。现代动力系统理论的几个重要组成部分，如稳定性理论、分叉理论、奇异性理论和吸引子理论等，都源于庞加莱的早期研究。还有回复定理、遍历理论、概率思想等等，这一系列数学成就对以后混沌学的建立有着广泛而深刻的影响。

同时，庞加莱的科学哲学思想也为发现混沌清除了一大理论障碍。他明确地提出了偶然性的客观意义，他认为“偶然性并非是我们给我们的无知取的名字”，“对于偶然发生的现象本身，通过概率运算给予我们的信息显然将是真实的”。从这一认识出发，他鲜明地批判了“绝对的决定论”，认为精确的定律并非决定一切，它们只是划出了偶然性可能引起作用的界限。特别应该提出的是，庞加莱在 20 世纪初就发现了某些系统对初值具有敏感依赖性和行为不可预见性，他在《科学的价值》一书中写道：“我们觉察不到的极其轻微的原因决定着我们不能不看到的显著结果，于是我们说这个结果由于偶然性。…… 可以发生这样的情况：初始条件的微小差别在最后现象中产生了极大的差别；前者的微小误差促成了后者的巨大误差，于是预言变得不可能了。”这些描述实际上已经蕴含了“确定性系统具有内在的随机性”这一混沌现象的重要特征。

诚然，混沌现象是一种极其复杂的运动形态，庞加莱时代尚不具备建立混沌学的足够的数学工具和其他准备知识，但他的科学贡献已为人们打开了一个观察混沌新世界的窗口。

在庞加莱之后，一大批数学家和物理学家在各自的研究领域所做的出色工作为混沌学的建立提供了宝贵的知识积累。如伯克霍夫在动力学系统的研究中于 1917 年至 1932 年间发表了一系列论著，他在哈密顿微分方程组的正则型求解、不变环面的残存等问题上，对不可积系统的轨道特征，对遍历理论都有重要贡献。他在研究有耗散的平面环的扭曲映射时，发现了一种极其复杂的“奇异曲线”，这实际上就是混沌中的一种奇怪吸引子。与此同时，数学领域还发现了一批分形几何对象，并导致了分形几何学的建立。概率论经过公理化而成了现代数学的标准组成部分，分析、代数、几何，以致最抽象的数论都在为当今的混沌研究准备工具。遍历理论也在经过了长期的积累后取得重大进展，数学家们发现了不同层次的遍历性，分别代表不同类型的复杂系统。同时，弄清了一批具体系统的遍历性和非遍历性，相应地建立了区分复杂和简单系统的定量判据，遍历理论终于成为当今研究复杂系统的强有力武器。

早期混沌研究的一个重要阶段是把庞加莱的拓扑动力学思维推广应用于耗散系统。最早的工作开展在电工学领域，1918 年杜芬 (G. Duffing) 对具有非线性恢复力项的受迫振动系统进行了深入研究，揭示出许多非线性振动的奇妙现象，他的标准化的动力学方程被称为 Duffing 方程，即

$$\dot{x}+kx+f(x)=g(x) \tag{1.4}$$

其中，$f(x)$ 含三次项，$g(x)$ 为周期函数。同时期，荷兰物理学家范德波尔 (B. Van der Pol) 研究三极管振荡器，建立了著名的 Van der Pol 方程：

$$\dot{x}-k(1-x^2)\dot{x}+x=b\lambda k\cos(\lambda t+\varphi) \tag{1.5}$$

Duffing 方程和 Van der Pol 方程都是现代混沌学文献中的典型方程。

早期混沌探索的一个突出成果是在生态领域，经过数代人的努力提炼出了逻辑斯谛方程：

$$x_{n+1}=ax_n(1-x_n) \tag{1.6}$$

这是描述生物种群系统演化的典型模型，常称为虫口模型。

另外，在生理学领域、物理学领域都发现了特殊的非周期现象，在经济学界也积累了大量的看来杂乱无章的数据。所有这些都成了近代混沌学研究极有价值的知识积累。

2. 混沌学研究的重大突破

经历了漫长的知识积累，到了 20 世纪五六十年代，混沌现象在众多的学科领域被发现，学者们针对各类混沌也建立了各种特殊的数学处理方法。

混沌学研究的第一个重大突破，发生在以保守系统为研究对象的天体力学领域，KAM 定理被公认为创建混沌学理论的历史性标记。

在天体力学领域，不仅有始于庞加莱的混沌探索良好传统，也由于在这一领域与混沌轨道的复杂图像相匹配的数学手段已基本具备，以苏联学者柯尔莫戈洛夫 (A. N. Kolmogorov) 为首的实力强大的苏联学派应运而生。柯尔莫戈洛夫是超越同时代人的佼佼者，他以《概率论的基本概念》《概率论的解析方法》等名著奠定了现代概率论的基础；他建立了现代拓扑学主要分支的上同调理论，掌握了对混沌学研究极具重要价值的拓扑学方法；在湍流研究中提出了著名的柯尔莫戈洛夫三分之二定理；在遍历理论方面引入了测度熵概念，成功地解决了流的同构问题；在复杂性问题的探索中，把复杂性和随机性概念在算法理论的基础上统一了起来，所以，他具备了突破描述保守系统复杂性行为所需的一切必要的知识基础。1954 年，柯尔莫戈洛夫在阿姆斯特丹国际数学大会上宣读的论文《在具有小改变量的哈密

顿函数中条件周期运动的保持性》，被公认为是具有划时代意义的科学文献。他研究了解析哈密顿系统的椭圆周期轨道的分类，发现了一个充分接近可积哈密顿系统的不可积系统，对此系统若把不可积当作可积哈密顿函数的扰动来处理，则在小扰动条件下，系统运动图像与可积系统基本一致。1963 年，柯尔莫戈洛夫的学生，年轻的、具有超群才华的阿诺德对此作出了严格的数学证明。差不多同时，瑞士数学家莫泽 (J. Moser)，对此给出了改进表述，并独立地作出了数学证明。KAM 定理就是以他们三人名字的首字母命名的，这是一个多世纪的以来人们用微扰方法处理不可积系统所取得的最成功的结果，具有极为重要的理论价值。郝柏林院士称 KAM 定理是 “牛顿力学发展史上最重大的突破”，KAM 定理被国际混沌学界公认为这一新学科的第一个开端。

混沌学研究的第二个重大突破，发生在遍布于现实世界的耗散系统。作出杰出贡献的学者是美国气象学家洛伦兹。洛伦兹虽是从事天气预报工作的气象学家，但数学功底十分扎实。在 20 世纪 50 年代和 60 年代，人们普遍认为气象系统虽然非常复杂，但仍是遵循牛顿定律的确定性对象，在有了计算机以后，天气状况可以精确预报。大数学家、“计算机之父” 诺伊曼甚至认为天气状况可以改变和控制。1962 年，萨尔茨曼 (B. Saltzman) 通过简化流体对流模型得到了一个完全确定的三阶常微分方程组。当时，洛伦兹把它作为大气对流模型，用计算机做数值计算，观察这个系统的演化行为。在计算观察中，确实看到了这个确定性系统的有规则行为，同时也发现了同一系统在某些条件下可出现非周期的无规则行为，这是与当时气象界的权威观点相矛盾的，但却与洛伦兹的经验和直觉相符合，因为长期天气预报确实始终没有获得过成功，这就是有趣的 “蝴蝶效应”。通过长期反复的数值实验和理论思考，洛伦兹以巨大的勇气向传统理论提出了挑战，揭示了计算机模拟结果的真实意义，在耗散系统中首先发现了混沌运动。他在 1963 年发表了著名论文《确定性非周期流》，以后又陆续发表了三篇论文，这组论文是混沌研究的第二大突破，成了后来研究耗散系统混沌现象的经典文献。洛伦兹揭示了一系列混沌运动的基本特征，如确定性非周期性、对初值的敏感依赖性、长期行为的不可预测性等，他还在混沌研究中发现了第一个奇怪吸引子—— 洛伦兹吸引子，他为混沌研究提供了一个重要模型，并最先在计算机上采用数值计算方法进行具体研究，为以后的混沌研究开辟了道路。

3. 混沌学研究的世界性热潮

混沌学研究的世界性热潮的到来是以数学家和物理学家分离了几十年后的重新结合为标志的。20 世纪 30 年代数学家和物理学家的分离，对于时机尚未成熟的混沌研究来说，让出了数学积累的时间。如前所述，那段时间，在数学的抽象思维中，拓扑学、泛函分析、整体分析、微分几何、微分流形等分支迅速发展起来，分析学在描述间断性、奇异性、整体性、非线性特性等方面都有很大发展。概率论的建立，遍历理论的进展，分形几何的问世，都直接或间接地为混沌学的研究提供了有力的数学工具。但是，仅有拓扑动力学和微分方程稳定性理论等工具还不足以有效地描述动力系统的复杂行为。拓扑方法便于描述系统整体性，但在不具备可微性的拓扑空间上，描述时间演化的动力学特性却受到很大限制。从 20 世纪 60 年代初起，斯梅尔，阿诺索夫 (D. V. Anosov)，廖山涛等一批拓扑学家将拓扑学和常微分方程定性理论结合起来，在拓扑空间引入可微性，微分结构等概念，建立了一门崭新的数学分支——微分动力系统理论，以微分流形为相空间，引入回复性与非回复性、游荡集与非游荡集 (Ω 集) 等概念，处理了动力系统整体结构稳定性问题，成为探索混沌奥秘的最有效的数学工具之一。这一理论的突出优点是其物理背景十分明确，就是用来处理动力系统的复杂现象，从非线性振子这一类物理学家十分熟悉的问题着手进行数学抽象，为物理学家提供解决搁置了近七十年的问题的合适工具，数学家和物理学家在对混沌现象的深入研究中重新结合了起来。

在物理学界，20 世纪 60 年代兴起的非线性，非平衡态热力学相变临界态理论等物理学新领域的研究成果，不仅使杰出的耗散结构理论创始人普利高津和威尔逊 (K. Wilson) 等分别获得了诺贝尔化学奖和物理学奖，而且表明物理学中我们生活中的宏观层次问题的研究大有可为。威尔逊用重正化群方法处理临界现象的开创性工作，对于混沌研究做出了重要的方法准备。差不多同时期兴起的系统科学，提倡横向的跨学科研究，探索远离平衡态的、非线性的、不可逆的、自组织的客观过程，创造处理复杂性、不确定性、演化特性的新方法。系统科学提供的一整套新观点和新方法，使混沌学研究获得了强大的活力。20 世纪 70 年代初开始，混沌学研究终于在多个学科领域同时展开了，形成了世界性研究的热潮。

1971 年，法国的数学物理学家茹厄勒和荷兰的塔肯斯联名发表了著名论文《论湍流的本质》，首次提出用混沌来描述湍流形成机理的本质，并证明了朗道 (Lev D. Landau) 关于湍流发生机制的权威理论的不确定性，起了重要的解放思想的作用。他们通过严密的数学分析，独立地发现了动力系统存在一套特别复杂的新型吸引子，描述了它的几何特征，证明与这种吸引子有关的运动即为混沌，发现了第一条通向混沌的道路。并命名为这类新型吸引子为奇怪吸引子。确立了他们在混沌学发展史上的显赫地位。此后，判别是否存在奇怪吸引子，刻画这种吸引子的特征，成了耗散系统混沌研究的基本课题。

生物学家，特别是种群生态学家，对建立混沌学有着特殊贡献，他们在研究种群演化的动力学材料中建立的逻辑斯谛方程的数学模型，是 20 世纪 70 年代以来研究混沌十分理想的典型“标本”。作为杰出代表的梅，1971 年起从研究理论物理转向研究生物学，他用数值计算研究虫口模型，既看到了规则的周期倍分叉现象，也看到不规则的“奇怪现象”，同时还发现随机运动中又会出现稳定的周期运动，这一系列现象无法归咎于计算机的误差，虽然其中的机制并不清楚，但深受震惊的梅确信现象背后必定隐藏着未被认识的规律。梅的发现对混沌现象研究有着巨大的促进。

MSS 定理的建立是这一时期另一项颇有价值的工作，MSS 定理是一个有关单峰映射周期轨道的定理。三位学者 (N. Metropolis，M. L. Stein，P. Stein) 把符号动力学引入混沌研究，为根据计算结果和实验数据确认周期以及周期轨道分类和排序提供了方便的工具。

1975 年，正在美国马里兰大学攻读博士学位的华人李天岩和导师约克联名发表了一篇震动整个学术界的论文《周期 3 意味着混沌》，这是一个关于混沌的数学定理。基本思想是约克受洛伦兹 1963 年的论文启发而得，李天岩给出了具体证明，这就是著名的李–约克定理。定理描述了混沌的数学特征，为以后的一系列的研究开辟了方向。李天岩和约克在动力学研究中率先引入 "混沌" 一词，为这一新兴研究领域确立了一个中心概念，为各学科研究混沌现象树起一面统一的旗帜。约克继续进行了一系列出色的工作，终于成为创立混沌学的少数著名学者之一。

李–约克定理帮助梅理解了他在逻辑斯谛方程中发现的奇异现象，他认识到了这是隐藏在生态系统中的具有普遍特征的混沌，从而撇开了各个具体领域的特殊性，总结和阐明了一个基本事实，简单的确定性非线性差分方程，可以产生出从平衡态到周期态再到混沌态的整个动力学行为。1976 年，梅发表了题为《具有复杂动力学过程的简单数学模型》的论文，以单峰映射为对象，重点讨论了逻辑斯谛方程：$x_{n+1} = ax_n(1 - x_n)$，系统地分析了方程的动力学特征，考察了混沌区的精细结构，绘制了分叉轮廓图，汇集了敏感函数、周期窗口、树枝分叉、切分叉、基本动力学单元、不动点谐波等混沌学词汇，促进了不同领域混沌学研究连成一体，也为这一领域研究的新涉足者提供了一条有效的通道。

法国天文学家埃农 (M. Henon) 在混沌研究热潮的影响下，从研究保守系统转向耗散系统，1976 年，通过对洛伦兹方程的简化，得到了埃农二维映射。他用计算机实验研究这个模型，证明如此简单的平面映射，也能像洛伦兹方程那样产生混沌运动，发现奇怪吸引子。并依据数值计算绘制出了这个吸引子，研究了其复杂结构特征。所有这些工作使埃农在混沌学研究中占有重要地位。

混沌学研究的又一功臣是分形学创始人法国数学家曼德尔布罗特。混沌运动在相空间的复杂图像，表明传统几何的局限，需要创造新的几何工具。1967 年，年轻的曼德尔布罗特在国际权威的美国《科学》期刊上提出了 "英国的海岸线有多长？" 这一新奇的问题，出人意料的回答却是 "不确定的"，它取决于测量时所用的尺度。在此文中明确地表述了他的分形思想，1973 年，他在法兰西学院讲学时又正式提出分形与分形几何的概念。随后相继出版了《分形对象——形、机遇和维数》《自然界的分形几何学》等专著，奠定了分形研究的基础。曼德尔布罗特的工作为混沌探索者们描绘种种不规则的、回转曲折的相空间轨道以理想工具、强有力地推动混沌研究走向高潮。

20 世纪 70 年代中期开始，实验物理学家也纷纷加入混沌学研究者的行列，开创了混沌学家实验研究的新局面。走在前面的是一批具有流体变相研究功底的流体实验学家。1974 年，阿勒斯 (Ahlers) 在低温下观察了液氦的失稳过程，同年戈鲁布 (J. P. Gollub) 和斯文尼 (H. I. Swinney) 在实验中间接证明奇怪吸引子是流体流动中随机性的来源。而后他们都致力于实验观察混沌的研究工作，初步证明，混沌决不是一堆有趣的数学现象，而是客观存在的事实，这在混沌学研究中具有十分重大的意义。同时期，美国加州大学克鲁兹分校的物理学家肖 (R. S. Shaw)、法默 (N. Farmer) 和克拉奇菲尔德 (J. P. Crutchfield) 等用各种形状的龙头流水进行实验，独立地开展了混沌研究，同样证实了混沌的客观性，他们创造了一种从实验数据中重构奇怪吸引子的技术，并将混沌与信息联系起来，用信息论的观点对混沌机制提出了一种理论解释。

美国物理学家费根鲍姆的研究，以杰出的成果为混沌学跻身于现代科学的行列打下了基础。才华横溢，有着独特思维方式的费根鲍姆，对粒子物理、量子场论、临界态理论以及相关的数学工具都有深入的研究，但对混沌学的研究却起步较晚。20 世纪 70 年代以来一批学者通过迭代过程发现倍周期分叉导致混沌的研究成果，引起了他的极大兴趣；同时，奇怪吸引子等新发现又促使他思考确定性系统是怎样表现出难以捉摸的随机性质的。这些随机性质能否具体计算？费根鲍姆依赖于他扎实的数学理论功底，以坚韧不拔的精神，历时数年的研究，终于发现了倍周期分叉过程中分叉间距的几何收敛性。并发现了收敛速率即每次缩小的倍数为 $4.6692\cdots$ 是个常数，这就是著名的费根鲍姆常数。费根鲍姆还把相变临界态理论中的普适性、标度性、重正化群方法引入混沌研究，计算出了一组新的普适常数，建立了关于一维映射混沌现象的普适理论，把混沌学研究从定性分析推进到了定量计算的阶段，成为混沌学研究的一个重要的里程碑。

在保守系统方面的工作，人们主要致力于阐述 KAM 定理的深刻含义。1964 年，法国天文学家埃农和荷兰学生海尔斯 (C. Heiles) 用数值计算方法研究了有两个自由度的哈密顿系统：

$$H = \frac{1}{2}(P_1^2 + P_2^2 + q_1^2 + q_1^2) + q_1 q_2^2 - \frac{1}{3}q_1^3 \tag{1.7}$$

在低能级范围内只能发现周期轨道，但当能级提高时，却发现了意想不到的运动图像，他们从庞加莱著作的拓扑学思想中得到启发，深信这类复杂运动图像的数学实质是动力学系统的一类尚未认识的复杂行为，他们以数值实验为基础描绘了这种运动图像的深层结构，或为物理学界消化 KAM 定理的资料。而后，从 20 世纪 60 年代末到 70 年代末，物理学家沃克 (G. H. Walker)、福特 (J. Ford)、伦斯福德 (G.

H. Lunsford) 等通过实验获得了有关保守系统混沌运动图像的大量形象化材料。阿诺德和莫泽又进一步推进了对混沌的数学分析。怀特曼 (K. J. Whiteman) 又从物理学角度对混沌作了渐近的通俗说明。这一系列的工作使 KAM 定理的保守系统的混沌为更多人所了解。1977 年夏天，物理学家福特和卡萨蒂 (G. Casati) 在意大利科莫组织了关于混沌研究的第一次国际性科学会议，进一步营造了混沌研究的氛围，促进了混沌学研究的世界性热潮。

自 1975 年开始，“混沌” 作为一个新的科学名词在文献中出现，到 20 世纪 80 年代初，混沌研究已发展成为一个具有明确的研究对象和基本课题、独特的概念体系和方法论框架的新学科。关于这门新学科，1983 年, 物理学家贝里 (M. Berry) 提出了混沌学 (chaology) 这个名称，并已逐渐为科学界所接受。20 世纪 80 年代以来混沌学研究出现了更大的热潮，《科学美国人》《科学》《新科学家》《自然》等期刊纷纷介绍混沌理论，专业学术刊物包括我国的《物理学报》《物理学进展》等也大量刊登混沌学研究的论文。40 多年来，混沌研究发表了数以万计的论文，出版了专著和文集近千部，其中也包括了以郝柏林院士为代表的一大批我国学者的研究成果。如今，对混沌现象的认识，是非线性科学最重要的成就之一，混沌概念与分形、孤立子、元胞自动机等概念并行，成为探索复杂性的重要范畴。

随着混沌研究的深入，许多新的混沌系统不断被发现。蔡少棠教授提出了著名的 Chua 电路，它是迄今为止在非线性电路中产生复杂动力学行为最有效而简单的混沌振荡电路之一；陈关荣等研究了洛伦兹系统的反控制问题，通过一个简单的线性反馈控制器，从而发现了一种与洛伦兹系统类似但不拓扑等价的 Chen 系统 [4]；吕金虎等用同样的方法发现了 Lü 系统 [5,6]；次年，吕金虎、陈关荣等又发现了统一混沌系统，统一混沌系统的本质是洛伦兹系统和 Chen 系统的凸组合 [6,12]；随后，Liu 等提出了一类含有平方非线性项的三阶连续自治混沌的 Liu 系统 [7]。

近几年，学者们在前人的基础上不断研究出新成果，2004 年，华中科技大学的廖晓昕推导出了洛伦兹混沌系统全局吸引集和正向不变集的新结果，并讨论了控制与同步的应用 [8]。2005 年，廖晓昕、江明辉和沈轶对统一混沌系统的非线性控制器进行了设计与分析 [9]。2007 年，蔡国梁等提出了一个新混沌系统，并对其动力学行为进行了分析及混沌控制研究 [10]。2010 年，王贺元和鞠春贤研究了四模环流系统

$$\begin{cases} \dot{x} = -x + 2c - y^2 + \left(w^2 + z^2\right)/2 \\ \dot{y} = -y + (xy - zw) + \left(w^2 - z^2\right)/2 \\ \dot{z} = -z + (y - x)(z + w)/2 \\ \dot{w} = -w + (y + x)(z - w)/2 \end{cases} \tag{1.8}$$

的吸引子存在性和平衡点的稳定性 [11]。2007~2010 年，大连理工大学王兴元教授

带领团队发现了一系列超混沌系统[13−14]。2011 年，北京交通大学的宋玉、于永光和王虎对系统

$$\begin{cases}\dfrac{\mathrm{d}x}{\mathrm{d}t}=-ax-y^2-z^2+aF\\[2mm]\dfrac{\mathrm{d}y}{\mathrm{d}t}=-y+xy-bxz+G\\[2mm]\dfrac{\mathrm{d}z}{\mathrm{d}t}=-z+bxy+xz\end{cases}\tag{1.9}$$

式中 G 变化时的李雅普诺夫指数图、吸引子图和庞加莱截面图等混沌特征进行了研究，他们发现了当参数 G 变化时该系统存在混沌现象，并对系统进行了仿真，验证了该方法的有效性，揭示了系统的混沌特征。2012 年，鞠培军、田力、孔宪明、张卫及刘国彩对统一混沌系统

$$\begin{cases}\dot{x}=(25\alpha+10)(y-x)\\[2mm]\dot{y}=(28-35\alpha)x-xz+(29\alpha-1)y\\[2mm]\dot{z}=xy-(\alpha+8)z/3\end{cases}\tag{1.10}$$

的全局指数吸引集问题有了新结果，指出了在混沌控制和同步中得到的广泛应用。近几年来，国内外众多学者掀起了分数阶、时滞和超混沌系统的研究热潮，相关的文献层出不穷。

混沌运动是存在于自然界中的一种普遍运动形式，所以混沌与其他学科相互交错、渗透，这使得其不仅在生物学、数学、物理学，还在经济学、人脑科学等多个领域中得到了广泛的应用，混沌现象的研究方向也越来越广泛。

1.1.4 通向混沌的道路

目前，已知的发生混沌的途径主要有四种：第一个途径是倍周期分岔，通过这条途径规则运动经过不断地倍周期分岔，最终导致混沌；第二个途径是阵发混沌，阵发性概念源于湍流理论，阵发性表现为层流、湍流相交而使相应的空间域随机交替，在混沌理论中，借用阵发性概念表示时间域中系统的不规则行为和规则行为的随机交替现象；第三个途径是拟周期分岔，规则运动通过 (霍普夫) 分岔，产生一个新的不可公约的频率，通过数次这样的分岔便可导致混沌；第四个途径是 KAM 环面路径。

1. 倍周期分岔

倍周期分岔导致混沌，可用映射逻辑斯谛：

$$x_{n+1}=f(x_n)=\lambda x_n(1-x_n),\quad 0\leqslant x\leqslant 1,\quad 0\leqslant\lambda\leqslant 4\tag{1.11}$$

来说明。容易看出，这是一个区间映射，只要初始值落在上述定义区间 $[0,1]$ 中，逐次迭代值也不会离开这个区间。

$\xi \in [0,1]$ 称为周期 K 点，是指满足 $\xi = f \cdot f \cdots f(\xi) = f^K(\xi)$ 的点，此点当 $|f'(\xi) < 1|$ 时为稳定，$|f'(\xi) > 1|$ 时为不稳定，$|f'(\xi) = 1|$ 时的 λ 值可出现分岔。

将 λ 值从小到大逐渐变化，当 $0 \leqslant \lambda \leqslant 1$ 时只有一个不动点，它对应平衡点，因为它满足 $x_{n+1} = x_n$，故可把平衡态解看作为周期 1 解，$\lambda_1 = 3$ 时，分岔出一对周期 2 解，$\lambda_2 \approx 3.45$ 时，这两个不动点各自有分岔出一对周期 4 解，沿 $\lambda_1 < \lambda_2 < \lambda_3 \cdots$ 次序倍周期分岔，我们把每个周期解存在的 λ 的长度称为周期窗口，则这些窗口会很快趋于 0，至于 $\lambda_m \to \lambda_\infty = 3.56994 \cdots$ 进入混沌区域。

2. 阵发混沌

阵发混沌是非平衡非线性系统进入混沌的又一条道路。阵发混沌是指系统从有序向混沌转化时，在非平衡非线性条件下，当某些参数的变化达到某一临界阀值时，系统的时间行为忽而周期 (有序)、忽而混沌，在两者之间振荡。有关参数继续变化时，整个系统将由阵发混沌发展成为混沌。最典型的例子就是 BZ 反应。这个化学反应出现的现象称为化学振荡或化学钟。有时实验会观察到非周期的过程，诸如各种类型的分岔和混沌行为交替出现。实践中，人们还把 “周期和混沌的交替出现” 列为一条新的通向湍流的道路，这就是通常所说的化学湍流。实验还发现，在某些条件下，成分的浓度在空间上也很不均匀，呈现出很多漂亮的花纹，像波一样在介质中传播，这十分类似于在生物体中的生物振荡和生物形态现象。这种浓度变化的不规则性，并非由于实验条件的不确定性或测量仪器的不准确性所致，而完全是由系统内部反应动力学机理所决定的。

3. 二次霍普夫分岔

我们知道当系统的分岔参数变化，使系统发生霍普夫分岔时，则有极限环产生，进一步可以考虑一个极限环分岔为一个二维环面 ($T2$) 上的运动 (有两个互不通约的频率的拟周期运动)，这至少在三维动力系统中才有可能发生，常称为二次霍普夫分岔。依此类推，$T2$ 上的运动又可分化为 $T3$ 上的运动等。纽豪斯 (S. E. Newhouse) 于 1980 年已证明，$T3$ 上的逆周期解一般是不稳定的，因此，周期解只要经过霍普夫分岔和二次霍普夫分岔就可达到混沌。不过在一些数学和水动力学模型中发现了 $T3$ 上的稳定运动，因此，由 $T3$ 上的逆周期运动向混沌过渡的问题尚需研究。即当系统内有不同频率的振荡相互耦合时，系统就会产生一系列新的耦合频率的运动而导致混沌。后来茹厄勒和塔肯斯等认为不需要出现无穷多个频率的耦合现象，甚至出现 2 个或 3 个相互不可公度的频率，系统就会出现混沌，这也称为茹厄勒–塔肯斯道路。

4. KAM 环面

对于近哈密顿系统，有一个著名的 KAM 理论。近哈密顿系统的轨线分布在一些环面 (称为 KAM 环面) 上，它们一个套在另一个外面，而两个环面之间充满着混沌区。它在法向平面上的截线都为 KAM 曲线。可积哈密顿系统如单摆的相图是中心 (椭圆点) 与鞍点双曲点交替出现，相平面被鞍点连续分割，相空间中各部分的运动互不相混。在小摄动情况下 (接近于哈密顿系统)，只在鞍点附近发生一些变化，鞍点连线破断并在鞍点附近产生剧烈震荡，这种运动将导致等价于斯梅尔马蹄的结构，从而引起混沌运动，相应的区域称为混沌层。

科学家还得出了 “条条道路通混沌” 的结论。

1.2 探讨混沌的几种方法

混沌运动是确定系统中局限于有限相空间内整体稳定而局部高度不稳定的运动，正是由于这种不稳定，对系统初始状态的记忆很快消失，对于时间平均值更是如此，因此分析和研究混沌也要特殊的方法，主要方法如下：

- **等效线性化方法** 主要用于分析非线性程度较低的非线性系统。其实质是把非线性问题近似地加以线性化，然后去解决已线性化的问题。描述函数法、分段线性化法、小参数法等都属于这种方法。
- **直接分析方法** 建立在直接处理系统的实际的或简化后的非线性微分方程基础上的分析方法，不管非线性程度的高低都可适用。相平面法、李雅普诺夫第二方法 (见李雅普诺夫稳定性理论) 等都属于这种方法。
- **流形上的控制理论** 这一理论的发展始于 20 世纪 70 年代初期，它是以微分几何为主要数学工具的一种分析方法。流形上的控制理论为非线性系统的研究提供了一条新的途径，可用以研究非线性系统的某些全局和局部性质。
- **李雅普诺夫指数** 它是描述力学系统状态演变的一个量化指标，它能够度量系统相空间中邻近轨道的发散速率，或者说可以刻画状态空间的解对于初值的敏感程度，是混沌解状态的一个定量标志。系统中只要有一李雅普诺夫指数大于 0，这条相空间轨道就可能是混沌的。
- **测度熵** 测度熵又称 KS 熵，是系统信息损失的平均值。对于规则运动，系统的测度熵为零。混沌系统的测度熵是一个有限正常数。利用测度熵可以区分混沌运动与随机运动，因为随机运动的测度熵为无穷大。和测度熵相联系的一个几何概念是拓扑熵，拓扑熵给出了轨道数目随轨道长度以指数规律增加的度量。正的拓扑熵意味着系统运动中有不规则成分，并不表明这种不规则成分可以观测，即表现为混沌运动。

- **功率谱指数**　纯随机运动包含一切可能的频率成分，而一切非随机运动都有一定的特征时间尺度或频率结构。功率谱分析可以反映这种时间信号的频率结构，功率谱中的带宽，被作为判断是否存在混沌的一个简单指标。
- **分形和分数维**　如果说混沌是在时间尺度反映了世界的复杂状态，那么与它密切相关的分形在空间尺度上反映了世界的复杂状态。混沌的分数维是混沌几何结构复杂程度的定量标志。基于相空间重构技术的关联维数，是常用的混沌特征量。

1.3　描述非线性系统混沌行为的几个指标

非线性动力学状态演化中有不同的动力学现象发生，常通过分岔图、吸引子、时间序列、李雅普诺夫指数、庞加莱截面、功率谱、返回映射等仿真结果来揭示这些现象。

- **吸引子**　空间中每一点表示系统在某一时刻的状态，当状态发生变化时，相空间的点移动构成轨迹，在轨迹上点的不变集则为吸引子。周期振荡的吸引子为一条封闭的曲线即极限环；准周期振荡则为轮胎曲面；而混沌吸引子其轨迹则具有局部不稳定性、整体有限性和结构自相似性等特点。
- **时间序列**　用数值方法将方程的解随时间演化的过程描述出来，就是混沌运动的时间历程。时间历程可以清楚地反映系统响应随时间变化的规律。但时间序列并不能区分随机运动和混沌运动。
- **庞加莱截面**　维数比相空间少的低维截面与吸引子相截即得庞加莱截面。庞加莱截面法就是把连续的轨线变为离散点来研究运动的特征和变化规律。
- **分岔图**　以状态变量和分岔参数构成的图形，表示状态变量随分岔参数变化的规律。选取系统中一个连续变化的参数作为横坐标，取对应于每一参数值的系统响应的庞加莱截面为纵坐标，即可绘制出相应的分岔图。通过分岔图可以得到系统响应的周期运动、拟周期运动及混沌运动所对应的参数区间，在一定程度上可用于判定通向混沌的道路，但分岔图不能区分混沌运动和拟周期运动。
- **功率谱**　对于不同运动频率的动力学系统，通过时间信号序列的傅里叶变换求其功率谱后，就可以看到系统包含的各种频率以及各频率贡献大小。利用功率谱可以区分混沌和混合周期运动，混沌状态的功率谱中我们可以看到几乎全面覆盖的背景和宽峰。
- **李雅普诺夫指数**　李雅普诺夫指数 (LE) 是衡量系统动力学特性的一个重要定量指标，它表征了系统在相空间中相邻轨道间收敛或发散的平均指数率。

对于系统是否存在动力学混沌，可以从最大李雅普诺夫指数是否大于 0 非常直观的判断出来: 一个正的李雅普诺夫指数，意味着在系统相空间中，无论初始两条轨线的间距多么小，其差别都会随着时间的演化而成指数率的增加以致达到无法预测，这就是混沌现象。李雅普诺夫指数的 n 个不同值表示轨道沿不同的方向收缩或扩张。三维相空间的二维环面对应的李雅普诺夫指数 $(\mathrm{LE_1 LE_2 LE_3}) = (0\ 0\ -)$；不稳定极限环 $(\mathrm{LE_1 LE_2 LE_3}) = (+\ +\ 0)$；不稳定二维环面对应的李雅普诺夫指数 $(\mathrm{LE_1 LE_2 LE_3}) = (+\ +\ 0)$；奇怪吸引子对应的李雅普诺夫指数 $(\mathrm{LE_1 LE_2 LE_3}) = (+\ -\ 0)$。超混沌系统存在于高维非线性系统中 (系统维数至少为 4)，与混沌系统的本质区别在于超混沌系统有两个大于 0 的李雅普诺夫指数。

- **返回映射** 适当选取一时间延迟量 τ，取一个状态变量的时间序列 $y(t)$, $y(t+\tau), y(t+2\tau), \cdots, y(t+(m-1)\tau)$ 为坐标，构造一个 m 维的空间。重构空间最简单的做法是取 $m=2, \tau=1$，也就是用态矢量 $x(t)$ 为横坐标，$x(t+1)$ 为纵坐标作图，由此得到二维平面上的吸引子图形。这种重构相空间也就是一种离散映射，称为返回映射 (returnmap)。

1.4 混沌学研究的意义

1. 混沌学研究对现代科学发展产生的巨大影响

混沌学研究从其早期探索到重大突破，以至到 20 世纪 70 年代以后形成世界性研究热潮，其涉及的领域包括数学、物理学、化学、生物学、气象学、工程学和经济学等众多学科，其研究的成果，不只是增添了一个新的现代科学学科分支，而且渗透和影响着现代科学的几乎整个学科体系。混沌学的研究揭开了现代科学发展的新篇章。混沌理论主要属于物理学，但其知识和工具积累主要靠数学。现代数学使混沌理论成为严密的科学，同时混沌的研究也成为现代数学发展的重要动力。

如前所述，法国伟大数学、物理学家庞加莱的数学思想是 20 世纪数学发展的重要方向，然而庞加莱的数学工作是为解决物理问题服务的，与探索混沌现象密切相关，他的贡献就是混沌研究促进数学发展的重要明证。

混沌对现代数学的影响也是多方面的。在分析数学方面最突出的是微分动力系统，其理论是混沌研究的基本工具，数学混沌是微分动力系统理论的重要内容，两者相辅相成。混沌研究对几何学的影响，突出表现于分形几何学的发展。混沌学研究中刻划奇怪吸引子、确定不同吸引域的分界线、描述 KAM 环面破坏过程等等都推动了分形几何学的发展。分形几何学开辟了几何学全新的研究领域，它所提出的全新的概念和方法，代表了几何学的一场革命。混沌研究也使古老的数论焕发青春，数论中代数数、理想数、范数、基数、素数、Farey 序列等抽象深奥的概念在混沌研究中均可找到直接的应用。混沌研究还推动了统计数学的发展，作为内在随机性的深发展。混沌学、分形几何学、元胞自动机理论、符号动力学等研究，也促进了离散数学的发展。

同时，混沌和分形的研究改变了数学家的传统工作方式。如今，当数学家面临一个需要严格证明的命题时，首先进行计算实验，分析数值结果，观察计算机显示的图象，然后再进行传统的逻辑证明，或抽象出新的概念和命题。这种新的工作方式正使理论特色最浓的数学跳出纸和笔的“传统王国”，开始成为一门新型的“实验科学”。

混沌研究影响最深的领域是物理学。如前所述，混沌现象首先是在天体力学中发现的，一旦发现就对经典力学的基本假设提出了挑战。自从近代科学诞生以来，天体运动一直被看作是确定性系统的典型，天体力学被认为是决定论科学的典范。但是，在天体力学和天文学中，几个世纪以来，人们也一直在研究天体特别是太阳系的稳定性问题。拉格朗日、拉普拉斯等对太阳系的稳定性作出过证明，但这些证明都是在近似条件下获得的，只能表明太阳系在有限的时间范围内是稳定的，不能据此判断轨道在以百万年计的宇宙时间尺度上的长期行为。前面已述，庞加莱以太阳系的三体问题为背景对周期轨道进行了深入的研究，发现确定性动力学方程的某些解有不可预见性，这实际上就是动力学混沌现象。混沌学研究极大地促进了天体力学的发展，尤其是 KAM 定理的建立，解决了长期困扰学术界的多体问题，突破了牛顿力学的理论构架，为科学地处理天体运动的稳定性问题打下了基础。混沌理论还初步解释了以后要讨论的小行星带柯克伍德 (Kirkwood) 间隔的成因和小行星在黄道带上的分布，以及木星大红斑成因等问题。尤为重要的是混沌研究改变了物理学家对天体运动及天体力学的看法，混沌的发现促使人们开始抛弃天体运动中历代相传的决定论传统。

混沌研究对非线性动力学的发展起着全局性、本质性的影响，非线性动力学的研究一开始就与混沌探索联系在一起。庞加莱首创了许多重要概念与方法，引发了 20 世纪的一系列研究。我们若把他的工作看做为非线性动力学发展的第一阶段，20 世纪苏联学者安德罗诺夫 (A. A. Andronov) 等开创的非线性振动理论研究为非线性动力学发展的第二阶段，那末，混沌学的创立就代表了非线性动力学发展的第三阶段。KAM 定理、斯梅尔马蹄、洛伦兹的确定性非周期流、茹厄勒和塔肯斯的奇怪吸引子等都是非线性动力学的重要进展。混沌学不仅发现了许多过去未曾重视的非线性问题，解释了许多非线性现象的机理，而且引发了力学基本观念的革命性转变，使人们开始认识到确定论与概率论并非相互排斥、截然对立，牛顿力学既是确定论的，也可以是概率论的，混沌学为牛顿力学和统计力学建起了相互沟通的桥梁。

湍流是物理学中一个历史悠久的难题，它涉及从大到小的许多尺度上的运动，其基本特征是流体微团运动具有随机性。湍流的发生机制及运动规律，一百多年来一直没有找到很好的理论解释。而混沌理论为解决这一百年难题提供了基石，现在混沌实验研究及理论分析已揭示出确定性弱湍流发生的几条道路，如准周期和锁相、次谐波分叉、三频率拟合、阵发噪声等。湍流理论的发展是混沌理论对物理学的一大贡献。“混沌和湍流正在成为跨越物理学许多分支的普遍概念，其重要性不亚于有序和相变”。

最近三十年里，在经典混沌成就的推动下，量子混沌的研究也已经兴起。量子力学是描述微观粒子运动规律的物理学分支，经典力学的研究对象则是这些微观粒子所组成的宏观物体。所以经典力学和经典混沌应是量子力学在极限条件下的表现，然而量子力学的极限过渡问题，一直没有真正严格地实现。目前，学术界正从量子系统的动力学入手，考察是否存在“无可怀疑”的关于混沌运动的迹象，包括统计规律性，对于初始条件的不稳定性；又通过量子映射或量子系统的动力学去研究规律运动条件被破坏的机制，特别是“拉伸”(streching) 与“揉搓”(folding) 的出现；还从半经典理论入手，研究不确定性关系对经典混沌运动的影响与量子经典对应问题。量子混沌的研究呈现出风格纷呈的兴旺局面，推动了物理学的这一前沿学科的迅速发展。

如前面所述，混沌理论的兴起曾得力于生物领域种群生态学提出的简单数学模型，而混沌学研究的进展又将生物学作为除物理学科以外的最早应用领域，现在混沌动力学已是研究生物现象的主要理论工具之一。从一系列专著中都可以看出混沌研究对生物学发展的巨大影响。

混沌理论对生物学影响的重要表现之一是改变了生态学种群演化理论。在混沌理论出现之前，生物学家普遍认为种群演化不可能无限地增长下去，最终应大体稳定在一定水平上，混沌研究有力地冲击了这种传统观点，梅，M. Schaffer 等经深入研究确认，种群系统的典型行为是混沌运动，稳定平衡只不过是一种假定。1983 年 8 月，在波兰华沙召开的国际数学家大会上，斯维列热夫 (Y. M. Svirezhev) 作了《数学生物学的近代问题》的发言，指出在食物链系统中存在奇怪吸引子，也发现了费根鲍姆的倍周期分叉现象。混沌学理论否定了生态学长期沿用的基本假定，这就要求在非线性动力学的基础上重建这一学科，也意味着最终将导致生态学的革命性变革。

另外，混沌理论对生物进化学说也产生了重大影响，1859 年《物种起源》的发表，标志着达尔文进化论的创立，极大地推动了生物学的发展。20 世纪中叶以来，又形成了综合自然选择学说与基因学说的现代新达尔文主义进化论和非达尔文主义的分子进化论。达尔文进化论的中心概念是“选择”。新达尔文主义进化论把进化机制归结为基因突变、基因重组、自然选择和隔离，但其核心仍是自然选择。然而分子生物学研究在发现 “中性突变” 后，提出了 “中性说”，认为分子进化是最根本的，自然选择是次要的。这两种学说的矛盾，在混沌理论的应用研究中得到了协调。

根据混沌理论，一个确定性系统自身就可以产生内部随机性，可以把基因突变看作是一个混沌动力学过程，从分层面看，各种突变的可能性几乎是相等的，突变是中性的、随机的，基因突变是混沌的，但并不是纯粹的随机性和偶然性，混沌蕴含着某种深层次的结构和秩序，在一定条件下可以某种方式显示出来。混沌理论认为，进化是随机性加反馈，即进化可区分为随机性和非随机性两个环节，第一环节的随机性由混沌动力学过程产生，随机性占支配地位，相当于中性突变；第二环节是反馈，对应于生物学中遗传信息的复制或由于环境作用导致的世代更替，在这一反馈过程中，由于并非所有突变都得到正反馈，所以长期的的作用必然产生某种定向选择作用，这和达尔文的进化论核心观点一致。根据混沌理论，达尔文进化论和分子进化论本质上并不矛盾，只是侧重点不同。达尔文进化论是由宏观统计归纳出来的理论，忽略了小的涨落，物种进化的单位是种群而不是个体。而分子进化论是微观理论，来源于分子层面遗传分子的多方面研究，实证性比较强，但它注意的是个体的小尺度、短时间的进化。真实的生物进化过程应是宏观必然性和微观偶然性的对立统一，只有把两者结合起来才能真实地反应生物的进化规律。

混沌研究对于现代科学的影响，不仅限于自然科学，而且涉及经济学、社会学、哲学及诸多人文科学，可以说，几乎覆盖了一切学科领域。凡是涉及动力学过程的研究领域，大多都会发现混沌，都需要应用混沌动力学的研究成果。在传统的经典科学领域，若按混沌观点重新考察，就会发现新现象、提出新问题、建立新原理；而在一些非经典科学领域，运用混沌理论则可以解释以往无法解释的现象，可以处理历来无法处理的数据，甚至形成一批新的学科分支。

混沌研究对于现代科学更深刻的影响，主要还在于在广阔的科学领域里推翻了经典理论的一些基本假设，改变了那些领域的研究方法，这最终将可能孕育成一场科学大革命。《混沌——开创新科学》的作者詹姆斯 · 格莱克认为，混沌学“正在促使整个现代知识体系成为新科学”。

2. 混沌学研究革新了经典的科学观与方法论

以牛顿力学为核心的经典理论，不仅以其完整的理论体系奠定了近代科学的基础，而且以其科学观和方法论影响了学术界整整几个世纪。

经典理论构成了确定论的描述框架，从牛顿到拉普拉斯，对现实世界的描绘是一幅完全确定的科学图像。整个宇宙是一架硕大无比的钟表，过去、现在和将来都按照确定的方式稳定地、有序地运行。相对论的创立突破了牛顿的绝对时空观，但在我们生活的宏观低速世界里，爱因斯坦并未向牛顿的 “钟表模式” 提出挑战。但统观粒子的运动遵循着另一种规律——统计规律。描述统计规律的概率方法从此获得了独立的科学地位，世界又获得了另一幅随机性的科学图像。

确定性联系着有序性、可逆性和可预见性，随机性联系着无序性、不可逆性和不可预见性。确定论和随机论是在认识论和方法论上相互对立的两套不同的描述体系。这两大体系虽然在发展过程中，在各自的领域“成功地”描绘过世界，但客观世界只有一个，世界到底是确定的还是随机的？是必然的还是偶然的？是有序的还是无序的？可否将世界分成一半一半？这是一个长期争论而未得到解决的问题。

如前所述，在混沌发现之前，现代科学已认识到，随机性可以起源于大数现象和群体效应。但人们长期以为，确定性系统排斥随机性。随机性只是某些复杂系统的属性。然而混沌研究表明，一些完全确定性的系统，不外加任何随机因素，初始条件也是确定的，但系统自身会内在地产生随机行为，而且，即使是非常简单的确定性系统，同样具有内在随机性。例如，具有最简单的非线性关系的抛物线函数，可以导致内涵及其丰富的一维映射，可以成为自然界一大类演化现象的数学模型。在简单的确定性系统中，混沌运动不涉及大量微观粒子和无法了解的影响，内在随机性的根源出自于系统自身的非线性作用，即系统内无穷多样的伸缩与折叠变换。自然界和人类社会绝大部分的系统，都具有这种非线性特征，因此，随机性是客观社会的普遍属性。以混沌学为主要内容的非线性科学宣布了几百年来占统治地位的经典确定论思想的局限性，混沌学揭示的随机性存在于确定性之中这一科学事实，最有力地说明客观实体可以兼有确定性和随机性。

世界是有序的还是无序的？从牛顿到爱因斯坦，他们都认为世界在本质上是有序的，有序等于有规律，无序就是无规律，系统的有序有律和无序无律是截然对立的。这个单纯由有序构成的世界图像，有序排斥无序的观点，几个世纪来一直为人们所赞同。但是混沌和分形的发现，向这个单一图像提出了挑战，经典理论所描述的纯粹的有序实际上只是一个数学的抽象，现实世界中被认为有序的事物都包含着无序的因素。混沌学研究表明，自然界虽然存在一类确定性动力系统，它们只有周期运动，但它们只是测度为零的罕见情况，绝大多数非线性动力学系统，既有周期运动，又有混沌运动，虽然并非所有的非线性系统都有混沌运动，但事实表明混沌是非线性系统的普遍行为。混沌既包含无序又包含有序，混沌既不是具有周期性和其他明显对称性的有序态，也不是绝对的无序，而可以认为是必须用奇怪吸引子来刻画的复杂有序，是一种蕴涵在无序中的有序。以简单的逻辑斯谛映射为例，系统在混沌区的无序中存在着精细的结构，如倒分叉、周期窗口、周期轨道排序、自相似结构、普适性等，这些都是有序性的标志，所以，在混沌运动中有序和无序是可以互补的。郝柏林院士称之为“混沌序”。可见，混沌系统乃至客观世界应是有序和无序的统一体。

回顾历史，量子力学创立之前，人们长期认为，波动性和粒子性是两个截然对立的物质属性。后来爱因斯坦等提出了著名的微观粒子波粒二象性观点，认为波动性和粒子性是微观粒子统一的基本属性，从而极大地推动了科学的发展。与此惊人地相似，混沌学的创立正在缩小确定论和随机论这两大体系之间的鸿沟，世界既不能分为两半，也不是非此即彼。混沌学研究揭示：世界是确定的、必然的、有序的，但同时又是随机的、偶然的、无序的，有序的运动会产生无序，无序的运动又包含着更高层次的有序。现实世界就是确定性和随机性，必然性和偶然性，有序和无序的辩证统一。

混沌研究还对传统方法论的变革有重大贡献，其中最突出的是从还原论到系统论的转变。经典的还原论认为，整体的或高层次的性质还可以还原为部分的或低层次的性质。认识了部分或低层次，通过加和即可认识整体或高层次，此即为分析累加还原法。这是从伽利略、牛顿以来三百多年间学术界的主体方法。随着近代科学的发展，包括对混沌现象的探索，还原论到处碰壁。20 世纪 50 年代，系统论思想开始形成，主张把研究的对象作为一个系统来处理。在此系统中，整体或高层次性质不可能还原为部分或低层次性质，研究这些整体性质必须用系统论方法。混沌是系统的一种整体行为，混沌学研究的成果成了系统论的有力佐证，混沌学创建人之一的费根鲍姆是批判还原论、宣扬整体观和系统论的重要代表。整体观和系统论正随着混沌学一起扩展到各现代学科领域，为现代科学的革命性变革做着方法论的准备。

应该指出，混沌作为当今举世瞩目的前沿课题及学术热点，不仅大大拓展了人们的视野并加深了对客观世界的认识，而且由于混沌的奇异特性，尤其是对初始条件极其微小变化的高度敏感性及不稳定性，还促使人们思考，混沌在现实生活中到底是有害还是有益？混沌是否可以控制？有何应用价值及发展前景？近十年间，科学家界以极大的热情投入了混沌理论与实验应用的研究。20 世纪 90 年代以来，国际上混沌同步及混沌控制的研究，虽然步履艰难，但已取得了一些突破性进展，前景十分诱人，分数阶混沌系统、时滞混沌系统、超混沌系统、随机混沌系统的动力学行为及其控制与同步仿真问题是目前人们普遍关注的热点问题。我们完全有理由相信，混沌学的进步不仅孕育着深刻的科学革命，而且一定会促进社会生产力的大发展。[15−18]

参考文献

[1] Li T Y, Yorke J A. Period three implies chaos. Amer. Math. Monthly, 1975, 82(10): 985-992

[2] Feigenbaum M J. Quantitative universality for a class of nonlinear transformations. J. Stat. Phys., 1978, 19(1): 25-52

[3] Feigenbaum M J. The universal metric properties of nonlinear transformations. J. Stat. Phys., 1979, 21(6): 669-706

[4] Chen G R, Ueta T. Yet another chaotic attractor. International Journal of Bifurcation & Chaos, 1999, 9(7): 1465-1469
[5] Lü J H, Chen G R. A new chaotic attractor coined. International Journal of Bifurcation & Chaos, 2002, 12(3): 659-661
[6] Lü J H, Chen G R, Cheng D Z, et al. Bridge the gap between the Lorenz system and the Chen system. International Journal of Bifurcation & Chaos, 2002, 12(12): 2917-2926
[7] Liu C X, L iu T, Liu L. A new chaotic attractor. Chaos, Solitions & Fractals, 2004, 5: 1031-1035
[8] 廖晓昕. 论 Lorenz 混沌系统全局吸引集和正向不变集的新结果及对混沌控制与同步的应用. 中国科学, E 辑, 2004, 34(12): 1404-1419
[9] 江明辉, 沈铁, 廖晓昕. 统一混沌系统非线性控制器的设计与分析. 系统工程与电子技, 2005, 27(12): 2073-2074
[10] 蔡国梁, 谭振梅, 周维怀, 涂文桃. 一个新混沌系统的混沌控制与同步动力学分析及混沌控制. 物理学报, 2007, 56(11): 6230-6237
[11] 王贺元, 鞠春贤. 四模 Lorenz 系统的动力学行为及其数值模拟. 高等学校计算数学学报, 2010, 32 (2): 99-105
[12] 陈关荣, 吕金虎. Lorenz 系统族的动力学分析、控制与同步. 北京: 科学出版社, 2003
[13] 王兴元, 王明军. 超混沌 Lorenz 系统. 物理学报, 2007, 56(9): 5136-5141
[14] Wang X Y, Zhao G B. Hyperchaos generated from the unified chaotic system and its control. International Journal of Modern Physics B, 2010, 24(23): 4619-4637
[15] 吴祥兴, 陈忠. 混沌学导论. 上海: 上海科学技术出版社, 2001
[16] 李浙生. 攸忽之间——混沌与认识. 北京: 冶金工业出版社, 2002
[17] 国家自然科学基金委员会数理科学部. 力学学科发展研究报告. 北京: 科学出版社, 2007
[18] 国家自然科学基金委员会数理科学部. 天文学科、数学学科发展研究报告. 北京: 科学出版社, 2008

第 2 章　微分方程稳定性与定性理论

在自然科学乃至社会科学的各个领域中，往往会遇到联系自变量、未知函数及其导数 (或微分) 的关系式，数学上称之为微分方程。非线性微分方程是数学中重要的研究主题，其解的动力学行为及其数值仿真等相关问题作为非线性科学中的前沿课题和热点问题，极具挑战性，是非线性动力学的主要内容。在纯数学和应用数学的研究中占有中心地位。目前虽然已经提出和发展了许多求非线性微分方程精确解的方法，但由于求解非线性微分方程没有也不可能有统一而普适的方法，因此继续寻找一些有效可行的方法依然是一项十分重要和极有价值的工作。由于大多数非线性微分方程是不可能或很难求出其解的具体表达式来的，因此，在不具体解出方程的情况下判断方程的解的稳定性态及解的性态就显得尤为重要。而从物理意义方面考虑非线性微分方程解的稳定性问题更具有实际意义，因为用微分方程描述的物理现象 (如某一质点运动) 的特解密切依赖于初值，而初值的计算或测定实际上不可避免地会出现误差和干扰。如果描述运动的微分方程的特解是不稳定的，则初值的微小误差或干扰将导致 “失之毫厘，谬以千里” 的严重后果。因此，这样不稳定的特解将没有多大的价值；反之，稳定的特解才是我们最感兴趣的，这说明解的稳定性的研究是一个十分重要的问题。本章给出微分方程稳定性与定性理论，包括解的存在唯一性定理、稳定性理论、奇点等。

2.1　解的存在唯一性定理

讨论非线性常微分方程组

$$\frac{\mathrm{d}\boldsymbol{Y}}{\mathrm{d}t}=\boldsymbol{G}(t;\boldsymbol{Y}),\quad \boldsymbol{Y}\in\boldsymbol{R}^n \tag{2.1}$$

的解的性态。

设给定方程组 (2.1) 的初值条件为

$$\boldsymbol{Y}(t_0)=\boldsymbol{Y}_0 \tag{2.2}$$

考虑包含点 $(t_0,\boldsymbol{Y}_0)=(t_0;y_{10},y_{20},\cdots,y_{n0})$ 的某区域

$$\boldsymbol{R}:|t-t_0|\leqslant a,\quad \|\boldsymbol{Y}-\boldsymbol{Y}_0\|\leqslant b \tag{2.3}$$

在这里，$\boldsymbol{Y}$ 的范数 $\|\boldsymbol{Y}\|$ 定义为 $\|\boldsymbol{Y}\|=\sqrt{\sum_{i=1}^{n} y_i^2}$。所谓 $G(t,\boldsymbol{Y})$ 在域 $\boldsymbol{G}$ 上关于 $\boldsymbol{Y}$ 满足局部利普希茨条件是指：对于 $\boldsymbol{G}$ 内任一点 $(t_0,\boldsymbol{Y}_0)$，存在闭邻域 $\boldsymbol{R}\subset\boldsymbol{G}$，而 $\boldsymbol{G}(t,\boldsymbol{Y})$ 于 $\boldsymbol{R}$ 上关于 $\boldsymbol{Y}$ 满足利普希茨条件，即存在常数 $L>0$，使得不等式

$$\left\|G(t,\tilde{\boldsymbol{Y}})-G(t,\bar{\boldsymbol{Y}})\right\|\leqslant L\left\|\tilde{\boldsymbol{Y}}-\bar{\boldsymbol{Y}}\right\| \tag{2.4}$$

对所有 $(t,\tilde{\boldsymbol{Y}}),(t,\bar{\boldsymbol{Y}})\in\boldsymbol{R}$ 成立。L 称为利普希茨常数。

定理 2.1 (解的存在唯一性定理) 如果向量函数 $\boldsymbol{G}(t,\boldsymbol{Y})$ 在域 $\boldsymbol{R}$ 上连续，且关于 $\boldsymbol{Y}$ 满足利普希茨条件，则方程组 (2.1) 存在唯一解 $\boldsymbol{Y}=\varphi(t;t_0,\boldsymbol{Y}_0)$，它在区间 $|t-t_0|\leqslant h$ 上连续，而且

$$\varphi(t_0;t_0,\boldsymbol{Y}_0)=\boldsymbol{Y}_0 \tag{2.5}$$

这里 $h=\min\left(a,\dfrac{b}{\boldsymbol{M}}\right),\boldsymbol{M}=\max\limits_{(t,\boldsymbol{Y})\in G}\|\boldsymbol{G}(t,\boldsymbol{Y})\|$。

定理 2.2 (解的延拓与连续定理) 若向量函数$\boldsymbol{G}(t,\boldsymbol{Y})$ 在域 $\boldsymbol{G}$ 内连续，且关于 $\boldsymbol{Y}$ 满足局部利普希茨条件，则方程组 (2.1) 满足初值条件 (2.1) 的解 $\boldsymbol{Y}=\varphi(t;t_0,\boldsymbol{Y}_0)((t_0.\boldsymbol{Y}_0)\in\boldsymbol{G})$ 可以延拓，或者延拓到 $+\infty$(或 $-\infty$)；或者使点 $(t,\varphi(t;t_0,\boldsymbol{Y}_0))$ 任意接近区域 $\boldsymbol{G}$ 的边界。而解 $\varphi(t;t_0,\boldsymbol{Y}_0)$ 作为 $(t;t_0,\boldsymbol{Y}_0)$ 的函数在它的存在范围内是连续的。

定理 2.3 (解的可微性定理) 如果向量函数$\boldsymbol{G}(t,\boldsymbol{Y})$ 及 $\dfrac{\partial \boldsymbol{G}_i}{\partial y_j}(i,j=1,2,\cdots,n)$ 在域 $\boldsymbol{G}$ 内连续，那么方程组 (2.1) 由初值条件 (2.2) 确定的解 $\boldsymbol{Y}=\varphi(t;t_0,\boldsymbol{Y}_0)$ 作为 $(t;t_0,\boldsymbol{Y}_0)$ 的函数，在它的存在范围内是连续可微的。

2.2 解的稳定性

2.2.1 李雅普诺夫稳定性

为研究方程组 (2.1) 的特解 $\boldsymbol{Y}=\varphi(t)$ 邻近的解的性态，通常先利用变换

$$\boldsymbol{X}=\boldsymbol{Y}-\varphi(t) \tag{2.6}$$

把方程组 (2.1) 化为

$$\frac{\mathrm{d}\boldsymbol{X}}{\mathrm{d}t}=F(t,\boldsymbol{X}) \tag{2.7}$$

其中

$$F(t,\boldsymbol{X})=G(t,\boldsymbol{Y})-\frac{\mathrm{d}\varphi(t)}{\mathrm{d}t}=\boldsymbol{G}(t,\boldsymbol{X}+\varphi(t))-\boldsymbol{G}(t,\varphi(t)) \tag{2.8}$$

此时显然有

$$F(t,0)=0 \tag{2.9}$$

而把方程组 (2.1) 的特解 $\boldsymbol{Y}=\varphi(t)$ 变为方程组 (2.7) 的零解 $\boldsymbol{X}=0$。于是，问题就化为讨论方程组 (2.7) 的零解 $\boldsymbol{X}=0$ 邻近的解的性态。

驻定微分方程 (不显含时间 t) 常用的特解是常数解，即方程右端函数等于零时的解，微分方程的常数解，又称为驻定解或平衡解。

考虑微分方程组 (2.7)，假设其右端函数 $F(t,\boldsymbol{X})$ 满足条件 (2.9) 且在包含原点的域 $\boldsymbol{G}$ 内有连续的偏导数，从而满足解的存在唯一性、延拓、连续性和可微性定理的条件。

定义 2.1　如果对任意给定的 $\varepsilon>0$，存在 $\delta>0$(δ 一般与 ε 和 t_0 有关)，使当任一 $\boldsymbol{X}_0$ 满足 $\|\boldsymbol{X}_0\|\leqslant\delta$ 时，方程组 (2.7) 的由初值条件 $\boldsymbol{X}(t_0)=\boldsymbol{X}_0$ 确定的解 $\boldsymbol{X}(t)$，对一切 $t\geqslant t_0$ 均有 $\|\boldsymbol{X}(t)\|<\varepsilon$，则称方程组 (2.7) 的零解 $\boldsymbol{X}=0$ 为稳定的。

如果式 (2.7) 的零解 $\boldsymbol{X}=0$ 稳定，且存在这样的 $\delta_0>0$，使当 $\|\boldsymbol{X}_0\|\leqslant\delta_0$ 时，满足初值条件 $\boldsymbol{X}(t_0)=\boldsymbol{X}_0$ 的解 $\boldsymbol{X}(t)$ 均有 $\lim\limits_{t\to+\infty}\boldsymbol{X}(t)=0$，则称方程组 (2.7) 的零解 $\boldsymbol{X}=0$ 为渐近稳定的。

如果零解 $\boldsymbol{X}=0$ 渐近稳定，且存在域 $\boldsymbol{D}_0$，当且仅当 $\boldsymbol{X}_0\in\boldsymbol{D}_0$ 时满足初值条件 $\boldsymbol{X}(t_0)=\boldsymbol{X}_0$ 的解 $\boldsymbol{X}(t)$ 均有 $\lim\limits_{t\to+\infty}\boldsymbol{X}(t)=0$，则域 $\boldsymbol{D}_0$ 称为 (渐近) 稳定的吸引域。稳定域为全空间，即 $\delta_0=+\infty$，则称零解 $\boldsymbol{X}=0$ 为全局渐近稳定的或简称全局稳定的。

当零解 $\boldsymbol{X}=0$ 不是稳定时，称它是不稳定的。即如果对某个给定的 $\varepsilon>0$ 不管 $\delta>0$ 怎样小，总有一个 $\boldsymbol{X}_0$ 满足 $\|\boldsymbol{X}_0\|\leqslant\delta$，使由初值条件 $\boldsymbol{X}(t_0)=\boldsymbol{X}_0$ 所确定的解 $\boldsymbol{X}(t)$，至少存在某个 $t_1>t_0$ 使得 $\|\boldsymbol{X}(t_1)\|\geqslant\varepsilon$，则称方程组 (2.7) 的零解 $\boldsymbol{X}=0$ 为不稳定的。

2.2.2　按线性近似决定稳定性

考虑一阶常系数线性微分方程组：

$$\frac{\mathrm{d}\boldsymbol{X}}{\mathrm{d}t}=\boldsymbol{A}\boldsymbol{X} \tag{2.10}$$

由公式

$$\varphi(t)=\sum_{j=1}^{k}\mathrm{e}^{\lambda_j t}\left[\sum_{i=0}^{n_j-1}\frac{t^i}{i!}(\boldsymbol{A}-\lambda_j E)^i\right]v_j \tag{2.11}$$

可知，它的任一解均可由

$$\sum_{m=0}^{l_i}c_{im}t^m\mathrm{e}^{\lambda_i t},\quad 1\leqslant i\leqslant n \tag{2.12}$$

的线性表出，这里 λ_i 为方程组 (2.10) 的系数矩阵 $\boldsymbol{A}$ 的特征方程

$$\det(\boldsymbol{A}-\lambda E)=0 \tag{2.13}$$

的根，l_i 为零或正整数，由根 λ_i 的重数决定。

由式 (2.12) 可以得到如下结论。

定理 2.4 若特征方程 (2.13) 的根均具有负实部，则方程组 (2.10) 的零解是渐近稳定的；若特征方程 (2.13) 具有正实部的根，则方程组 (2.10) 的零解是不稳定的；若特征方程 (2.13) 没有正实部的根，但有零根或具有零实部的根，则方程组 (2.10) 的零解可能是稳定的也可能是不稳定的，这要看零根或具有零实部的根其重数是否等于 1 而定。

考虑非线性微分方程组：

$$\frac{\mathrm{d}\boldsymbol{X}}{\mathrm{d}t}=\boldsymbol{A}\boldsymbol{X}+R(\boldsymbol{X}) \tag{2.14}$$

其中，$R(0)=0$，且满足条件：

$$\frac{\|R(\boldsymbol{X})\|}{\|\boldsymbol{X}\|}\to 0 \quad (\text{当}\|\boldsymbol{X}\|\to 0\text{时}) \tag{2.15}$$

显然 $\boldsymbol{X}=0$ 是方程组 (2.14) 的解，亦是方程组的奇点。

定理 2.5 若特征方程 (2.13) 没有零根或零实部的根，则非线性微分方程组 (2.14) 的零解的稳定性态与其线性近似的方程组 (2.10) 的零解的稳定性态一致。这就是说，当特征方程 (2.13) 的根均具有负实部时，方程组 (2.14) 的零解是渐近稳定的，而当特征方程 (2.13) 具有正实部的根时，其零解是不稳定的。

该定理说明，非线性微分方程组 (2.14) 的零解是否为渐近稳定的，取决于其相应的特征方程 (2.13) 的全部的根是否具有负实部。

临界情形

至于特征方程 (2.13) 除有负实部的根外还有零根或具零实部的根的情形，非线性微分方程组 (2.14) 的零解的稳定性态并不能由线性近似方程组 (2.10) 来决定。因为可以找到这样的例子，适当变动 $R(\boldsymbol{X})$(条件 (2.15) 仍满足)，便可使非线性微分方程组 (2.14) 的零解是稳定的或是不稳定的。

例 2.1 考虑简单模型: 有阻力的数学摆的振动，其微分方程为

$$\frac{\mathrm{d}^2\varphi}{\mathrm{d}t^2}+\frac{\mu}{m}\frac{\mathrm{d}\varphi}{\mathrm{d}t}+\frac{g}{l}\sin\varphi=0 \tag{2.16}$$

这里长度 l，质量 m 和重力加速度 g 均大于 0，并设阻力系数 $\mu>0$。令 $x=\varphi, y=\dfrac{\mathrm{d}\varphi}{\mathrm{d}t}$，将方程 (2.16) 化为一阶微分方程组

$$\frac{\mathrm{d}x}{\mathrm{d}t}=y,\quad \frac{\mathrm{d}y}{\mathrm{d}t}=-\frac{\mu}{m}y-\frac{g}{l}\sin x \tag{2.17}$$

原点是方程组的零解。为了判别能否按线性近似来确定零解的稳定性态，将方程组改写成

$$\frac{\mathrm{d}x}{\mathrm{d}t}=y,\quad \frac{\mathrm{d}y}{\mathrm{d}t}=-\frac{g}{l}x-\frac{\mu}{m}y-\frac{g}{l}(\sin x-x)$$

于是相应的线性近似方程组为

$$\frac{\mathrm{d}x}{\mathrm{d}t}=y,\quad \frac{\mathrm{d}y}{\mathrm{d}t}=-\frac{g}{l}x-\frac{\mu}{m}y \tag{2.18}$$

而非线性项

$$R(x,y)=-\frac{g}{l}(\sin x-x)=-\frac{g}{l}\left(-\frac{x^3}{3!}+\frac{x^5}{5!}-\cdots\right) \tag{2.19}$$

满足条件 (2.15)。

线性微分方程组 (2.18) 的特征方程为

$$\lambda^2+\frac{\mu}{m}\lambda+\frac{g}{l}=0$$

其根是

$$\lambda_{1,2}=-\frac{\mu}{2m}\pm\frac{1}{2}\sqrt{\left(\frac{\mu}{m}\right)^2-4\frac{g}{l}}$$

因 $\mu>0$，特征根均具负实部，根据定理 2.5，当摆有阻力时，微分方程 (2.17) 的零解是渐近稳定的。

定理 2.6　设给定常系数的 n 次代数方程

$$a_0\lambda^n+a_1\lambda^{n-1}+a_2\lambda^{n-2}+\cdots+a_{n-1}\lambda+a_n=0 \tag{2.20}$$

其中 $a_0>0$，作行列式

$$\varDelta_1=a_1,\quad \varDelta_2=\begin{vmatrix}a_1 & a_0\\ a_3 & a_2\end{vmatrix},\quad \varDelta_3=\begin{vmatrix}a_1 & a_0 & 0\\ a_3 & a_2 & a_1\\ a_5 & a_4 & a_3\end{vmatrix},\quad\cdots,$$

$$\varDelta_n=\begin{vmatrix}a_1 & a_0 & 0 & 0 & \cdots & 0\\ a_3 & a_2 & a_1 & a_0 & \cdots & 0\\ \vdots & \vdots & \vdots & \vdots & & \vdots\\ a_{2n-1} & a_{2n-2} & a_{2n-3} & a_{2n-4} & \cdots & a_n\end{vmatrix}=a_n\varDelta_{n-1}$$

其中 $a_i=0$ (对一切 $i>n$)。

那么，方程 (2.20) 的一切根均有负实部的充要条件是下列不等式同时成立：

$$a_1 > 0, \quad \Delta_2 > 0, \quad \Delta_3 > 0, \quad \cdots, \quad \Delta_{n-1} > 0, \quad a_n > 0$$

例 2.2 考虑一阶非线性微分方程组

$$\begin{cases} \dfrac{\mathrm{d}x}{\mathrm{d}t} = -2x + y - z + x^2\mathrm{e}^x \\ \dfrac{\mathrm{d}y}{\mathrm{d}t} = x - y + x^3 y + z^2 \\ \dfrac{\mathrm{d}z}{\mathrm{d}t} = x + y - z - \mathrm{e}^x(y^2 + z^2) \end{cases}$$

这里线性近似微分方程组的特征方程为

$$\begin{vmatrix} -2-\lambda & 1 & -1 \\ 1 & -1-\lambda & 0 \\ 1 & 1 & -1-\lambda \end{vmatrix} = 0$$

或

$$\lambda^3 + 4\lambda^2 + 5\lambda + 3 = 0$$

由此得赫尔维茨行列式

$$a_0 = 1, \quad a_1 = 4, \quad \Delta_2 = \begin{vmatrix} 4 & 1 \\ 3 & 5 \end{vmatrix} = 17, \quad a_3 = 3$$

根据定理 2.6，特征方程所有根均为有负实部，由定理 2.5 知零解 $x = y = z = 0$ 为渐近稳定的。

2.2.3 李雅普诺夫第二方法

1. 李雅普诺夫定理

对于数学摆的振动，当摆有阻力时可由其线性近似方程组决定它的稳定性。但当摆无阻力时，方程组 (2.17) 变成

$$\frac{\mathrm{d}x}{\mathrm{d}t} = y, \frac{\mathrm{d}y}{\mathrm{d}t} = -\frac{g}{l}\sin x \tag{2.21}$$

属于临界情形，不能按线性近似决定其稳定性。为判断其零解的稳定性态，直接对方程组 (2.21) 进行处理。李雅普诺夫第二方法的思想：构造一个特殊的函数 $V(x, y)$，

并利用函数$V(x,y)$ 及其通过方程组的全导数 $\dfrac{\mathrm{d}V(x,y)}{\mathrm{d}t}$的性质来确定方程组解的稳定性。具有此特殊性质的函数 $V(x,y)$ 称为李雅普诺夫函数，简称 V 函数。

如何应用 V 函数来确定非线性微分方程组的解稳定性态问题，只考虑非线性驻定微分方程组

$$\frac{\mathrm{d}X}{\mathrm{d}t}=F(\boldsymbol{X}) \tag{2.22}$$

其中，$F=(f_1,f_2,\cdots,f_n)$。

定义 2.2　假设 $V(\boldsymbol{X})$ 为在域 $\|\boldsymbol{X}\|\leqslant H$ 内定义的一个实连续函数，$V(0)=0$。如果在此域内恒有 $V(\boldsymbol{X})\geqslant 0$，则称函数 V 为常正的；如果对一切 $\boldsymbol{X}\neq 0$ 都有 $V(\boldsymbol{X})>0$，则称函数 V 为定正的；如果函数 $-V$ 是定正的 (或常正的)，则称函数 V 为定负 (或常负) 的。

进而假设函数 $V(\boldsymbol{X})$ 关于所有变元的偏导数存在且连续，以方程 (2.22) 的解代入，然后对 t 求导数：

$$\frac{\mathrm{d}V}{\mathrm{d}t}=\sum_{i=1}^{n}\frac{\partial V}{\partial x_i}\frac{\mathrm{d}x_i}{\mathrm{d}t}=\sum_{i=1}^{n}\frac{\partial V}{\partial x_i}f_i$$

这样求得的导数 $\dfrac{\mathrm{d}V}{\mathrm{d}t}$ 称为函数 V 通过方程 (2.22) 的全导数。

$$V(x,y)=(x+y)^2$$

是常正的；而函数

$$V(x,y)=(x+y)^2+y^4$$

是定正的；函数

$$V(x,y)=\sin(x^2+y^2)$$

在域 $x^2+y^2<\pi$ 上定正，在全平面上是是变号的。

二次型函数

$$V(x,y)=ax^2+bxy+cy^2$$

当 $a>0$ 且 $4ac-b^2>0$ 时是定正的；而当 $a<0$ 且 $4ac-b^2>0$ 时是定负的。

定理 2.7　如果对微分方程组 $\dfrac{\mathrm{d}x}{\mathrm{d}t}=F(x)$可以找到一个定正函数 $V(x)$，其通过 $\dfrac{\mathrm{d}x}{\mathrm{d}t}=F(x)$ 的全导数 $\dfrac{\mathrm{d}V}{\mathrm{d}t}$为常负函数或恒等于 0，则方程组 $\dfrac{\mathrm{d}x}{\mathrm{d}t}=F(x)$ 的零解

是稳定的。

如果有定正函数 $V(x)$，其通过$\dfrac{\mathrm{d}x}{\mathrm{d}t}=F(x)$ 的全导数 $\dfrac{\mathrm{d}V}{\mathrm{d}t}$ 为定负的，则方程组 $\dfrac{\mathrm{d}x}{\mathrm{d}t}=F(x)$ 的零解是渐近稳定的。

如果存在函数 $V(x)$ 和某非负常数 μ，而通过$\dfrac{\mathrm{d}x}{\mathrm{d}t}=F(x)$ 的全导数 $\dfrac{\mathrm{d}V}{\mathrm{d}t}$ 可以表示为

$$\frac{\mathrm{d}V}{\mathrm{d}t}=\mu V+W(\boldsymbol{X})$$

且当 $\mu=0$ 时，W 为定正函数，而当 $\mu\neq 0$ 时 W 为常正函数或恒等于 0；又在 $\boldsymbol{X}=0$ 的任意小邻域内都至少存在某个 $\bar{\boldsymbol{X}}$，使 $V(\bar{\boldsymbol{X}})>0$，那么，方程组 $\dfrac{\mathrm{d}x}{\mathrm{d}t}=F(x)$ 的零解是不稳定的。

例 2.3 考虑平面微分方程组：

$$\frac{\mathrm{d}x}{\mathrm{d}t}=-y+ax^3,\quad \frac{\mathrm{d}y}{\mathrm{d}t}=x+ay^3$$

这里，其线性近似方程组的特征根为 $\lambda=\pm\sqrt{-1}$，属于临界情形。

如取定正函数 $V(x,y)=\dfrac{1}{2}(x^2+y^2)$，这时 $\dfrac{\mathrm{d}V}{\mathrm{d}t}=a(x^4+y^4)$ 根据定理 2.7，依 a 的不同情况可得如下结论：

(1) 如果 $a<0$，则 $\dfrac{\mathrm{d}V}{\mathrm{d}t}$ 定负，方程组的零解为渐近稳定；

(2) 如果 $a>0$，则 $\dfrac{\mathrm{d}V}{\mathrm{d}t}$ 定正，方程组的零解为不稳定；

(3) 如果 $a=0$，则 $\dfrac{\mathrm{d}V}{\mathrm{d}t}\equiv 0$，方程组的零解稳定。

定理 2.7 是李雅普诺夫稳定性的基本定理，对含有时间 t 的非驻定的微分方程组及含有时间 t 的 V 函数 $V(t,\boldsymbol{X})$ 也有相应的定理，其证明也一样。

定理 2.8 如果存在定正函数 $V(\boldsymbol{X})$，其通过方程组$\dfrac{\mathrm{d}x}{\mathrm{d}t}=F(x)$ 的全导数 $\dfrac{\mathrm{d}V}{\mathrm{d}t}$ 为常负，但使 $\dfrac{\mathrm{d}V(t)}{\mathrm{d}t}=0$的点 $\boldsymbol{X}$ 的集中除零解 $\boldsymbol{X}=0$ 之外并不包含方程组 $\dfrac{\mathrm{d}x}{\mathrm{d}t}=F(x)$ 的整条正半轨线，则方程组 $\dfrac{\mathrm{d}x}{\mathrm{d}t}=F(x)$ 的零解是渐近稳定的。

2. 二次型 V 函数的构造

应用李雅普诺夫第二方法判断微分方程组零解的稳定性的关键是找到合适的 V 函数。如何构造满足特定性质的 V 函数是一个有趣而复杂的问题。这里考虑常

系数线性微分方程组构造二次型 V 函数的问题，并利用它来补充证明按线性近似决定稳定性的定理 2.5。

定理 2.9　如果一阶线性方程组

$$\frac{\mathrm{d}X}{\mathrm{d}t}=A\boldsymbol{X}$$

的特征根 λ_i 均不满足关系 $\lambda_i+\lambda_j=0\,(i,j=1,2,\cdots,n)$，则对任何负定 (或正定) 的对称矩阵 $\boldsymbol{C}$，均有唯一的二次型

$$V(X)=\boldsymbol{X}^{\mathrm{T}}\boldsymbol{B}X,\quad (\boldsymbol{B}^{\mathrm{T}}=\boldsymbol{B}) \tag{2.23}$$

使其通过方程组 (2.10) 的全导数有

$$\frac{\mathrm{d}V}{\mathrm{d}t}=\boldsymbol{X}^{\mathrm{T}}\boldsymbol{C}\boldsymbol{X},\quad (\boldsymbol{C}^{\mathrm{T}}=\boldsymbol{C}) \tag{2.24}$$

且对称矩阵 $\boldsymbol{B}$ 满足关系式:

$$\boldsymbol{A}^{\mathrm{T}}\boldsymbol{B}+\boldsymbol{B}\boldsymbol{A}=\boldsymbol{C} \tag{2.25}$$

这里 $\boldsymbol{A}^{\mathrm{T}},\boldsymbol{B}^{\mathrm{T}},\boldsymbol{C}^{\mathrm{T}},\boldsymbol{X}^{\mathrm{T}}$ 分别表示 $\boldsymbol{A},\boldsymbol{B},\boldsymbol{C},\boldsymbol{X}$ 的转置。

如果方程组 (2.10) 的特征根均具有负实部，则二次型 (2.23) 是定正 (或定负) 的；如果方程组 (2.10) 有正实部的特征根，则二次型 (2.23) 不是常正 (或常负) 的。

2.3　定性理论简介

稳定性理论是研究特殊领域或一般的非线性微分方程组解的稳定性态，而定性理论是研究包括奇点和极限环在内的相平面或相空间中轨线的图貌及其性质。对于那些难以找出其精确解析解的微分方程以及大量的非线性微分方程来说，它们提供了一种定性的研究方法。这在力学、现代控制理论、空间技术以及大气动力学研究中都有着广泛的应用。

2.3.1　等倾线 (等斜线) 法

对于不易或不能找到其通解的微分方程来说，画出其所谓的等倾线 (或等斜线)，就能绘出方程的积分曲线的大致分布图形，从而就定性地给出了该微分方程解的一些信息。这种方法虽然是一种定性方法，它只有一定程度的准确性，但却是重要的。以它为基础，在微分方程中逐步发展成为了一个重要分支——定性理论。

以一阶微分方程

$$\frac{\mathrm{d}y}{\mathrm{d}x}=f(x,y) \tag{2.26}$$

为例，定义其等倾线：它是一条曲线，其上每一点的方向都相同，其方程为

$$f(x,y)=k$$

式中，k 是角的正切值。可以给 k 以不同的值，相应得出式 (2.26) 的不同等倾线。画出几条等倾线，就可以看出微分方程 (2.26) 的积分曲线的大致情形。

例 2.4 对于方程

$$\frac{\mathrm{d}y}{\mathrm{d}x}=y$$

其等倾线方程为 $y=k$，取 $k=0,\pm\frac{1}{2},\pm1,\pm2,\cdots$ 可得对应的等倾线 (均为平行于 x 轴的直线)。注意到，k 值即为积分曲线上与等倾线相交处切线的斜率 (图 2.1)，可以看出与方程的通解 $y=c\mathrm{e}^x$ 的图形是一致的。

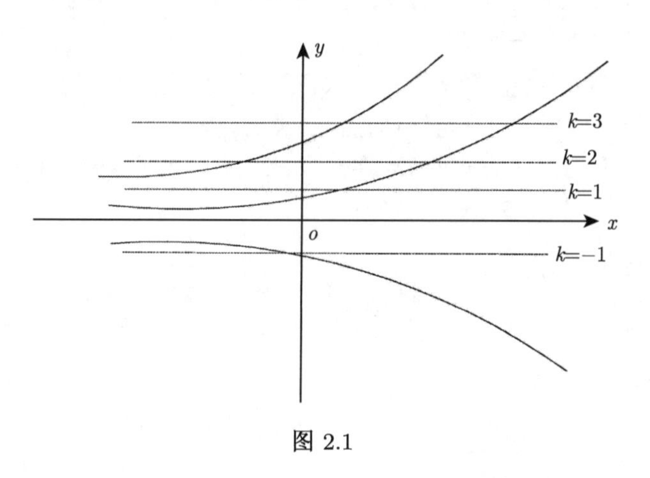

图 2.1

例 2.5 对于方程

$$\frac{\mathrm{d}y}{\mathrm{d}x}=x$$

其等倾线为 $x=k$，若：

取 $k=0$ (方向角为 0°)，等倾线为 $x=0$；

取 $k=1$ (方向角为 45°)，等倾线为 $x=1$；

取 $k=-1$ (方向角为 135°)，等倾线为 $x=-1$。

给出 k 的这几个值就可以大致看出整个方向场的大致情况了。于是，从任意点出发，积分曲线的大体分布就可以画出来 (图 2.2)。不难看出与所给方程的通解

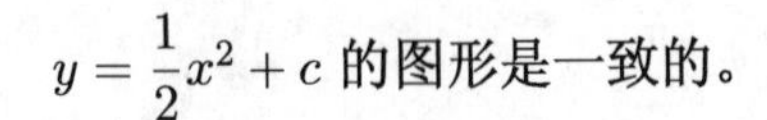
$y = \frac{1}{2}x^2 + c$ 的图形是一致的。

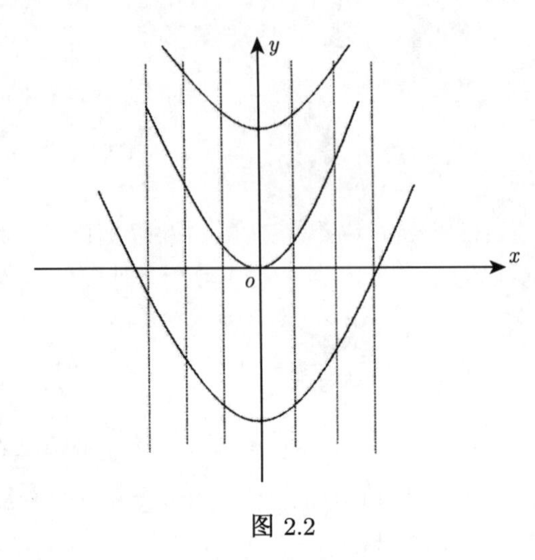

图 2.2

2.3.2　定性理论中的一些基本概念

许多微分方程是不能用初等方法去求解的。如果不求出方程的准确解，如何去了解方程解的性质呢？这就是定性理论要解决的问题。

我们用已为人们熟知的质点振动的例子来引入定性理论的一些基本概念。

例 2.6　无阻尼自由振动，其微分方程为

$$\ddot{x} + \omega_0^2 x = 0 \tag{2.27}$$

其通解形式为

$$x(t) = A\sin(\omega_0 t + \alpha)$$

式中，A 是振幅，ω_0 是频率，α 是初位相。

由初值条件：初位移 $x(0) = x_0$，初速度 $\dot{x}(0) = \dot{x}_0$，即可确定 A, α 之值。

我们知道式 (2.27) 是描述质点的简谐振动，现在将其改写，用另一种方式对其加以讨论。

在式 (2.27) 中引入新未知函数，将其化成等价形式：

$$\begin{cases} \dfrac{\mathrm{d}x}{\mathrm{d}t} = y \\ \dfrac{\mathrm{d}y}{\mathrm{d}t} = -\omega_0^2 x \end{cases} \tag{2.28}$$

显然，其物理意义是 t 为时间，x 为位移，而 y 是速度。

方程组 (2.28) 的解应为

$$\begin{cases} x = x(t) \\ y = y(t) \end{cases} \tag{2.29}$$

现在，我们将时间 t 不明显地直接表现在坐标系上，只着眼于 x-y 平面。从而从式 (2.29) 消去 t 后，得到的式 (2.28) 的解的表达式：$\phi(x,y)=0$，是 x-y 平面上的曲线，而式 (2.29) 正是此曲线的参数方程。

我们将 x-y 平面叫相平面，而点 (x,y) 叫做相点，$\phi(x,y)=0$ 叫做相轨线。显然，当 t 变化时，相点沿着某轨线运动，其速度的大小为

$$v=\sqrt{\dot{x}^2+\dot{y}^2}$$

具体地，为求得相轨线 $\phi(x,y)=0$，可将式 (2.28) 中的两式相除得

$$\frac{\mathrm{d}y}{\mathrm{d}x}=-\omega_0^2\frac{x}{y}$$

分离变量积分则得

$$\frac{x^2}{c^2}+\frac{y^2}{(c\omega_0)^2}=1$$

这即是式 (2.28) 的相轨线，它是 x-y 平面上的同心椭圆 (图 2.3)。注意，若相轨线所满足的微分方程不易求得解析解时，就可以用 2.3.1 小节的等倾线方法画出其积分曲线的大致图形。

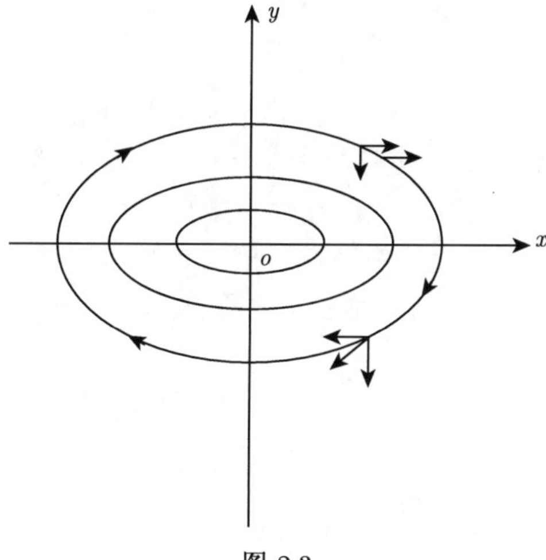

图 2.3

我们可以通过图 2.3 相轨线认识简谐振动的若干有用的性质：

(1) 每一椭圆对应一个周期运动，即经过一段时间后必然要回复到原来的位置和速度，而且要重复继续下去；

(2) 相平面原点：$x=0$，$y=0$ 对应于平衡状态；

(3) 除了平衡状态之外，运动都做周期运动，而且相点都沿着椭圆相轨道按顺时针方向运动。

事实上，由式 (2.28) 不难看出：在第一象限，$\dfrac{\mathrm{d}x}{\mathrm{d}t}>0, \dfrac{\mathrm{d}y}{\mathrm{d}t}<0$，$x$ 是单调增而 y 是单调减；而在第二象限时，$\dfrac{\mathrm{d}x}{\mathrm{d}t}>0, \dfrac{\mathrm{d}y}{\mathrm{d}t}>0$，从而 x,y 都是单调增；在第三象限时，$\dfrac{\mathrm{d}x}{\mathrm{d}t}<0, \dfrac{\mathrm{d}y}{\mathrm{d}t}>0$，$x$ 是单调减，而 y 是单调增；在第四象限时，$\dfrac{\mathrm{d}x}{\mathrm{d}t}<0, \dfrac{\mathrm{d}y}{\mathrm{d}t}<0$，$x,y$ 都是单调减的，这就表明相点将按顺时针运动。

我们来讨论一般的情形，引入相空间 (或相平面)、轨线、常点与奇点的一般定义。

设方程

$$\frac{\mathrm{d}X}{\mathrm{d}t}=\boldsymbol{F}(t,\boldsymbol{X}) \tag{2.30}$$

式中，$\boldsymbol{X}, F(t,\boldsymbol{X})$ 均为 n 维向量函数。若初值条件为 $\boldsymbol{X}(t_0)=\boldsymbol{X}_0$，则满足初值条件的解为

$$\boldsymbol{X}=\boldsymbol{X}(t,t_0,\boldsymbol{X}_0) \tag{2.31}$$

且有

$$\boldsymbol{X}(t_0,t_0,\boldsymbol{X}_0)=\boldsymbol{X}_0$$

对此可以从几何与物理上进行解释。

几何解释：若将 $(t,\boldsymbol{X})$ 看成 $(n+1)$ 维空间的点，则由方程 (2.30) 确定此空间的一个方向场，而解式 (2.31) 表示过点 $(t_0,\boldsymbol{X}_0)$ 的积分曲线。

物理解释：若将 t 视为时间，$\boldsymbol{X}$ 看作 n 维空间的点，则由方程 (2.30) 表明在某一特定时刻 t 下，在 n 维空间中确定了一个速度场，$f_i(t,\boldsymbol{X})$ 表示在点 $\boldsymbol{X}$ 处的第 i 个速度分量。而解式 (2.31) 正是在速度场中的运动，并在 $t=t_0$ 时，动点位于 $\boldsymbol{X}_0$ 处。这里有

$$\boldsymbol{F}(t,\boldsymbol{X})=\begin{bmatrix} f_1(t,\boldsymbol{X}) \\ f_2(t,\boldsymbol{X}) \\ \vdots \\ f_n(t,\boldsymbol{X}) \end{bmatrix}$$

重要的情况是，如果方程 (2.30) 有常数解，而 $\boldsymbol{F}(t,\boldsymbol{X}_0)=\boldsymbol{0}$，此时 $\boldsymbol{X}=\boldsymbol{X}_0$ 是平衡状态。于是我们称：方程 (2.31) 为一个动力学体系或微分动力系统，n 维空间 $\{\boldsymbol{X}\}$ 称为相空间，解 $\boldsymbol{X}=\boldsymbol{X}(t,t_0,\boldsymbol{X}_0)$ 为一个运动。而运动在 n 维空间所经历的路径称为相轨线或轨线。若方程 (2.30) 右端 $\boldsymbol{F}(t,\boldsymbol{X})$ 依赖于 t 时，即表明在不同时刻，方程确定出不同的速度场。这种动力系统叫做非定常系统 (或非自治系统、非驻定系统)。若不依赖于 t，即式 (2.31) 成为

$$\frac{\mathrm{d}\boldsymbol{X}}{\mathrm{d}t}=\boldsymbol{F}(\boldsymbol{X}) \tag{2.32}$$

此时确定的速度场对任何时刻都是同一个，这种动力系统叫定常系统 (或自治系统、驻定系统)。

例如，对于二阶定常系统

$$\begin{cases}\dfrac{\mathrm{d}x}{\mathrm{d}t}=P(x,y)\\[2mm]\dfrac{\mathrm{d}y}{\mathrm{d}t}=Q(x,y)\end{cases}$$

其解应是三维 (t,x,y) 空间的一条曲线，其相空间即为 x-y 平面 (也叫相平面)。其轨线满足的方程是

$$\frac{\mathrm{d}y}{\mathrm{d}x}=\frac{Q(x,y)}{P(x,y)}$$

对于 x-y 相平面上的相点 (x_0,y_0) 来说，若

$$P^2(x_0,y_0)+Q^2(x_0,y_0)\neq 0$$

则相点 (x_0,y_0) 称为系统的常点，而当满足：

$$P^2(x_0,y_0)+Q^2(x_0,y_0)=0 \tag{2.33}$$

则此相点 (x_0,y_0) 称为系统的奇点。显然奇点满足 $P(x_0,y_0),Q(x_0,y_0)$ 同时为 0 的条件，这也就给出了求系统奇点的方法。

在非线性动力系统中，当其控制参数变化时，其形态也将发生改变，并且要相互转化，就出现了分歧，而其对应的线性系统的稳定性问题往往要借助于矩阵的特征值特征向量来研究。

经过相平面上每一个常点只有唯一轨线，而且可以证明: 常点附近的轨线拓扑等价于平行直线。这样，只有在奇点处，向量场的方向不确定。因此，在平面定性理论中，通常从奇点入手，弄清楚奇点附近的轨线分布情况，然后再弄清是否存在闭轨，因为一条闭轨线可以把平面分成其内部和外部，由于轨线的唯一性，对应内

部的轨线不能走到外部，同样对应外部的轨线也不能进入内部。这样，对理解系统整体的性质会起很大的作用。

清楚奇点近旁的轨线分布对线性动力学的研究是重要且有用的，下面讨论二阶线性系统的奇点类型。

考虑二维 (平面) 一阶驻定微分方程组：

$$\begin{cases} \dfrac{\mathrm{d}x}{\mathrm{d}t} = P(x,y) \\ \dfrac{\mathrm{d}y}{\mathrm{d}t} = Q(x,y) \end{cases} \tag{2.34}$$

同时满足 $P(x,y)=0, Q(x,y)=0$ 的点 (x^*,y^*) 是微分方程组 (2.34) 的奇点，$x=x^*, y=y^*$ 是方程的解。可从通过坐标平移将奇点移到原点 (0,0)，此时 $P(0,0)=Q(0,0)=0$。

考虑驻定微分方程组是线性的情形下其轨线在相平面上的性态，并根据奇点邻域内轨线分布的不同性态来区分奇点的不同类型。这时方程的形式为

$$\begin{cases} \dfrac{\mathrm{d}x}{\mathrm{d}t} = ax+by \\ \dfrac{\mathrm{d}y}{\mathrm{d}t} = cx+dy \end{cases} \tag{2.35}$$

式中，a,b,c,d 是常系数，且 $ad-bc\neq 0$。

显然，(0,0) 是方程组 (2.35) 的唯一奇点。为讨论式 (2.35) 的奇点的类型，将式 (2.35) 改写为成矩阵形式：

$$\frac{\mathrm{d}\boldsymbol{X}}{\mathrm{d}t} = \boldsymbol{AX}, \quad 而\boldsymbol{X} = \begin{bmatrix} x \\ y \end{bmatrix}, \quad \boldsymbol{A} = \begin{bmatrix} a & b \\ c & d \end{bmatrix} \tag{2.36}$$

根据假设 $\det(\boldsymbol{A})\neq 0$，故方阵 $\boldsymbol{A}$ 非奇异。

以 λ_1, λ_2 表示 $\boldsymbol{A}$ 的特征方程

$$\det(\boldsymbol{A}-\lambda I) = \begin{vmatrix} a-\lambda & b \\ c & d-\lambda \end{vmatrix}$$

的根，由线性方程理论知，一定有非奇异方阵 $\boldsymbol{p}$，把非奇异方阵 $\boldsymbol{A}$ 化为 Jordan 标准型，即有

$$\boldsymbol{p}^{-1}\boldsymbol{Ap} = \boldsymbol{J}$$

令 $\boldsymbol{Y}=\boldsymbol{p}^{-1}\boldsymbol{X}$，代入方程 (2.36) 得

$$\frac{\mathrm{d}\boldsymbol{Y}}{\mathrm{d}t} = \boldsymbol{JY}, \quad 而\boldsymbol{Y} = \begin{bmatrix} \overline{x} \\ \overline{y} \end{bmatrix} \tag{2.37}$$

从矩阵化 Jordan 标准型的理论可知，可以分成五种形式，现分别讨论它们的轨线形状。

(1) 特征根为两个不同实根，$\boldsymbol{J}=\begin{bmatrix}\lambda_1 & 0\\ 0 & \lambda_2\end{bmatrix}$。此时式 (2.37) 成为

$$\begin{bmatrix}\dfrac{\mathrm{d}\overline{x}}{\mathrm{d}t}\\ \dfrac{\mathrm{d}\overline{y}}{\mathrm{d}t}\end{bmatrix}=\begin{bmatrix}\lambda_1 & 0\\ 0 & \lambda_2\end{bmatrix}\begin{bmatrix}\overline{x}\\ \overline{y}\end{bmatrix}$$

即

$$\begin{cases}\dfrac{\mathrm{d}\overline{x}}{\mathrm{d}t}=\lambda_1\overline{x}\\ \dfrac{\mathrm{d}\overline{y}}{\mathrm{d}t}=\lambda_2\overline{y}\end{cases}\tag{2.38}$$

其解为

$$\begin{cases}\overline{x}=\overline{x_0}\mathrm{e}^{\lambda_1 t}\\ \overline{y}=\overline{y_0}\mathrm{e}^{\lambda_2 t}\end{cases}\tag{2.39}$$

于是可以看出：

(a) 当 λ_1,λ_2 是负实根时，取 $\lambda_2<\lambda_1<0$ 时，由式 (2.39) 知当 $t\to+\infty$ 时 $(\overline{x},\overline{y})\to(0,0)$，有 $\dfrac{\overline{y}}{\overline{x}}=\dfrac{\overline{y_0}}{\overline{x_0}}\mathrm{e}^{(\lambda_2-\lambda_1)t}\to 0$，所以 $\left.\dfrac{\mathrm{d}\overline{y}}{\mathrm{d}\overline{x}}\right|_{(0,0)}=0$，表明轨线在 $(0,0)$ 与 $\overline{x}$ 轴相切 (图 2.4)，从 $\overline{x}$ 轴，$\overline{y}$ 轴上点出发的轨线也趋于 $(0,0)$，如取 $\lambda_1<\lambda_2<0$，则轨线在 $(0,0)$ 与 $\overline{y}$ 轴相切 (图 2.5)。这类奇点 $(0,0)$ 称为稳定结点。

(b) 当 λ_1,λ_2 是正实根时，由式 (2.39) 知当 $t\to-\infty$ 时 $(\overline{x},\overline{y})=(0,0)$，也就是说当 $t\to+\infty$，动点越来越远离奇点 $(0,0)$ (图 2.6)，此类奇点 $(0,0)$ 称为不稳定结点。

(c) 当 λ_1,λ_2 反号时，设 $\lambda_1<0<\lambda_2$ 时，由式 (2.39) 知当 $t\to+\infty$ 时有 $\begin{cases}\overline{x}\to 0\\ \overline{y}\to+\infty\end{cases}$；当初值点在 $\overline{x}$ 轴上时，$\overline{y_0}=0$；当 $t\to+\infty$ 时 $\overline{x}\to 0$；当初值点在 $\overline{y}$ 轴上时，$\overline{x_0}=0$；当 $t\to-\infty$ 时 $\overline{y}\to 0$(图 2.7)，这类奇点称为鞍点。

(2) 特征根为重根，且 $\boldsymbol{J}=\begin{bmatrix}\lambda_1 & 0\\ 0 & \lambda_1\end{bmatrix}$，对应 $\boldsymbol{A}$ 可以对角化的情况。此时式

(2.37) 成为

$$\begin{cases} \dfrac{\mathrm{d}\overline{x}}{\mathrm{d}t} = \lambda_1 \overline{x} \\ \dfrac{\mathrm{d}\overline{y}}{\mathrm{d}t} = \lambda_1 \overline{y} \end{cases}$$

其解为

$$\begin{cases} \overline{x} = \overline{x_0}\mathrm{e}^{\lambda_1 t} \\ \overline{y} = \overline{y_0}\mathrm{e}^{\lambda_1 t} \end{cases} \tag{2.40}$$

轨线为 $\dfrac{\overline{x}}{\overline{y}} = c$，这是通过原点的直线族。有两种情况：

(a) $\lambda_1 < 0$ 时，由式 (2.40) 知，$t \to +\infty$ 时 $(\overline{x}, \overline{y}) = (0, 0)$，这类奇点称为稳定临界结点 (图 2.8)；

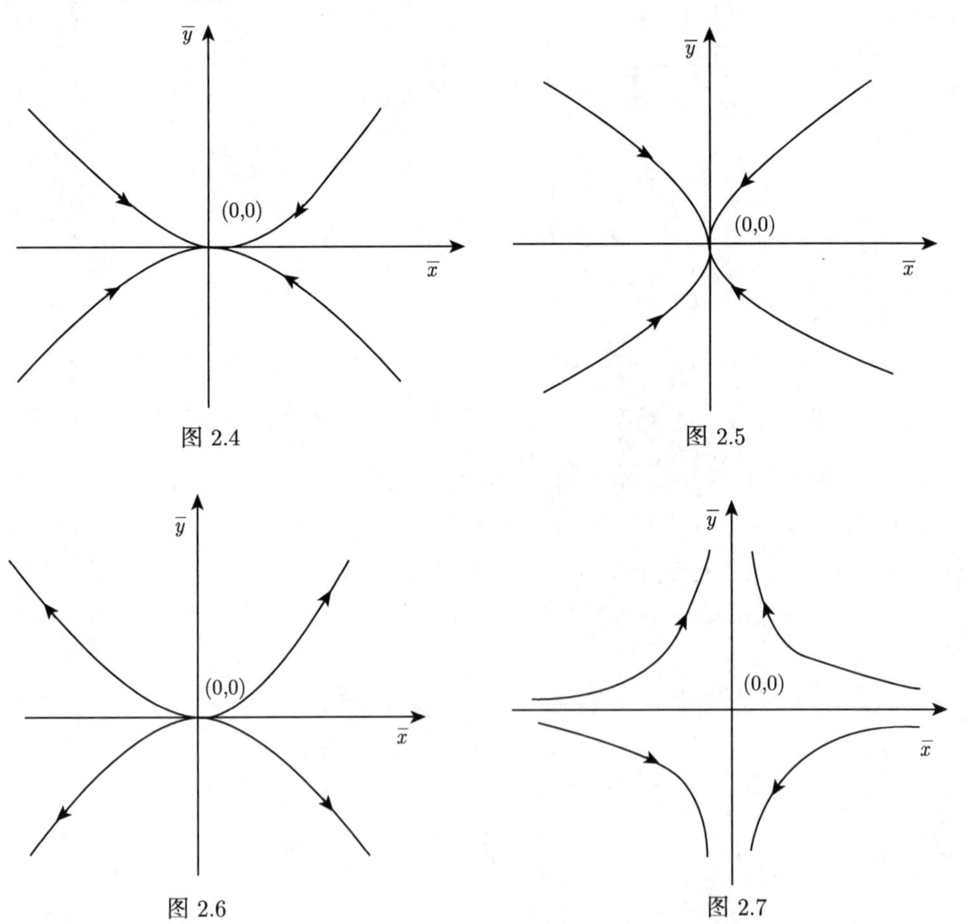

图 2.4　　图 2.5

图 2.6　　图 2.7

(b) $\lambda_1 > 0$ 时，由式 (2.40) 知，$t \to -\infty$ 时 $(\overline{x}, \overline{y}) = (0, 0)$，这类奇点称为不稳定临界结点 (图 2.9)。

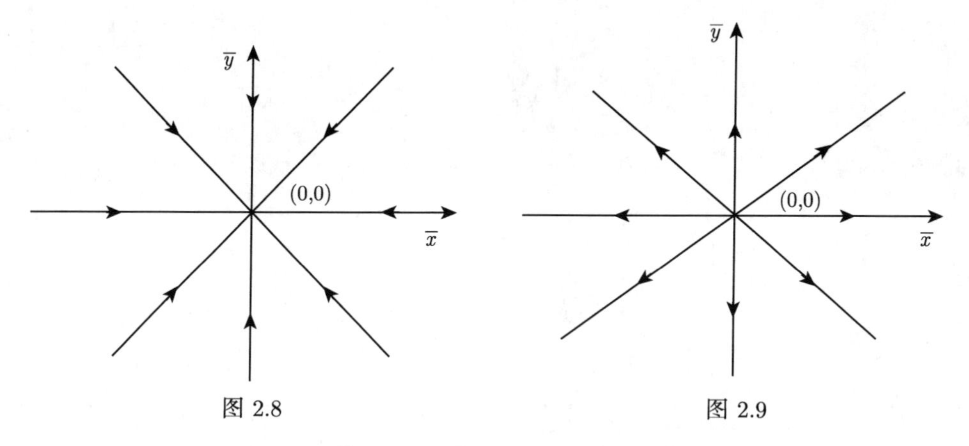

图 2.8 图 2.9

(3) 特征根为重根，$\boldsymbol{J} = \begin{bmatrix} \lambda_1 & 0 \\ 1 & \lambda_1 \end{bmatrix}$，对应 $\boldsymbol{A}$ 不能对角化的情况。此时式 (2.37) 成为

$$\begin{cases} \dfrac{\mathrm{d}\overline{x}}{\mathrm{d}t} = \lambda_1 \overline{x} \\ \dfrac{\mathrm{d}\overline{y}}{\mathrm{d}t} = \overline{x} + \lambda_1 \overline{y} \end{cases}$$

其解为

$$\begin{cases} \overline{x} = \overline{x_0} \mathrm{e}^{\lambda_1 t} \\ \overline{y} = (\overline{y_0} + \overline{x_0} t) \mathrm{e}^{\lambda_1 t} \end{cases}$$

(a) $\lambda_1 < 0$ 时，则当 $t \to +\infty$ 时 $(\overline{x}, \overline{y}) = (0, 0)$，这类奇点称为稳定退化结点 (图 2.10)。

(b) $\lambda_1 > 0$ 时，当 $t \to -\infty$ 时 $(\overline{x}, \overline{y}) = (0, 0)$，这类奇点称为不稳定退化结点 (图 2.11)。

(4) 特征根为共轭复根 $\alpha + \beta \mathrm{i}$ $(\beta > 0)$，$\boldsymbol{J} = \begin{bmatrix} \alpha & \beta \\ -\beta & \alpha \end{bmatrix}$，方程组式 (2.37) 成为

$$\begin{cases} \dfrac{\mathrm{d}\overline{x}}{\mathrm{d}t} = \alpha \overline{x} + \beta \overline{y} \\ \dfrac{\mathrm{d}\overline{y}}{\mathrm{d}t} = -\beta \overline{x} + \alpha \overline{y} \end{cases} \tag{2.41}$$

为方便讨论，引入极坐标：$\overline{x}=\rho\cos\theta,\overline{y}=\rho\sin\theta$ 代入式 (2.41)，有

$$\begin{cases}\dfrac{\mathrm{d}\rho}{\mathrm{d}t}=\alpha\rho\\[2ex]\dfrac{\mathrm{d}\theta}{\mathrm{d}t}=-\beta\end{cases}\tag{2.42}$$

其解为 $\rho(t)=\rho_0\mathrm{e}^{\alpha t},\theta(t)=-\beta t+\theta_0$。

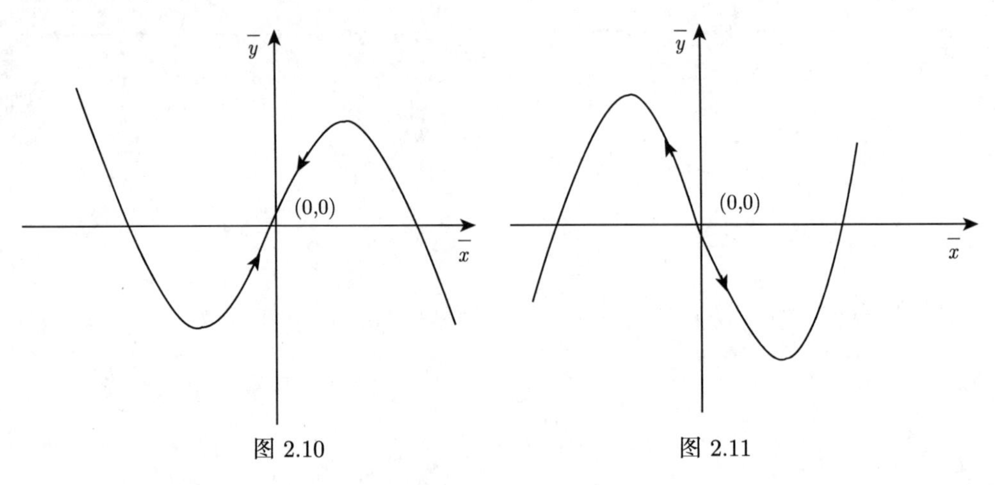

图 2.10　　　　图 2.11

(a) $\alpha<0$ 时，由式 (2.42) 的解可知，当 $t\to+\infty$ 时 $\rho(t)\to 0,\theta(t)\to-\infty$，这类奇点称为稳定焦点 (图 2.12)。

(b) $\alpha>0$ 时，由式 (2.42) 可知，当 $t\to+\infty$ 时 $\rho(t)\to+\infty,\theta(t)\to-\infty$，这类奇点称为不稳定焦点 (图 2.13)。

(5) 特征根为共轭虚根 $\pm\beta\mathrm{i}$，$\boldsymbol{J}=\begin{bmatrix}0&\beta\\-\beta&0\end{bmatrix}$，方程组式 (2.37) 成为

$$\begin{cases}\dfrac{\mathrm{d}\overline{x}}{\mathrm{d}t}=\beta\overline{y}\\[2ex]\dfrac{\mathrm{d}\overline{y}}{\mathrm{d}t}=-\beta\overline{x}\end{cases}$$

同上，引入极坐标有

$$\begin{cases}\dfrac{\mathrm{d}\rho}{\mathrm{d}t}=0\\[2ex]\dfrac{\mathrm{d}\theta}{\mathrm{d}t}=-\beta\end{cases}$$

其解为 $\rho(t)=\rho_0,\theta(t)=-\beta t+\theta_0$。

由此可见，轨线是以奇点 (0,0) 为中心的圆族，由 β 的正负决定其运动方向，此类奇点称为中心。

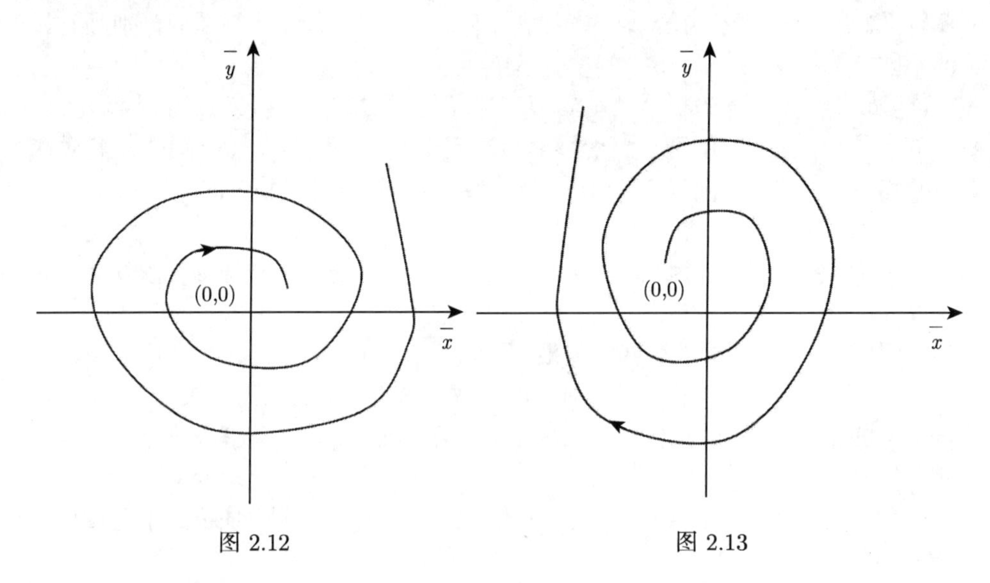

图 2.12　　图 2.13

(a) $\beta < 0$ 时，当 $t \to +\infty$ 时 $\theta(t) \to +\infty$ (图 2.14)。

(b) $\beta > 0$ 时，当 $t \to +\infty$ 时 $\theta(t) \to -\infty$ (图 2.15)。

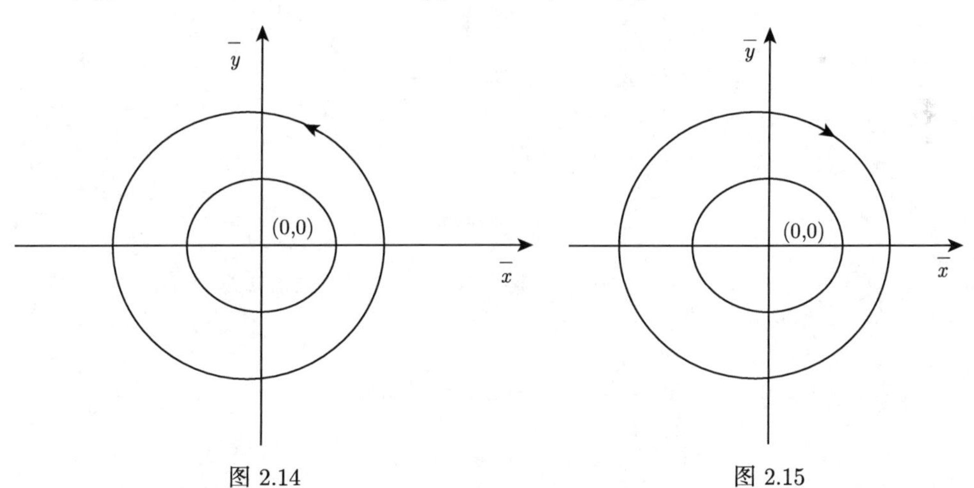

图 2.14　　图 2.15

以上虽然讨论的是方程组 (2.37) 的奇点类型，但是，由于 $\bar{x}$-$\bar{y}$ 与 x-y 之间是由线性变换 $\boldsymbol{Y} = \boldsymbol{p}^{-1}\boldsymbol{X}$ 实现转换的，根据数学上的讨论可知：在 $\boldsymbol{X}$ 与 $\boldsymbol{Y}$ 间的线性变换下，除了 “大小” 和 “方向” 可能改变外，其他形态和特征是保持不变的。因此在 $\bar{x}$-$\bar{y}$ 上讨论的奇点近旁轨线分布特性，完全可以表示式 (2.35) 奇点近旁轨线的分布特征。

定理 2.10　如果平面线性驻定方程组 (2.35) 的系数满足 $ad-bc\neq 0$，则方程的零解 (奇点) 将依特征方程 $\lambda^2-(a+d)\lambda+ad-bc=0$ 的根的性质而分别具有如下的不同特性。

(1) 如果特征方程的根 $\lambda_1\neq\lambda_2$ 为实根，而 $\lambda_1\lambda_2>0$ 时奇点为结点，且当 $\lambda_1<0$ 时结点是稳定的，而对应的零解为渐近稳定的，但当 $\lambda_1>0$ 时奇点和对应的零解均为不稳定的；当 $\lambda_1\lambda_2<0$ 时奇点为鞍点，零解为不稳定的。

(2) 如果特征方程具有重根 λ，则奇点通常为退化结点，当 $\lambda<0$ 时，这两类结点均为稳定的，而零解为渐近稳定的，但当 $\lambda>0$ 时奇点和对应的零解均为不稳定的。

(3) 如果特征方程的根为共轭复根，即 $\lambda_1=\bar{\lambda}_2$，则当 $\mathrm{Re}\lambda_1\neq 0$ 时奇点为焦点，且当 $\mathrm{Re}\lambda_1<0$ 时焦点为稳定的，对应的零解为渐近稳定的，而当 $\mathrm{Re}\lambda_1>0$ 时奇点和对应的零解均为不稳定的；当 $\mathrm{Re}\lambda_1=0$ 时奇点为中心，零解为稳定但非渐近稳定的。

方程 (2.35) 的奇点 $O(0,0)$，当 $\det A\neq 0$ 时，根据 A 的特征根的不同情况可有如下的类型：

$$
\begin{cases}
\text{实根}\begin{cases}
\text{相异 (非零) 实根}\begin{cases}\text{同号—结点}\\ \text{异号—鞍点}\end{cases}\\
\text{重 (非零) 实根}\begin{cases}\text{临界结点}\\ \text{退化结点}\end{cases}
\end{cases}\\
\text{复根}\begin{cases}\text{实部不为零—焦点}\\ \text{实部为零—中心}\end{cases}
\end{cases}
$$

设 $p=-(a+d),q=ad-bc$，则 A 的系数与奇点分类的关系如下。

(1) $p^2-4q>0$

① $q>0,\ \left.\begin{matrix}p<0,\text{二根同正}\\ p>0,\text{二根同负}\end{matrix}\right\}$——奇点为结点；

② $q<0$，二根异号——奇点为鞍点。

(2) $p^2-4q=0$

$\left.\begin{matrix}p<0,\text{正的重根}\\ p>0,\text{负的重根}\end{matrix}\right\}$——奇点为临界结点或退化结点。

(3) $p^2-4q<0$

$p\neq 0$，复数根的实部不为 0，奇点为焦点；

$p=0$，复数根的实部为 0，奇点为中心。

综合上面的结论，由曲线 $p^2=4q, q$ 轴及 p 轴把 poq 平面分成几个区域，不同的区域对应着不同类型的奇点，具体如图 2.16 所示。

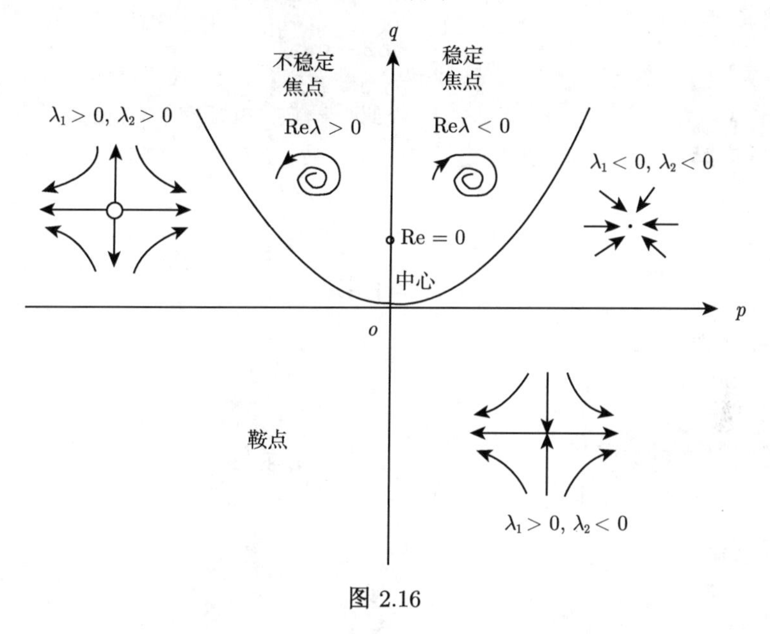

图 2.16

例 2.7 试求出下列方程组的所有奇点，并讨论相应的奇点的稳定性态。

$$
(1)\begin{cases}\dfrac{\mathrm{d}x}{\mathrm{d}t}=9x-6y+4xy-5x^2\\[2ex]\dfrac{\mathrm{d}y}{\mathrm{d}t}=6x-6y-5xy+4y^2\end{cases},\qquad(2)\begin{cases}\dfrac{\mathrm{d}x}{\mathrm{d}t}=y\\[2ex]\dfrac{\mathrm{d}y}{\mathrm{d}t}=-x+\mu(y-x^2),\ \mu>0\end{cases}
$$

解 (1) 先求出奇点。

解方程组

$$
\begin{cases}9x-6y+4xy-5x^2=0\\[1ex]6x-6y-5xy+4y^2=0\end{cases}
$$

得

$$
\begin{cases}x_1=0\\y_1=0\end{cases},\qquad\begin{cases}x_2=2\\y_2=1\end{cases},\qquad\begin{cases}x_3=1\\y_3=2\end{cases}
$$

所以方程组 (1) 有奇点为 $(0,0),(1,2)$ 和 $(2,1)$。

再研究驻定解的稳定性态。

(a) 零解的稳定性态。

奇点 $(0,0)$ 的一次近似方程组为

$$\begin{cases} \dfrac{\mathrm{d}x}{\mathrm{d}t} = 9x - 6y \\ \dfrac{\mathrm{d}y}{\mathrm{d}t} = 6x - 6y \end{cases}$$

其特征根 $\lambda_1 = 6, \lambda_2 = -3$，有正实部的特征根，由此可知原系统的零解不稳定。

(b) 驻定解 $x = 1, y = 2$ 的稳定性态。

令

$$\begin{cases} X = x - 1 \\ Y = y - 2 \end{cases}$$

将 (1) 中方程组化为

$$\begin{cases} \dfrac{\mathrm{d}X}{\mathrm{d}t} = 7X - 2Y + 4XY - 5X^2 \\ \dfrac{\mathrm{d}Y}{\mathrm{d}t} = -4X + 5Y - 5XY + 4Y^2 \end{cases}$$

一次近似方程组为

$$\begin{cases} \dfrac{\mathrm{d}X}{\mathrm{d}t} = 7X - 2Y \\ \dfrac{\mathrm{d}Y}{\mathrm{d}t} = -4X + 5Y \end{cases}$$

有正实部的特征根 $\lambda_1 = 9, \lambda_2 = 3$，由此可知驻定解 $x = 1, y = 2$ 不稳定。

(c) 驻定解 $x = 2, y = 1$ 的稳定性态。

令

$$\begin{cases} X = x - 2 \\ Y = y - 1 \end{cases}$$

将 (1) 中方程组化为

$$\begin{cases} \dfrac{\mathrm{d}X}{\mathrm{d}t} = -7X + 2Y + 4XY - 5X^2 \\ \dfrac{\mathrm{d}Y}{\mathrm{d}t} = X - 8Y - 5XY + 4Y^2 \end{cases}$$

一次近似方程组为

$$\begin{cases} \dfrac{\mathrm{d}X}{\mathrm{d}t} = -7X + 2Y \\ \dfrac{\mathrm{d}Y}{\mathrm{d}t} = X - 8Y \end{cases}$$

其特征根 $\lambda_1=-6,\lambda_2=-9$，由此可知驻定解 $x=2,y=1$ 渐近稳定。

解 (2) 先求出奇点。

解方程组

$$\begin{cases} y=0 \\ -x+\mu(y-x^2)=0 \end{cases}$$

得

$$\begin{cases} x_1=0 \\ y_1=0 \end{cases}, \qquad \begin{cases} x_2=-\dfrac{1}{\mu} \\ y_2=0 \end{cases}$$

故系统 (2) 有奇点为 $(0,0)$ 和 $\left(-\dfrac{1}{\mu},0\right)$。

再研究驻定解的稳定性态。

一般地，对于系统 $\begin{cases} \dfrac{\mathrm{d}x}{\mathrm{d}t}=f(x,y) \\ \dfrac{\mathrm{d}y}{\mathrm{d}t}=g(x,y) \end{cases}$，它在驻定解 $P_i(x_i,y_i)$ 的一次近似方程组为

$$\begin{pmatrix} \dfrac{\mathrm{d}x}{\mathrm{d}t} \\ \dfrac{\mathrm{d}y}{\mathrm{d}t} \end{pmatrix}=\left.\begin{pmatrix} \dfrac{\partial f(x,y)}{\partial x} & \dfrac{\partial f(x,y)}{\partial y} \\ \dfrac{\partial g(x,y)}{\partial x} & \dfrac{\partial g(x,y)}{\partial y} \end{pmatrix}\right|_{P_i}\begin{pmatrix} x \\ y \end{pmatrix}$$

其中，方程组的系数矩阵称为函数 $f(x,y),g(x,y)$ 关于 x,y 的雅可比矩阵。

在此题中，驻定解 $P_i(x_i,y_i)$ 的一次近似方程组为

$$\begin{pmatrix} \dfrac{\mathrm{d}x}{\mathrm{d}t} \\ \dfrac{\mathrm{d}y}{\mathrm{d}t} \end{pmatrix}=\left.\begin{pmatrix} 0 & 1 \\ -1-2\mu x & \mu \end{pmatrix}\right|_{P_i}\begin{pmatrix} x \\ y \end{pmatrix}$$

所以系统 (2) 零解的一次近似方程组为

$$\begin{cases} \dfrac{\mathrm{d}x}{\mathrm{d}t}=y \\ \dfrac{\mathrm{d}y}{\mathrm{d}t}=-x+\mu y \end{cases}$$

有正实部的特征根 $\lambda_{1,2}=\dfrac{\mu\pm\sqrt{\mu^2-4}}{2}$，由此可知零解 $x=y=0$ 不稳定。

系统 (2) 在 $\left(-\dfrac{1}{\mu},0\right)$ 的一次近似方程组为

$$
\begin{cases}
\dfrac{\mathrm{d}x}{\mathrm{d}t}=y \\
\dfrac{\mathrm{d}y}{\mathrm{d}t}=x+\mu y
\end{cases}
$$

特征根为 $\lambda_{1,2}=\dfrac{\mu\pm\sqrt{\mu^2+4}}{2}$，显然有正实部的特征根，由此可知驻定解 $x=-\dfrac{1}{\mu},y=0$ 不稳定。

2.4　线性稳定性分析和中心流形定理

2.2 节和 2.3 节主要是就系统的状态变量个数 $n=2$ 时进行分析的，本节就 $n\geqslant 3$ 时的一般情形进行讨论，同时也讨论一下 2.2 节和 2.3 节的线性稳定性定理所未能解决的临界情形。

2.4.1　特征值问题

当状态变量的个数 (相空间维数)$n>2$ 时，系统 (2.32) 在定态 x_{i0} 邻域的线性方程可写成矢量形式：

$$
\dot{\boldsymbol{\xi}}=\boldsymbol{A}\boldsymbol{\xi},\quad \boldsymbol{\xi}\in R^n \tag{2.43}
$$

式中，$\boldsymbol{\xi}$ 是 n 维列 $(n\times 1)$ 矢量，系数矩阵 $\boldsymbol{A}$ 取下面的形式：

$$
\boldsymbol{A}=\begin{bmatrix}
a_{11} & a_{12} & \cdots & a_{1n} \\
a_{21} & a_{22} & \cdots & a_{2n} \\
\vdots & \vdots & & \vdots \\
a_{n1} & a_{n2} & \cdots & a_{nn}
\end{bmatrix} \tag{2.44}
$$

$$
a_{ij}=\left(\frac{\partial f_i}{\partial x_j}\right)
$$

方程 (2.43) 有如下形式的基本解：

$$
\xi_i=\xi_{i0}\mathrm{e}^{\lambda t},\quad i=1,2,\cdots,n \tag{2.45}
$$

$\boldsymbol{\xi}_i$ 称为特征值 λ 的特征矢，$\boldsymbol{\xi}_{i0}$ 表示 $t=0$ 时的 $\boldsymbol{\xi}_i$。将上式代入方程 (2.43) 得

$$
\lambda\boldsymbol{\xi}_{i0}=\boldsymbol{A}\boldsymbol{\xi}_{i0} \tag{2.46}
$$

上式表示式 (2.45) 形式的 $\boldsymbol{\xi}_i$ 是方程 (2.43) 的解 (特征矢)，其对应的特征值是 λ，此齐次代数方程有非平凡解 (nontrivial solution，平凡解是 $\boldsymbol{\xi}_{i0}=0$) 的条件是

$$\begin{vmatrix} a_{11}-\lambda & a_{12} & \cdots & a_{1n} \\ a_{21} & a_{22}-\lambda & \cdots & a_{2n} \\ \vdots & \vdots & & \vdots \\ a_{n1} & a_{n2} & \cdots & a_{nn}-\lambda \end{vmatrix} = 0 \tag{2.47}$$

这就是系数矩阵 $\boldsymbol{A}$ 的特征值方程。可以把它写成下面形式：

$$a_0\lambda^n + a_1\lambda^{n-1} + \cdots + a_{n-1}\lambda + a_n = 0 \tag{2.48}$$

上式是关于 λ 的 n 次代数方程解，设其解 (特征值) 为 $\lambda_1, \lambda_2, \cdots, \lambda_n$，则方程 (2.43) 的解为

$$\boldsymbol{\xi} = \sum_{i=1}^{n} c_i \boldsymbol{\xi}_i \tag{2.49}$$

c_i 由 $t=0$ 时的初始条件决定。如 $t=0$ 时 $\boldsymbol{\xi}=\boldsymbol{\xi}_0$，则

$$\boldsymbol{\xi}_0 = \sum_{i=1}^{n} c_i \boldsymbol{\xi}_{i0} \tag{2.50}$$

如果特征值有重根，则情况稍有不同。由微分方程理论可知，若有一个 k 重根，如 $\lambda_1=\lambda_2=\cdots=\lambda_k$ 则式 (2.49) 应为下式取代：

$$\boldsymbol{\xi} = (c_1 + c_2 t + c_3 t^2 + \cdots + c_k t^{k-1})\boldsymbol{\xi}_1 + \sum_{i=k+1}^{n} c_i \boldsymbol{\xi}_i \tag{2.51}$$

由此可见，线性方程 (2.43) 具有解析解，这是一般非线性方程所没有的。

与 2.3 节中关于二个变量的情形类似，只有当方程 (2.48) 的所有特征值 λ_i 的实部 $\mathrm{Re}\lambda_i$ 都取负值时，解 (2.49) 的每一项才都收敛，这时解 (定态) 才是渐近稳定的；反之，只要有一个特征值 λ_i 的实部取正值，解 (定态) 就是不稳的。

与 2.3 节二维情形相似，在高维情形下，定态 (定点) 也有多种形式，而且自然要比二维情形复杂得多。三维情形作为练习请读者自己考虑。

2.4.2 不变流形

这一小节介绍几个对分析稳定性很有用的概念，也是为 2.4.3 小节介绍一个分析非线性系统稳定性十分有用的定理做准备。

由式 (2.49) 并考虑式 (2.45) 和式 (2.46) 可得

$$\boldsymbol{\xi}(t)=\sum c_j\boldsymbol{\xi}_j=\sum c_j\mathrm{e}^{\lambda t}\boldsymbol{\xi}_{j0}=\sum c_j\mathrm{e}^{At}\boldsymbol{\xi}_{j0}$$

此处用了下述关于矩阵函数的定义及相关运算:

$$\mathrm{e}^{At}\boldsymbol{\xi}_{j0}=\sum_{m=0}^{\infty}\frac{(At)^m}{m!}\boldsymbol{\xi}_{j0}=\sum_{m=0}^{\infty}\frac{(\lambda t)^m}{m!}\boldsymbol{\xi}_{j0}=\mathrm{e}^{\lambda t}\boldsymbol{\xi}_{j0} \tag{2.52}$$

因此由式 (2.50) 得

$$\boldsymbol{\xi}(t)=\mathrm{e}^{At}\boldsymbol{\xi}_0 \tag{2.53}$$

上式表示若初态 $\boldsymbol{\xi}_0$ 是沿某一特征矢 $\boldsymbol{\xi}_j$ 方向，则任意时刻 t 的态矢量 $\boldsymbol{\xi}(t)$ 仍沿此特征矢 $\boldsymbol{\xi}_j$ 方向，即诸特征矢 $\boldsymbol{\xi}_j$ 都分别张成 n 维相空间 R^n 的一维不变子空间。如果 A 的特征值有一对共轭复值 (令 i 表虚单位 $\sqrt{-1}$) $\mathrm{Re}\lambda\pm\mathrm{iIm}(\lambda)$，则对应的特征矢取 $\boldsymbol{\xi}_r\pm\mathrm{i}\boldsymbol{\xi}_i$ 形式，$\boldsymbol{\xi}_r$ 和 $\boldsymbol{\xi}_i$ 是二个线性无关矢量。由于此二矢量张成的二维子空间 $(\boldsymbol{\xi}_r,\boldsymbol{\xi}_i)$ 在 e^{At} 作用下不变，故此二维子空间也是 R^n 的不变子空间，所有这些不变子空间也称为 $\boldsymbol{A}$ 的特征空间 (eigenspace)。

很明显，R^n 的这些不变子空间可以根据其在 $\boldsymbol{A}$ 作用下的特征值 λ 的取值不同分为以下三类:

E_S 为由所有特征值的实部小于 0 的特征矢张成的子空间;

E_u 为由所有特征值的实部大于 0 的特征矢张成的子空间;

E_c 为由所有特征值的实部等于 0 的特征矢张成的子空间。

R^n 中服从某规律 (方程)

$$F_j(x_1,x_2,\cdots,x_n)=0,\quad j=1,2,\cdots,n-d \tag{2.54}$$

的集合 (子空间)M 称为 R^n 中的一个 d 维流形 (manifold)，记为 $M\subset R^n,d\leqslant n$。流形中的点则记为 $x\in M\subset R^d$。很明显，流形中各点有着相同的几何性质。如 R^n 中的一个圆周曲线 (或包围其他的有限曲面的闭曲线) 就是一个一维流形，因为此曲线上的每一点都具有包围同一曲面的性质。反之，一条有端点的曲线不是一维流形 (或者只能说它是具有边界的流形，manifold with boundary)，因为端点在其邻域的几何性质和其他点很不一样。同样，包围一个球体 (或其他三维实体) 的球面 (曲面) 是一个二维流形，而有边界的曲面 (如圆、椭圆、长方形等) 不是。根据上述定义，上面讲的那些不变子空间都是 R^n 中的流形。我们称 E_s、E_u 和 E_c 分别为稳定流形、不稳定流形和中心流形。

例 2.8 求动力系统

$$\left.\begin{aligned}\dot{\boldsymbol{\xi}}_1 &= \boldsymbol{\xi}_1 + 2\boldsymbol{\xi}_2 \\ \dot{\boldsymbol{\xi}}_2 &= \boldsymbol{\xi}_1 \\ \dot{\boldsymbol{\xi}}_3 &= 0\end{aligned}\right\} \tag{2.55}$$

的定点和各不变子空间 (流形)。

解 容易看出，原点 $(0, 0, 0)$ 是定点，系数矩阵是

$$\boldsymbol{A} = \begin{bmatrix} 1 & 2 & 0 \\ 1 & 0 & 0 \\ 0 & 0 & 0 \end{bmatrix} \tag{2.56}$$

由式 (2.47) 易求其特征值是 $0, -1$ 和 2。为了求特征矢，设与 $\lambda_3 = 2$ 对应的特征矢为

$$\boldsymbol{w} = \begin{bmatrix} c_1 \\ c_2 \\ c_3 \end{bmatrix}$$

c_j 都是待定系数，则 $\boldsymbol{Aw} = 2\boldsymbol{w}$，即

$$\begin{bmatrix} 1 & 2 & 0 \\ 1 & 0 & 0 \\ 0 & 0 & 0 \end{bmatrix} \begin{bmatrix} c_1 \\ c_2 \\ c_3 \end{bmatrix} = 2 \begin{bmatrix} c_1 \\ c_2 \\ c_3 \end{bmatrix}$$

解此方程得 $c_1 = 2c_2, c_3 = 0$。应该注意，重要的是特征矢方向，特征矢长度可以是任意的，因此系数 c_j 之值可以按比例任意变化。为简单计，取 $c_2 = 1$。于是得到

$$\lambda_3 = 2, \quad \boldsymbol{w} = \begin{bmatrix} 2 \\ 1 \\ 0 \end{bmatrix} \tag{2.57}$$

同样可求得与另两个特征值对应的特征矢：

$$\lambda_1 = 0, \quad \boldsymbol{u} = \begin{bmatrix} 0 \\ 0 \\ 1 \end{bmatrix} \tag{2.58}$$

$$\lambda_2 = -1, \quad \boldsymbol{v} = \begin{bmatrix} 1 \\ 1 \\ 0 \end{bmatrix} \tag{2.59}$$

可见 $\boldsymbol{u}, \boldsymbol{v}$ 和 $\boldsymbol{w}$ 张成的子空间分别是中心流形 E_{c}，稳定流形 E_{s} 和不稳定流形 E_{u}，如图 2.17 所示。

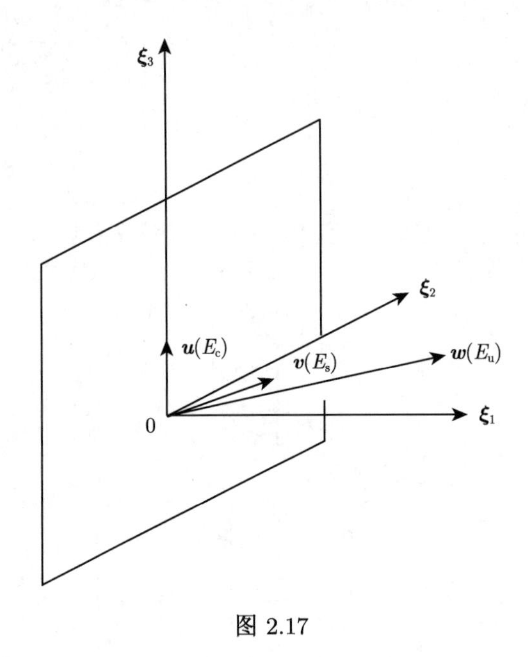

图 2.17

至此还没有涉及上述线性分析对非线性系统的作用。实际上，我们的目的是借助线性分析了解非线性系统在定点邻域的几何或拓扑性质。

在上述特征值取三种不同结果 ($\mathrm{Re}\lambda > 0, \mathrm{Re}\lambda < 0$ 和 $\mathrm{Re}\lambda = 0$) 的定点中，称前两种 ($\mathrm{Re}\lambda \neq 0$) 定点为双曲点 (hyperbolic point)，而称后一种 ($\mathrm{Re}\lambda = 0$) 定点为中心或椭圆点 (elliptic point)。可以想象，在定点的邻域，非线性系统也会像线性系统那样有类似的不变流形或不变子空间。当然，非线性系统的这些不变流形不可能仍是平直的，而应该是一些曲线、曲面或超曲面，且只存在于定点的邻域。我们称非线性系统的这类不变流形为稳定流形、不稳流形和中心流形，并分别用 W_{s}、W_{u} 和 W_{c} 表示。

对于非线性系统的这些不变流形 W_{s}、W_{u} 和 W_{c} 跟线性系统的不变流形 W_{s}、W_{u} 和 W_{c} 之间的关系如何，以及如何利用这些流形的性质进一步分析非线性系统的稳定性以至分岔等问题，须借助下面的中心流形定理。

2.4.3　中心流形定理

中心流形定理可简述如下。

定理 2.11 (中心流形定理)　对于 n 维非线性自治系统，其在定点的邻域的稳定流形 $W_{\rm s}$、不稳定流形 $W_{\rm u}$ 和中心流形 $W_{\rm c}$ 分别与其线性化方程的稳定流形 $E_{\rm s}$、不稳定流形 $E_{\rm u}$ 和中心流形 $E_{\rm c}$ 相切，而且 $W_{\rm s}$、$W_{\rm u}$ 和 $W_{\rm c}$ 的维数与 $E_{\rm s}$、$E_{\rm u}$ 和 $E_{\rm c}$ 相同，$W_{\rm s}$ 和 $W_{\rm u}$ 都是唯一的，$W_{\rm c}$ 则不一定是唯一的。

上述 W 和 E 的关系如图 2.18 所示，其中 $W_{\rm c}$ 不是唯一的，图中只画出其中的两个 ($W_{\rm c}$ 和 $W_{\rm c}'$)。

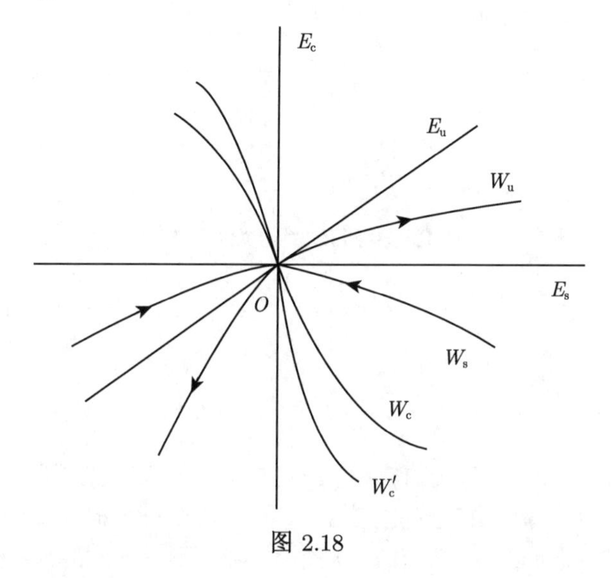

图 2.18

例 2.9　考虑下述动力系统

$$\left.\begin{aligned}\dot{x} &= x^2 \\ \dot{y} &= -y\end{aligned}\right\} \tag{2.60}$$

分析其 $W_{\rm s}$、$W_{\rm u}$ 和 $W_{\rm c}$。

解　容易看出，系统的定点是 $(0,0)$，其线性化矩阵是

$$\boldsymbol{A} = \begin{bmatrix} 0 & 0 \\ 0 & -1 \end{bmatrix} \tag{2.61}$$

此矩阵的行列式 Δ 和迹 T 分别是

$$\Delta = 0, \quad T = -1$$

所以这是 2.3 节讲的临界情形，2.3 节的分析对此无能为力。但是可以求得 $\boldsymbol{A}$ 的特征值和对应的特征矢：

$$\lambda_1 = 0, \quad \boldsymbol{u} = \begin{bmatrix} 1 \\ 0 \end{bmatrix} \tag{2.62}$$

$$\lambda_2 = -1, \quad \boldsymbol{v} = \begin{bmatrix} 0 \\ 1 \end{bmatrix} \tag{2.63}$$

可见 E_{c} 和 E_{s} 分别就是 $\boldsymbol{u}$ 和 $\boldsymbol{v}$ 张成的子空间，也就是分别沿 x 轴和 y 轴方向。然而还是不能由线性分析知道 W_{c} 和 W_{s} 以及关于点 (0,0) 的具体表现，解方程 (2.60) 得以时间 t 为参量的轨线方程：

$$\left.\begin{aligned} x(t) &= x_0/(1-x_0 t) \\ y(t) &= y_0 \mathrm{e}^{-t} \end{aligned}\right\} \tag{2.64}$$

对上式消去时间 t 得到系统在相空间的轨线 (流) 方程：

$$y(x) = (y_0 \mathrm{e}^{-1/x_0}) \mathrm{e}^{1/x} \tag{2.65}$$

轨线的斜率则是

$$\frac{\mathrm{d}y}{\mathrm{d}x} = \frac{\mathrm{d}y}{\mathrm{d}t} \bigg/ \frac{\mathrm{d}x}{\mathrm{d}t} = -y/x^2 \tag{2.66}$$

由此可见，当 $x \geqslant 0$ 时，系统的轨线 (流) 中仅有 x 轴 (E_{c}) 通过定点 (0,0)；当 $x < 0$ 时，所有轨线 (流) 都趋于定点 (0,0) 并在该点与 x 轴 (E_{c}) 相切 (图 2.19)。因此，所有 $x < 0$ 处的轨线都是 W_{c}，从而 W_{c} 确实不是唯一的。当然，其中只有 x 轴才是解析的中心流形，也就是 E_{c}。再看看 W_{s} 是怎样的。当 $t \to \infty$ 时，$y(t) \to 0$。即在 y 轴及其附近，当 $y > 0$ 时，$\dfrac{\mathrm{d}y}{\mathrm{d}x} \to -\infty$；而当 $y < 0$ 时，$\dfrac{\mathrm{d}y}{\mathrm{d}x} \to +\infty$。因此 W_{s} 与 E_{s} 是一致的，也就是唯一的。

由中心流形定理可知，在定点的邻域，与中心流形 W_{c} 正交的方向或截面上，非线性系统的表现是很简单清楚的。因为在此方向或截面上 $W_{\mathrm{s}}(W_{\mathrm{u}})$ 跟 E_{s}(或 E_{u}) 相切，并唯一地由 E_{s}(或 E_{u}) 确定。这与 2.3 节所述的线性稳定性定理是一致的。也可以说，中心流形定理包含了线性稳定性定理，是后者的更全面的更严格的表述。但是，在中心流形 W_{c} 上，其轨线 (流) 与线性化的流形 E_{c} 上的轨线 (流) 不一定完全相同。例如，在 E_{c} 上的流是闭曲线，而 W_{c} 上的流则不一定 (参考图 2.18)。它们具体表现和此定点稳定与否, 只有通过对其非线性项作进一步分析才能知道。但是，利用中心流形定理可以把一个高维系统的稳定性问题化为低维的中心流形 W_{c} 上的稳定性问题，这就是把问题简化了。

例 2.10 分析下述系统在定点的邻域的性质：

$$\left.\begin{aligned}\dot{x} &= xy \\ \dot{y} &= -y + cx^2\end{aligned}\right\} \tag{2.67}$$

式中，c 是常系数。

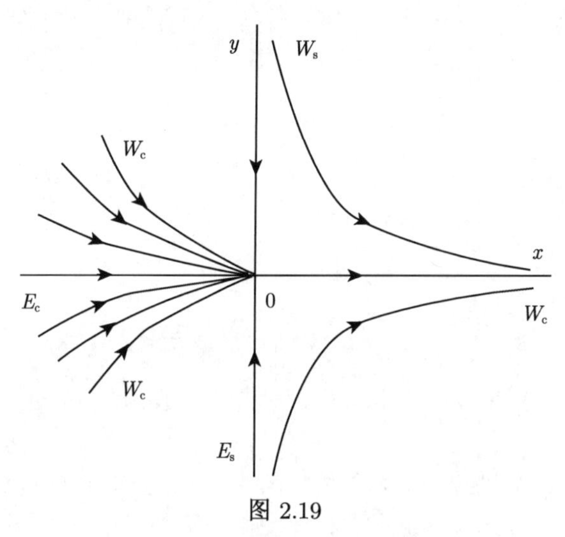

图 2.19

解 易知系统的定点是 $(0,0)$，线性化的系数矩阵和特征值与例 2.9 的相同：

$$\boldsymbol{A} = \begin{bmatrix} 0 & 0 \\ 0 & -1 \end{bmatrix}$$

$$\Delta = 0, \quad T = -1$$

$$\lambda_1 = 0, \quad \lambda_2 = -1$$

可见 2.3 节的分析对此问题无能为力。为了进一步分析定点的稳定性和解在定点邻域的表现，设在中心流形 $W_{\rm c}$ 上系统的解 (流) 可表为一维曲线：

$$y = h(x) \tag{2.68}$$

通常可以把 $h(x)$ 写成多项式形式，其幂次可根据近似程度的要求而定。暂取到三次，即

$$h(x) = a_0 + a_1x + a_2x^2 + a_3x^3 + o(x^4) \tag{2.69}$$

又因为 $W_{\rm c}$ 要过定点 $(0,0)$，$x=0$ 时，$y=0$，故在 $W_{\rm c}$ 上应有 $a_0=0$，从而

$$h(x) = a_1x + a_2x^2 + a_3x^3 \tag{2.70}$$

$$h'(x) = a_1 + 2a_2x + 3a_3x^2 \tag{2.71}$$

在 W_c 上有 $\dot{y} = \dfrac{\mathrm{d}y}{\mathrm{d}x}\dot{x}$，将式 (2.67)、式 (2.68) 和式 (2.71) 代入上式得到

$$-h(x) + cx^2 = h'(x) \cdot x \cdot h(x)$$

$$-a_1x - a_2x^2 - a_3x^3 + cx^2 = (a_1 + 2a_2x + 3a_3x^2)x(a_1x + a_2x^2 + a_3x^3)$$

比较两边 x 同次幂的系数得

$$a_1 = a_3 = 0$$

$$a_2 = c$$

于是在 W_c 上有

$$h(x) = cx^2 + o(x^4) \tag{2.72}$$

$$\dot{x} = xh(x) = cx^3 + o(x^5) \tag{2.73}$$

由此可见，定点 (0,0) 的稳定性为 $c < 0$ 时，定点 (0,0) 是渐近稳定的；$c > 0$ 时，定点 (0,0) 不稳定。

图 2.20(a)、(b) 分别给出这两种情形的流。至于 $c = 0$ 的情形，上述式 (2.69) 的三次近似给不出什么结论，必须借助于更高次近似。

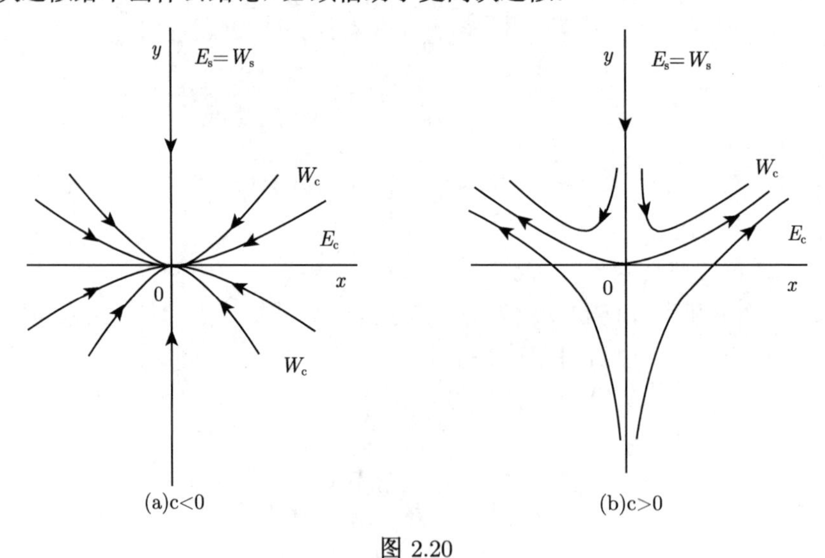

图 2.20

结束语

最后对 2.3 节和 2.4 节的内容和分析做些总结和补充说明。

(1) 必须再次强调，这两节的分析都是在定点 (或定态) 的邻域利用线性方法进行的，这就是所谓的局域 (或局部) 分析 (local analysis)。绝不能把在定点邻域所得结果外推到非邻域甚至整个相空间。所以不变流形都是相对与某一定点的邻域而言的。不同定点的各不变流形自然互不相同。也就是说，在这两节中是研究系统的局域稳定性 (local stability)。关于系统在整个空间的行为还有不少值得研究的内容，如吸引子的存在性和全局稳定性等问题将在 2.5 节给出详细的讨论。

(2) 总结这两节的内容可见，当非线性系统在定点邻域的线性化方程的特征值实部等于零 (临界情形) 时，由线性稳定性定理得不出什么结果。这时必须根据中心流定理对非线性项作进一步分析，才能对定点的稳定性及其邻域的流形和流作出判断。

(3) 把非线性方程在定点邻域线性化时所得到的线性方程 (2.43) 是齐次的，所以在这两节讨论的线性方程都是齐次的。但是，在某些实际问题中也可能遇到非齐次方程。即使如此，问题也不难解决。因为，根据微分方程理论，线性非齐次方程的通解等于该非齐次方程的特解与相应的齐次方程的通解之和。因此，对于自治的非齐次方程，其解的稳定性即由相应的齐次方程的稳定性决定。

(4) 从以上讨论和某些例子可见，一个双曲点 ($\mathrm{Re}\lambda \neq 0$ 的点) 既可有稳定流形 W_{s}，同时又可有不稳流形 W_{u}。人们称这种同时是稳定流形和不稳定流形归宿的点为同宿点 (homoclinic point)，通过同宿点的轨道既是其稳定轨道，又是其不稳定轨道，这样的轨道 (也就是说，两头归宿同一点的轨道) 称为同宿轨道 (homoclinic orbit)。

由于非线性系统往往有不止一个定点，那么通过不同定点的不变流形或轨道之间有无联系？通过分析可以看出，不同的定点的稳定 (或不稳定) 轨道与稳定 (或不稳定) 轨道不能相连接，这样连接的轨道称为异宿轨道 (heteroclinic orbit)，用异宿轨道连接的两定点都称为异宿点 (heteroclinic point)。

2.5 混沌系统吸引子的存在性和全局稳定性分析

2.3 节和 2.4 节的内容是对非线性系统解的形态的局部分析，本节对非线性系统进行全局稳定性分析。系统相空间可能有不同流域，从而即使某一定点是渐近稳定的，系统也不一定就趋于该点；某定点不稳定，系统也不一定趋于无穷远，而可能在某一有限区域内振荡 (轨线在该区域内来回荡游)，而且振荡的形式可能多种多样。系统在整个相空间表现的研究称为全局 (或整体) 分析 (global analysis)。如果系统在长时间 ($t \to \infty$) 内局限于相空间的有限区域内，或者说，若 $t \to \infty$ 时，系统收敛于相空间 R^n 的某一有限集合上，则称系统有全局稳定性 (global stability)。因此，由局域分析得知某定点是不稳的并不一定意味全局也是不稳定的；同样，某定点是稳定的也不意味全局是稳定的 (如可能另有趋于无穷远的流域存在)。只有考虑非线性对全局进行分析，才能得到全局稳定性的正确结论。2.2.3 小节所述的李雅普诺夫函数法就是可进行全局稳定性分析的方法之一。系统具有全局稳定性时，其轨线 (或流) 所收敛的单流通闭区域 (包括轨线所包围的稳定的或不稳定的定点) 称为系统的捕捉区 (trapping region)。因此，只要能证明捕捉区的存在，也就表示不管其中的定点是否稳定，系统便具有全局稳定性。另一方面，只要初始条件在捕捉区，系统也就具有全局稳定性。

2.5.1　预备知识

定义 2.3　称希尔伯特空间 $\boldsymbol{H}$ 上定义地单参数算子族 $\{S(t), t \geqslant 0\}$ 为 $\boldsymbol{H}$ 上线性有界算子半群，如果它满足：

(1) $\boldsymbol{S}(t) \in L(\boldsymbol{H})$(即任一个 $S(t)$ 都是 $\boldsymbol{H}$ 上的线性有界算子)　　(2.74)

(2) $\boldsymbol{S}(0) = I(\boldsymbol{H}$ 上的恒等算子)　　(2.75)

(3) $\boldsymbol{S}(t+\tau) = \boldsymbol{S}(t) \cdot \boldsymbol{S}(\tau)$，$\forall t, \tau \geqslant 0$ (半群性质)　　(2.76)

其次，若还有下式成立，称此有界算子半群是一致连续的：

$$\lim_{t \to 0^+} \|\boldsymbol{S}(t) - \boldsymbol{I}\|_{L(H)} = 0 \tag{2.77}$$

又如果除了式 (2.74)~式 (2.76) 外，$\{\boldsymbol{S}(t), t \geqslant 0\}$ 还满足

$$\lim_{t \to 0^+} \boldsymbol{S}(t)u = u \quad \forall u \in \boldsymbol{H} \tag{2.78}$$

则称此有界算子半群为强连续半群，记为 C° 类半群。

定义 2.4　如果算子 A 满足

$$D(A) = \left\{ u \in \boldsymbol{H} : \lim_{t \to 0^+} \frac{\boldsymbol{S}(t)u - u}{t} \text{存在} \right\} \tag{2.79}$$

$$Au = \lim_{t \to 0^+} \frac{S(t)u - u}{t} = D^+ S(t)\, u|_{t=0} \quad \forall u \in D(A) \tag{2.80}$$

则称 A 是半群 $\{\boldsymbol{S}(t), t \geqslant 0\}$ 的无穷小生成元，而 $D(A)$ 为 A 的定义域。

定理 2.12　线性算子 A 是一个有界线性算子的 C° 类半群的生成元，当且仅当 A 是一个线性有界算子。

非线性演化方程初值问题的解与半群的关系：

非线性演化方程初值问题

$$\begin{cases} \dfrac{\mathrm{d}u(t)}{\mathrm{d}t} = F(u(t)) \\ u(0) = u_0 \end{cases} \tag{2.81}$$

所生成的半群 $\{\boldsymbol{S}(t), t \geqslant 0\}$，其解 $u(t)=\boldsymbol{S}(t)u_0$。

考察 N-S (Navier-Stokes) 方程算子形式

$$\begin{cases} \dfrac{\mathrm{d}u}{\mathrm{d}t}+\lambda Au+B(u,u)=f & (2.82)\\ u(0)=u_0 & (2.83)\end{cases}$$

已知 $\forall u_0 \in \boldsymbol{H}$，总存在解 $u(t)\in L^{\infty}(0,T;H)\cap L^2(0,T;V)$。

式 (2.82)，式 (2.83) 定义了一个算子 $S(t):\boldsymbol{H}\to\boldsymbol{H}$，使得 $\boldsymbol{S}(t)u_0=u(t)$。容易证明 $\boldsymbol{S}(t)$ 是一个半群。

Young 不等式

$$ab \leqslant \varepsilon a^p/p+b^q/q\varepsilon^{q/p},\quad \forall a,b,\varepsilon>0,\quad 1<p<\infty,\quad q=p/(p-1) \tag{2.84}$$

Gronwall 不等式　$\eta(t)$ 在 $[0,T]$ 上非负绝对连续，且 $\eta'(t)\leqslant \Phi(t)\eta(t)+\psi(t)$ a.e.，则

$$\eta(t)\leqslant \mathrm{e}^{\int_0^t \Phi(s)\mathrm{d}s}\left[\eta(0)+\int_0^t \psi(s)\mathrm{e}^{-\int_0^s \Phi(\tau)\mathrm{d}\tau}\mathrm{d}s\right],\quad \forall t\in[0,T] \tag{2.85}$$

证明　$\eta'(t)\mathrm{e}^{-\int_0^t \Phi(s)\mathrm{d}s}\leqslant \Phi(t)\eta(t)\mathrm{e}^{-\int_0^t \Phi(s)\mathrm{d}s}+\psi(t)\mathrm{e}^{-\int_0^t \Phi(s)\mathrm{d}s}$, $\dfrac{\mathrm{d}}{\mathrm{d}t}(\eta(t)\mathrm{e}^{-\int_0^t \Phi(s)\mathrm{d}s})$ $\leqslant \psi(t)\mathrm{e}^{-\int_0^t \Phi(s)\mathrm{d}s}$

积分得

$$\eta(t)\mathrm{e}^{-\int_0^t \Phi(s)\mathrm{d}s}-\eta(0)\leqslant \int_0^t \psi(\tau)\mathrm{e}^{-\int_0^{\tau} \Phi(s)\mathrm{d}s}\mathrm{d}\tau$$

证毕。

定义 2.5　一个集合 $\Sigma\subset\boldsymbol{H}$ 称为半群 $\boldsymbol{S}(t)$ 的泛函不变集，如果

$$\boldsymbol{S}(t)\Sigma=\Sigma,\quad \forall t\geqslant 0 \tag{2.86}$$

定义 2.6　一个集合 $\Sigma\subset\boldsymbol{H}$ 称为半群 $S(t)$ 的吸引子，如果 Σ 满足下列性质:

(1) Σ 是一个泛函不变集；

(2) 存在 Σ 的一个开邻域 U，使得 $\forall u_0\in U$，当 $t\to\infty$ 时，$S(t)u_0\to\Sigma$，即

$$\mathrm{dist}(\boldsymbol{S}(t)u_0,\Sigma)\to 0,\quad \text{当 } t\to\infty \text{ 时} \tag{2.87}$$

这里 $\mathrm{dist}(x,\Sigma)=\inf\limits_{y\in\sum} d(x,y)$, $d(x,y)$ 是 $\boldsymbol{H}$ 中 x,y 的距离。

定义 2.7　称 Σ 一致吸引一个集合 $B\subset U$，如果

$$d(\boldsymbol{S}(t)B,\Sigma)\to 0,\quad \text{当 } t\to\infty \text{ 时} \tag{2.88}$$

其中 $d(B_0,B_1)=\sup\limits_{x\in B_0}\inf\limits_{y\in B_1}d(x,y)$

定义 2.8　如果 Σ 是一个紧吸引子，它吸引 $\boldsymbol{H}$ 中的任一有界集合，那么 Σ 称为半群 $\boldsymbol{S}(t)$ 的全局吸引子。

定义 2.9　设 Σ 是 $\boldsymbol{H}$ 的一个子集，U 是包含 Σ 的一个开子集。我们说 Σ 是 U 中一个吸收集，如果 U 中任一有界集 B 的轨迹在某一确定时刻之后进入 Σ，即 $\forall B\subset U, B$ 为有界集，存在 $t_0(B)$，使得

$$\boldsymbol{S}(t)B\subset\Sigma,\quad \forall t\geqslant t_0(B)$$

2.5.2　吸引子的存在性

1. 五模类洛伦兹方程组吸引子的存在性

下面取 $H=R^5, u(t)=(r_1,r_2,r_3,r_4,r_5)$，考虑五模类洛伦兹系统

$$\begin{cases}\dot{r}_1=-5r_1+3\sqrt{5}r_2r_3+7r_4r_5 & (1)\\ \dot{r}_2=-25r_2+\sqrt{5}r_1r_3 & (2)\\ \dot{r}_3=-10r_3-4\sqrt{5}r_1r_2+r & (3)\\ \dot{r}_4=-2r_4-4r_1r_5 & (4)\\ \dot{r}_5=-9r_5-3r_1r_4 & (5)\end{cases}\tag{2.89}$$

对五模类洛伦兹方程组 (2.89) 作如下运算

(1) $\times r_1+(2)\times r_2+(3)\times r_3+(4)\times r_4+(5)\times r_5$ 得

$$\dot{r}_1r_1+5r_1^2+\dot{r}_2r_2+25r_2^2+\dot{r}_3r_3+10r_3^2+\dot{r}_4r_4+2r_4^2+\dot{r}_5r_5+9r_5^2=rr_3$$

因此有

$$\frac{1}{2}\frac{\mathrm{d}}{\mathrm{d}t}(r_1^2+r_2^2+r_3^2+r_4^2+r_5^2)+(5r_1^2+25r_2^2+10r_3^2+2r_4^2+9r_5^2)=rr_3$$

令 $|u(t)|^2=r_1^2+r_2^2+r_3^2+r_4^2+r_5^2$，利用 Young 不等式，取 $\varepsilon=2$，得

$$\frac{1}{2}\frac{\mathrm{d}}{\mathrm{d}t}(r_1^2+r_2^2+r_3^2+r_4^2+r_5^2)+(5r_1^2+25r_2^2+10r_3^2+2r_4^2+9r_5^2)=rr_3\leqslant\frac{r^2}{4}+r_3^2$$

所以 $\dfrac{\mathrm{d}}{\mathrm{d}t}|u|^2+2|u|^2\leqslant\dfrac{r^2}{2}$. 由 Gronwall 不等式得

$$|u|^2\leqslant|u(0)|^2\exp(-2t)+\frac{r^2}{4}[1-\exp(-2t)]$$

因此有

$$\lim_{t\to\infty}\sup|u(t)|^2\leqslant\frac{r^2}{4}$$

故有 $\lim\limits_{t\to\infty}\sup|u(t)|\leqslant\dfrac{r}{2}=\rho_0$。所以 $B(o,\rho)$(充分大 $\rho\geqslant\rho_0$) 是泛函不变集和吸引集，实际上，取 $\rho=\max\{\rho_0,\rho_1\}$，其中 $\sup\limits_{t\in[0,T]}|u(t)|\leqslant\rho_1$ 记 $\varSigma=B(o,\rho)$，由 $\boldsymbol{S}(0)=\mathrm{I}$，有 $\boldsymbol{S}(t)\varSigma\supset\boldsymbol{S}(0)\varSigma=\varSigma$，所以 $\boldsymbol{S}(t)\varSigma=\varSigma$。

对任何有界集 D 必含于某个 $B(o,\rho)$，$\forall u_0\in D$，当 $t>t_0(D)$ 时有 $\mathrm{S}(t)u_0=u(t)\in\Sigma$，因此当 $t>t_0(D)$ 时有 $\boldsymbol{S}(t)D\subset B(o,\rho)$，所以系统 (2.89) 存在全局吸引子。

2. 洛伦兹方程组吸引子的存在性证明

考察著名的洛伦兹系统

$$\begin{cases}x=-\sigma x+\sigma y\\ y=-y+rx-xz\\ z=-bz+xy\end{cases}\tag{2.90}$$

这里 x,y,z 表示对流强度、上升流与下沉流的温差和温度垂直分布的非线性度，r 是 Rayleigh 数与其临界 Rayleigh 数之比，σ 是 Prandtl 数，取为 10，而 b 是表征流场外型的参数，取为 8/3。r,σ,b 均为正数。

作代换 $x\mapsto x,y\mapsto y,z\mapsto z+r+\sigma$，则 (2.90) 化为

$$\begin{cases}x+\sigma x-\sigma y=0\\ y+y+\sigma x+xz=0\\ z+bz-xy=-b(r+\sigma)\end{cases}\tag{2.91}$$

令 $H=R^3$，$u(t)=(x,y,z)$，同前面五模类洛伦兹方程组全局吸引子的讨论类似，

$$\frac{1}{2}\frac{\mathrm{d}}{\mathrm{d}t}|u|^2+\sigma x^2+y^2+bz^2=-b(r+\sigma)z\leqslant(b-1)z^2+\frac{b^2}{4(b-1)}(r+\sigma)^2$$

因此有

$$\frac{\mathrm{d}}{\mathrm{d}t}|u|^2+2l|u|^2\leqslant\frac{b^2}{2(b-1)}(r+\sigma)^2,\quad l=\min(1,\sigma)$$

所以

$$|u(t)|^2\leqslant|u(0)|^2\exp(-2lt)+\frac{b^2}{4l(b-1)}(r+\sigma)^2[1-\exp(-2lt)]$$

故

$$\lim_{t\to\infty}\sup|u(t)|\leqslant\rho_0,\rho_0=\frac{b(r+\sigma)}{2\sqrt{l(b-1)}}$$

下面的讨论与前面的类似，所以系统 (2.90) 存在全局吸引子。

2.5.3　混沌系统全局稳定性和吸引子的捕捉区

借助线性稳定性分析法来分析定点及其邻域的性质，这是所谓局部稳定性分析法，它没有涉及系统在整个相空间是否一定收敛 (有界) 的全局稳定性问题。也就是说，还不清楚系统是否存在所谓捕捉区。研究系统的全局稳定性，线性稳定性分析法无能为力。为了分析系统的全局稳定性，在此我们借助李雅普诺夫函数法。对洛伦兹系统，取李雅普诺夫函数为

$$V(x,y,z)=13x^2+5y^2+5(z-56)^2>0$$

令 $V(x,y,z)=K$，很明显，当 K 是一常数时，上式表示一椭球面。记此椭球面所包围的单连通闭区域为 E。K 越大，椭球面也越大。在洛伦兹方程 (1.28) 的混沌区 ($\sigma=10$，$b=8/3$，$r>r_h$，现取 $r=30$)，求 V 的导数:

$$\begin{aligned}\frac{\mathrm{d}V}{\mathrm{d}t}&=26x\frac{\mathrm{d}x}{\mathrm{d}t}+10y\frac{\mathrm{d}y}{\mathrm{d}t}+10(z-56)\frac{\mathrm{d}z}{\mathrm{d}t}\\&=-10\left[26x^2+y^2+\frac{8}{3}(z-28)^2-\frac{62720}{3}\right]\end{aligned}\tag{2.92}$$

显然，下式也表示一椭球面:

$$26x^2+y^2+\frac{8}{3}(z-28)^2=\frac{63720}{3}$$

记此椭球面为 C，由式 (2.92) 得知

$$\frac{\mathrm{d}V}{\mathrm{d}t}\begin{cases}<0, & \text{在}\,C\,\text{以外区域}\\=0, & \text{在}\,C\,\text{上}\\>0, & \text{在}\,C\,\text{以内}\end{cases}$$

于是，若把 K 取得较大，E 即可包围 C，如取 K=20000 即可。这样，从式 (2.92) 可知，在 C 外面，$\dfrac{\mathrm{d}V}{\mathrm{d}t}<0, V\dfrac{\mathrm{d}V}{\mathrm{d}t}<0$。由李雅普诺夫定理的分析得知，$E$ 外的轨线都将进入 E 内。可见，E 就是洛伦兹系统的捕捉区。虽然这时洛伦兹系统定点 O、P^+ 和 P^- 都不稳定 (都不是收点)，但系统仍具有全局稳定性：系统最终要收缩到捕捉区内，而区内又无收点，因此系统只能在区内不停的振荡。于是轨线最终要在捕捉区内形成一个不变集合，这就是所谓吸引子 (attractor)。对于规则运动，吸引子很简单，如稳定定态就是一个点，周期运动的是闭曲线，准周期运动的吸引子则是封闭的带或环。人们称这些规则运动的吸引子为简单吸引子 (simple attractor) 或平庸吸引子 (trivial attractor)。当系统作混沌运动时，其相空间轨线往往受到折叠作用，这就使吸引子具有十分复杂而独特的性质和结构。人们称混沌运动这种具

有独特性质和结构的吸引子为奇怪吸引子 (strange attractor)。下图 2.21 是洛伦兹奇怪吸引子 (参考文献 [3])。

混沌吸引子 (chaotic attractor) 具有复杂的拉伸、折叠和伸缩的结构，使得按指数规律发散的系统保持在有限的空间内。它是动力学系统整体稳定性和局部不稳定性共同作用的结果。由于整体的稳定性，使得一切位于吸引子之外的运动都向吸引子靠拢，运动轨道收缩到吸引子上；而局部的不稳定，使得一切到达吸引子内部的运动轨道相互排斥，在某些方向上发散，成为不稳定的因素。微小的扰动对混沌吸引子来说都是稳定的，终将达到吸引子上。但是，在混沌吸引子内部，其对初始条件非常敏感，即进入混沌吸引子的位置稍有差别，这一差别会以指数形式增长，最终导致混沌轨道的截然不同。混沌吸引子有以下特性: 具有分形的性质，是一个分形集；具有无穷嵌套的自相似性结构; 非整数维，它是对我们所熟知的整数维空间中维数概念的扩展。

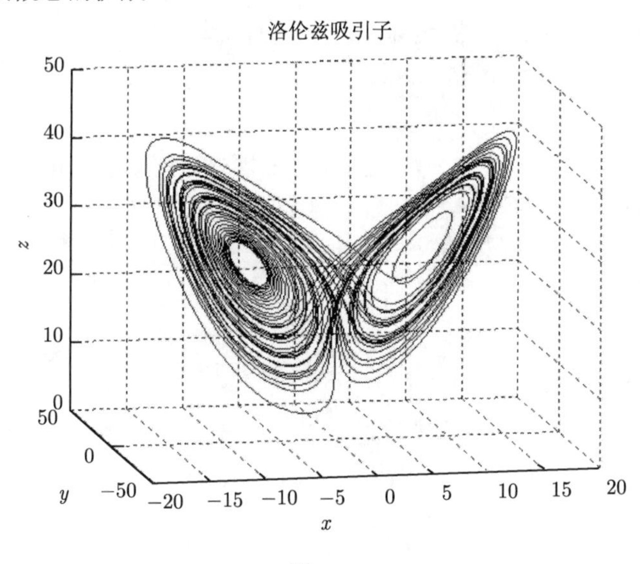

图 2.21

参 考 文 献

[1] 陈予恕, 唐云. 非线性动力学中的现代分析方法. 北京: 科学出版社, 2000

[2] 谢应齐, 曹杰. 非线性动力学数学方法. 北京: 气象出版社, 2001

[3] 刘秉正, 彭建华. 非线性动力学. 北京: 高等教育出版社, 2004

[4] 王高雄, 周之铭, 朱思铭, 王寿松. 常微分方程 (第三版). 北京: 高等教育出版社, 2011

[5] 张伟, 姚明辉, 张君华, 李双宝. 高维非线性系统的全局分岔和混沌动力学研究. 力学进展, 2013, 43(1): 63–90

[6] 李开泰, 马逸尘. 数理方程 HILBERT 空间方法 (下). 西安: 西安交通大学出版社, 1992

第 3 章　分歧及其数值计算方法简介

动力系统的分岔 (分歧) 现象指的是随着某些参数的变化，系统的动态行为发生质的改变，特别是系统的平衡状态发生稳定性改变或出现方程解的分岔，失稳是发生分岔的物理前提。分岔是把平衡点、周期解的稳定性和混沌联系起来的一种机制。运动稳定性是一个经典课题，而混沌是一个现代课题，揭示两者间联系的机理就是分岔理论。在这一章，我们给出分歧 (分岔) 的概念及分歧问题的一些典型例子, 阐述分歧问题的基本理论及其数值计算方法。

3.1　分歧基本概念和典型分歧例子

3.1.1　分歧概念

分歧的基本含义是系统在某些参数变化过程中达到或超过某临界值时，系统所处的状态将发生定性的改变。如何确定这个临界值，以及在它的邻域中系统的解的性态正是我们所关心的问题。

考察非线性动力系统:

$$\frac{\mathrm{d}x}{\mathrm{d}t} = F(x,\lambda), \quad x(0) = x_0 \tag{3.1}$$

其中，x 为状态变量，λ 为分歧参数。令 X 为 Banach 空间，R 为实数空间，$F: X\times R\to X$ 为充分光滑映射。始值问题 (3.1) 的解 $x(t)$ 称为相空间 X 中的轨线。

$$F(x,\lambda) = 0 \tag{3.2}$$

的解称为系统 (3.1) 的定常解，或平衡解。显然，系统 (3.1) 或系统 (3.2) 的解依赖于参数 λ。如果 λ 变化超过临界值 λ^*, 系统 (3.2) 的解出现突变现象，失去稳定性，破坏唯一性，出现几个分支，产生所谓分歧。分歧是非线性系统的本质属性，线性系统的解要么是 0 要么形成子空间，不会出现分歧。当 λ 继续增大时，上述现象可能在新的水平上重复，产生次级分歧，次级分歧可能不断升级乃至无穷。设 x^*,λ^* 满足系统 (3.2) 即

$$F(x^*,\lambda^*) = 0 \tag{3.3}$$

如果在 (x^*,λ^*) 的任何一个小邻域 $U\subset X\times R$ 内，系统 (3.2) 至少存在两个不同的

解 $(x_1,\lambda),(x_2,\lambda)\subset U, x_1\neq x_2$, 那么 (x^*,λ^*) 称为系统 (3.2) 的分歧点，并且把 U 内满足系统 (3.2) 的点 (x,λ) 的集合称为 F 的分歧图。

显然，(x^*,λ^*) 为系统 (3.2) 的分歧点的必要条件是 $D_xF(x^*,\lambda^*)$ 是不可逆的。这里 $D_xF(x^*,\lambda^*)$ 是 F 关于 x 在分歧点 Frechet 导数。所以 $D_xF(x^*,\lambda^*)$ 有零特征值。

分歧点和系统 (3.1) 的李雅普诺夫意义下的稳定性息息相关。设 $x(\lambda)$ 为系统 (3.2) 平衡解，如果线性算子 $D_xF(x(\lambda),\lambda)$ 所有特征值有严格负实部，那么 (x,λ) 称为渐近稳定的，如果 $D_xF(x(\lambda),\lambda)$ 的特征值中至少有一个正实部，那么 $x(\lambda)$ 称为是不稳定的。

由此可见，分歧点是使稳定性发生变化之处。在这里，我们还应该引入吸引子概念。一般地，系统 (3.1) 任一个解称为过 x_0 的轨线 $x(t,x_0)$。如果存在一个集合 $A\subset X$，从 A 中任一点出发的轨线仍在 A 中，我们称 A 为不变集。

如果存在 A 的一个邻域 V，从 V 中任一点 x_0 出发的轨线，当 $t\geqslant t_0$ 时，$x(t,x_0)\in A$, 那么称 A 为渐近稳定的，A 称为系统 (3.1) 的一个吸引子。

3.1.2 三种基本分岔及例子

在第 2 章中已经知道，对于一般的非线性动力系统的奇点的稳定性的判断，可转变成考虑其线性近似方程组中方阵 $\boldsymbol{A}$ 的特征根的性质。对于二维的形式，我们再做一些叙述，以便于对分岔三种基本原型的介绍。

既然物理系统中的平衡态 (定常态) 相当于动力系统 (2.34) 的奇点或平衡点，因而，可看成是未被扰动的状态。如果给系统以扰动使其离开平衡状态，则点开始在相平面上运动。因此，研究平衡点的稳定性自然就代表了动力系统的稳定性。对于 (2.34) 式这个二维自治系统来说，若其奇点或平衡点为 (x_0,y_0)，可以证明：当求出 (2.34) 式的雅可比矩阵在 (x_0,y_0) 上的特征值后，则可按以下方法，判断奇点 (x_0,y_0) 的稳定性：

(1) 若所有特征值 $\mathrm{Re}\lambda<0$，则奇点稳定；

(2) 若至少有一个特征值 $\mathrm{Re}\lambda>0$，则奇点不稳定；

(3) 若至少有一个 λ，使得 $\mathrm{Re}\lambda=0$，此时轨线的拓扑结构要发生变化，即稳定性发生变化。

对于一个包含参数 μ 的动力系统来说，当控制参数 μ 发生变化时常常就可能引起系统的雅可比 (Jacobi) 矩阵的特征值随之发生变化。特别是当出现有特征值实部为零的情况，这就引起了结构稳定性的改变，从而就将出现分岔。若从雅可比矩阵特征值的角度看，参数 μ 的变化，可能出现 $\mathrm{Re}\lambda=0$ 的情况有三种：

(1) 特征值沿复平面 $(\mathrm{Re}\lambda,\mathrm{Im}\lambda)$ 的实轴穿过虚轴；

(2) 特征值沿复平面 $(\mathrm{Re}\lambda,\mathrm{Im}\lambda)$ 的上方或下方穿过虚轴；

(3) 特征值沿复平面 (Reλ, Imλ) 的实轴两边趋向于虚轴。

以上这三种情况，都会出现 Re$\lambda = 0$，这表明当参数 μ 在变化的过程中，出现 Re$\lambda = 0$ 的前后，稳定性有所不同，拓扑形态各异。因而产生了分岔，这三种分岔依次为：叉形 (pitchfork) 分岔、霍普夫分岔和鞍–结点分岔

例 3.1　切分歧或鞍结点分歧

$$\frac{\mathrm{d}x}{\mathrm{d}t} = \lambda - x^2 \tag{3.4}$$

的平衡解:

$$x = \begin{cases} \pm\sqrt{\lambda}, & 当\ \lambda > 0 \\ 0, & 当\ \lambda = 0 \\ 不存在, & 当\ \lambda < 0 \end{cases}$$

$\lambda = 0$ 是一个分歧点。$\lambda < 0$ 时无解，$\lambda > 0$ 时，有两个解，而 $\lambda = 0$ 时只有一个平衡解 $x = 0$, 利用分离变量法和有理函数积分, 经过运算得式 (3.4) 的通解为

$$x(t) = \begin{cases} \dfrac{x_0}{1 + x_0 t}, & \lambda = 0, \quad 1 + x_0 t > 0 \\ \lambda^{1/2}\left(\dfrac{x_0 + \lambda^{1/2}\tanh(\lambda^{1/2}t)}{\lambda^{1/2} + x_0\tanh(\lambda^{1/2}t)}\right), & \lambda > 0 \\ (-\lambda)^{1/2}\left(\dfrac{x_0 - (-\lambda)^{1/2}\tanh(-\lambda)^{1/2}t}{(-\lambda)^{1/2} + x_0\tanh(-\lambda)^{1/2}t}\right), & \lambda < 0 \end{cases}$$

从而

$$\begin{aligned} &x(t) \to 0, \quad 当t \to +\infty, \lambda = 0, \forall x_0 \geqslant 0 \\ &x(t) \to -\infty, \quad 当t \to -x_0^{-1}, \forall x_0 < 0, \lambda = 0 \\ &x(t) \to \lambda^{1/2}, \quad 当t \to +\infty, \lambda > 0, x_0 > -\lambda^{1/2} \\ &x(t) \to -\lambda^{1/2}, \quad 当t \to +\infty, \lambda > 0, x_0 < -\lambda^{1/2} \\ &x(t) \to -\infty, \quad 当t \to -a^{1/2}\mathrm{arctanh}(-\lambda^{1/2}/x_0), \lambda > 0, x_0 > -\lambda^{1/2} \\ &x(t) \to -\infty, \quad 当t \to (-a)^{-1/2}\mathrm{arctanh}(-\lambda)^{1/2}/x_0, \lambda < 0 \end{aligned}$$

图 3.1 为式 (3.4) 的分歧图, 一个转向点, 实线为稳定的, 虚线为不稳定的.

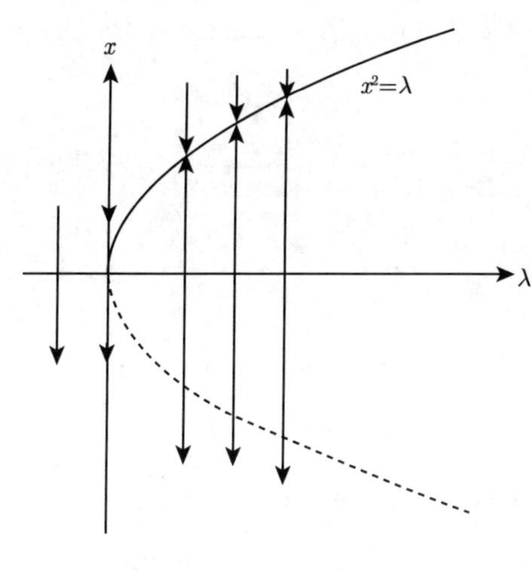

图 3.1

由此可见，当 $\lambda > 0$, 分支 $x=\sqrt{\lambda}$ 是稳定的，$x=-\sqrt{\lambda}$ 是不稳定的。$x=\sqrt{\lambda}$ 平衡解是一个吸引子。

$(x^*,\lambda^*)=(0,0)$ 是一个转向点，而对系统 (3.4)，则在 $\lambda^*=0$ 处结构稳定性发生变化，这种类型分歧称为切分歧，或鞍结点分歧。在 $\lambda=0,\lambda>0,\lambda<0$ 都存在有限时间内解发生突变。

例 3.2 跨临界分歧

$$\frac{\mathrm{d}x}{\mathrm{d}t}=\lambda x-x^2 \tag{3.5}$$

平衡解 $x_1^*=0,\lambda\in R$ 和 $X_2^*=\lambda$, 两个平衡解相交于 $(0,0)$, 图 3.2 为式 (3.5) 的跨临界分歧图.

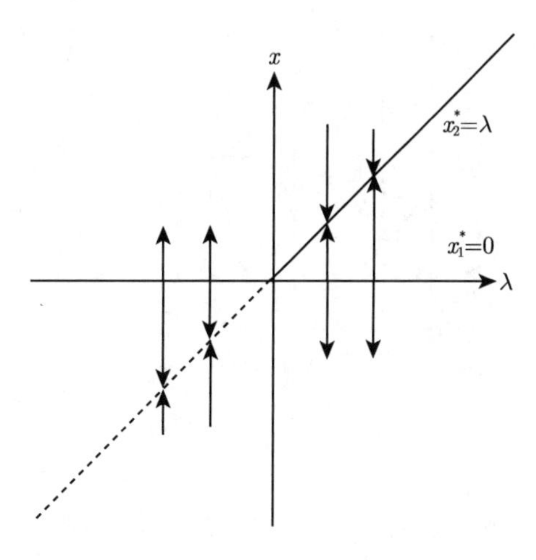

图 3.2

$(x^*=0,\lambda=0)$ 为跨临界分歧，当 $\lambda<0,(0,\lambda)$ 是吸引子，当 $\lambda>0$ 时，$x=\lambda$ 为吸引子。式 (3.5) 的通解为

$$x(t)=\begin{cases}\dfrac{\lambda x_0}{x_0+(\lambda-x_0)\exp(-\lambda t)}, & \text{如果 } \lambda\neq 0\\ \dfrac{x_0}{1+x_0 t}, & \text{如果 } \lambda=0\end{cases}$$

$$\begin{aligned}&x(t)\to\lambda, \quad \text{如果}\lambda>0,x_0>0,t\to+\infty\\&x(t)\to 0, \quad \text{如果}\lambda<0,x_0>\lambda,t\to+\infty\\&x(t)\to-\infty, \quad t\to\lambda^{-1}\ln\left(1-\frac{\lambda}{x_0}\right),\lambda\leqslant 0,x_0<\min(0,\lambda)\\&x(t)\to+\infty, \quad t\to-1/x_0,\lambda=0,x_0<0\end{aligned}$$

分支 $(x=0,\lambda<0)$ 和 $(x=\lambda,\lambda>0)$ 是稳定的，而 $(x=0,\lambda>0)$ 和 $(x=\lambda,\lambda<0)$ 是不稳定的。

例 3.3　树枝分歧或对称鞍结点分歧

$$\frac{\mathrm{d}x}{\mathrm{d}t}=\lambda x-x^3 \tag{3.6}$$

平衡解 (i) $x=0,\lambda\in R$, (ii) $x=\pm\sqrt{\lambda},\lambda>0$, 图 3.3 为式 (3.6) 的超临界树枝分歧图。

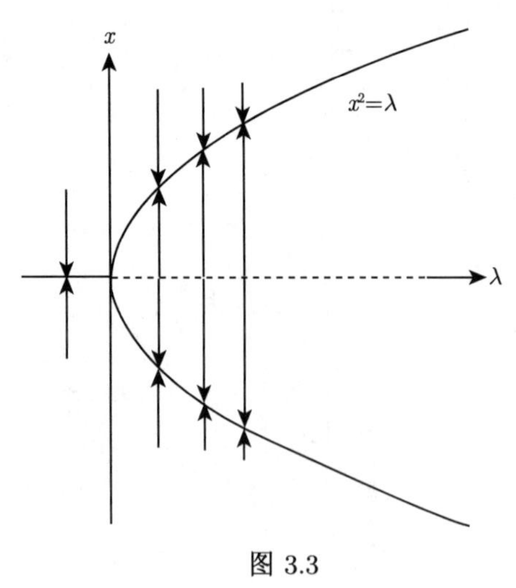

图 3.3

$(x^*=0,\lambda^*=0)$ 是树枝分歧。当 $\lambda<0$ 时，$x=0$ 是吸引子；当 $\lambda>0$ 时，产生一对吸引子 $x=\pm\sqrt{\lambda}$。

式 (3.6) 的通解：

$$x^2(t)=\begin{cases}\dfrac{\lambda x_0^2}{x_0^2+(\lambda-x_0^2)\mathrm{e}^{-2\lambda t}}, & \text{如果 } \lambda\neq 0\\[2ex] \dfrac{x_0^2}{1+2bx_0^2t}, & \text{如果 } \lambda=0\end{cases}\tag{3.7}$$

例 3.4 霍普夫分歧

考察二维系统：

$$\begin{cases}\dfrac{\mathrm{d}x}{\mathrm{d}t}=-y+(\lambda-x^2-y^2)x\\[2ex] \dfrac{\mathrm{d}y}{\mathrm{d}t}=x+(\lambda-x^2-y^2)y\end{cases}\tag{3.8}$$

$x=0,y=0$ 是唯一的平衡解。

$$F(x,y)=\begin{pmatrix}-y+(\lambda-x^2-y^2)x\\ x+(\lambda-x^2-y^2)y\end{pmatrix}$$

$$D_{(x,y)}F(0,0)\begin{pmatrix}x\\ y\end{pmatrix}=\begin{pmatrix}-y+\lambda x\\ x+\lambda y\end{pmatrix}$$

特征值问题

$$D_{(x,y)}F(0,0)\begin{pmatrix}x\\ y\end{pmatrix}=\sigma\begin{pmatrix}x\\ y\end{pmatrix}$$

的特征值满足：

$$\begin{vmatrix}\lambda-\sigma & -1\\ 1 & \lambda-\sigma\end{vmatrix}=0$$

从而有

$$\sigma=\lambda\pm\mathrm{i}$$

根据李雅普诺夫稳定性理论，当 $\lambda<0$ 平衡解是稳定的，而 $\lambda>0$ 时不稳定。

作坐标变换 $x=r\cos\theta,\ y=r\sin\theta,\ z=x+\mathrm{i}y$, 那么

$$\frac{\mathrm{d}r}{\mathrm{d}t}=r(a-r^2),\quad \frac{\mathrm{d}\theta}{\mathrm{d}t}=1$$

它的通解为

$$r^2(t) = \begin{cases} \dfrac{\lambda r_0^2}{r_0^2 + (\lambda - r_0^2)\mathrm{e}^{-2\lambda t}}, & \text{如果 } \lambda \neq 0 \\ \dfrac{r_0^2}{1 + 2r_0^2 t}, & \text{如果 } \lambda = 0 \end{cases} \tag{3.9}$$

$$\theta = \theta_0 + t$$

当 $\lambda \leqslant 0$ 时，那么当 $t \to \infty, r(t) \to 0$, 所以原点是一个稳定焦点。当 $\lambda > 0$ 时，$t \to -\infty, r(t) \to 0$, 而 $t \to +\infty, r^2(t) \to \lambda$; 从而可知，原点是不稳定焦点，而 $r = \sqrt{\lambda}$ 是一个稳定极限环。即

$$x = \sqrt{\lambda}\cos(t + \theta_0), \quad y = \sqrt{\lambda}\sin(t + \theta_0)$$

当 λ 从小于 0 通过 $\lambda = 0$ 逐渐增大时，周期解便从零解分叉出来，这种分歧称为霍普夫分歧，如图 3.4~图 3.6 所示。

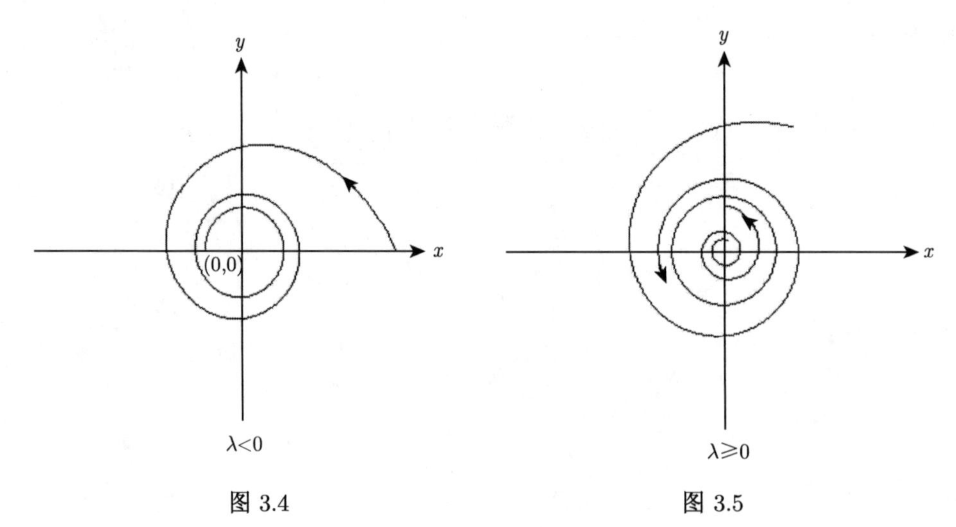

图 3.4　　图 3.5

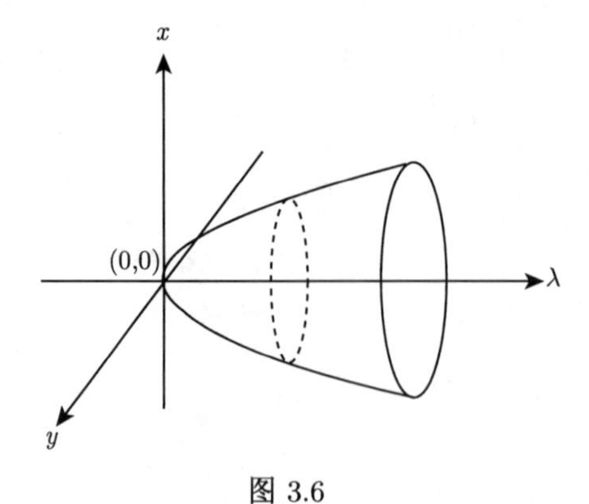

图 3.6

例 3.5 周期倍分岐

考察 Rössler 方程:

$$\frac{\mathrm{d}x}{\mathrm{d}t} = -y - z$$

$$\frac{\mathrm{d}y}{\mathrm{d}t} = x + ay$$

$$\frac{\mathrm{d}z}{\mathrm{d}t} = bx + z(x - \lambda)$$

记 $X = (x, y, z)$, 于是方程表示为

$$\frac{\mathrm{d}X}{\mathrm{d}t} = F(X, \lambda) \tag{3.10}$$

$$X_1^* \triangleq (x^*, y^*, z^*) = (0, 0, 0)$$

$$X_2^* \triangleq (x^*, y^*, z^*) = \left(\lambda - ab, b - \frac{\lambda}{a}, \frac{\lambda}{a} - b\right)$$

λ 为分岐参数。显然 $X_2^* = X_2^*(\lambda)$, 当 $\lambda^* = ab$ 时，$X_2^*(ab) = X_1^*$。现在研究 $X_2^*(ab)$ 处的导数算子:

$$D_X F|_{X_1^*} = \begin{pmatrix} 0 & -1 & 1 \\ 1 & a & 0 \\ b & 0 & x - \lambda \end{pmatrix}_{X_1^*} = \begin{pmatrix} 0 & -1 & -1 \\ 1 & a & 0 \\ b & 0 & -\lambda \end{pmatrix}$$

当 $D_X F|_{X_1^*} = \lambda - ab = 0$, 即 $\lambda^* = ab$ 时，$D_X F|_{X_1^*}$ 不可逆，$\lambda^* = ab$ 又是两个平衡解分支 X_1^*, X_2^* 的交点。所以 $\lambda^* = ab$ 是一个临界点，是一个分岐点。

考察特征方程:

$$\begin{vmatrix} -\sigma & -1 & -1 \\ 1 & -\sigma + a & 0 \\ b & 0 & -\sigma - \lambda \end{vmatrix} = 0$$

即

$$\sigma^3 + (\lambda - a)\sigma^2 + (b + 1 - a\lambda)\sigma + \lambda - ab = 0 \tag{3.11}$$

设它有一个实根 α 及一对共轭根 $\sigma = \beta + \mathrm{i}\gamma$, 那么

$$\sigma^3 - (\alpha + 2\beta)\sigma^2 + (\beta^2 + \gamma^2 + 2\alpha\beta)\sigma - \alpha(\beta^2 + \gamma^2) = 0 \tag{3.12}$$

比较式 (3.11) 和式 (3.12) 可得

$$\alpha + 2\beta = a - \lambda$$

$$\beta^2+\gamma^2+2\alpha\beta=b+1-a\lambda$$

$$\alpha(\beta^2+\gamma^2)=-\lambda+ab$$

再由临界条件 $\lambda=ab$, 于是得到

$$b=2,\ \alpha=0\text{时},\quad \beta=-\frac{1}{2}a,\quad \gamma=\pm\sqrt{3-\frac{9}{4}a^2}$$

就是说，特征方程有一个负实数，一对共轭复根，共轭复根穿过虚轴的速率：

$$\frac{\mathrm{d}\beta}{\mathrm{d}\lambda}=-1/2<0$$

因而 $\lambda=ab\left(b=2,a<\dfrac{2}{\sqrt{3}}\right)$ 时，在原点处发生霍普夫分歧。式 (3.10) 将出现周期倍分歧。

由于周期倍分叉，是通向浑沌的主要途径，也称为费根鲍姆途径。这里我们以离散形式的逻辑斯谛映射 (Logistic mapping) 为例，显示周期倍分叉发生过程。令

$$f(x)=\mu x(1-x) \tag{3.13}$$

其中，μ 为分歧参数，$x\in[0,1]$。只观察 $0\leqslant\mu\leqslant4$ 情形。

当略去非线性项时，$f(x)=\mu x$, 那么由迭代 $x_{n+1}=\mu x_n$, 得

$$x_n=\mu^n x_0$$

因此，当 $\mu<1$ 时，$n\to\infty, x_n\to0$; $\mu>1$ 时，$n\to\infty$。则 $x_n\to\infty$, 因此迭代产生的序列非常单调。如果我们保留非线性项，观察迭代：

$$x_{n+1}=\mu x_n(1-x_n)$$

这个序列的形态就要复杂得多。先让我们求平衡点 $f(x)=0$, 得

$$x_1^*=0\quad\text{和}\quad x_2^*=1-\frac{1}{\mu}$$

它们是直线 $y=x$ 和抛物线 $y=\mu x(1-x)$ 的两个交点。

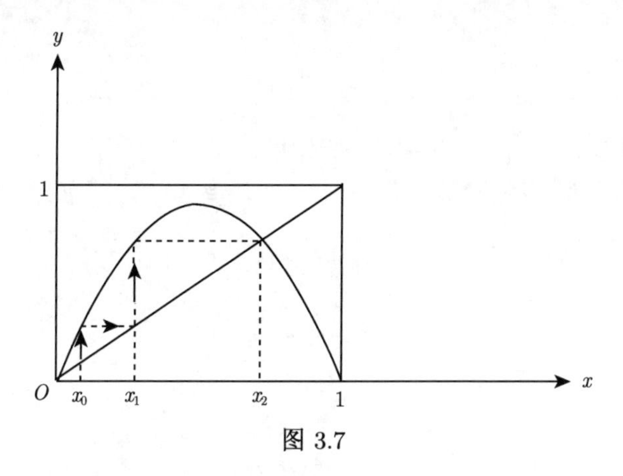

图 3.7

迭代过程是：从任一初值 x_0 出发，向上作垂线，交抛物线于一点；然后，由该点作 x 轴平行线，交直线 $y=x$ 于一点 (该点的高度等于上述垂线的高度，即映照 $x_1=f(x_0)$，由于 $y=x$ 直线使 y 和 x 相等，因而横坐标也有一点 x_1 迭代。由 x_1 求 x_2 的过程类似如图 3.7 所示。这种过程反复交替一直进行下去，可得到一个迭代序列 $\{x_n\}$。

先看 Floquet 乘子 λ:

$$\lambda=\left.\frac{\partial f}{\partial x}\right|_{x^*}=(\mu-2\mu x)_{x^*}=\begin{cases}\mu, & \text{当 } x_1^*=0,\\ 2-\mu, & \text{当 } x_2^*=1-\dfrac{1}{\mu}\end{cases}$$

于是在 x_1^* 处：

$$0<\mu<1,\ \lambda<1,\quad \text{故 } x^*=0,\quad \text{稳定}$$

$$\mu>1,\ \lambda>1,\quad \text{不稳定}$$

所以，当 $\mu\to 1$ 时，λ 在单位圆内外两边趋于单位圆，故在 $\mu=\mu_1=1$ 处发生鞍–结分歧。在 $x_2^*=1-\dfrac{1}{\mu}$ 处。当 $1<\mu<3$ 时，λ 在单位圆内，所以 x_2^* 是稳定的，当 $\mu>3,\lambda$ 在单位圆外，x_2^* 变成不稳定。因此当 $\mu=\mu_2=3$ 时，λ 由单位圆内穿过单位圆外，在 μ_2 处发生音叉型分歧。

当 $\mu>3$ 时，平衡点 x_1^* 和 x_2^* 都是不稳定的。在 $\mu=3$ 处，长时间的解在两个值之间振荡，所以有一个周期为 2 的吸引极限环：$x=f(f(x))$。周期 2 映照的不动点，是一个四次方程的根。

$$x=\mu[\mu x(1-x)][1-\mu x(1-x)]$$

除了含有 $x=f(x)$ 两个平衡点之外，还有两个不动点：

$$x_{0,1}=\frac{1+\mu\pm\sqrt{(\mu+1)(\mu-3)}}{2\mu}$$

计算乘子 λ:

$$\lambda = \frac{\mathrm{d}}{\mathrm{d}x} f(f(x))|_{x=x_0} = \mu^2(1-2x_0)(1-2x_1)$$

$|\lambda| < 1$, 所以 f^2 在 $x = x_0, x = x_1$ 处是稳定的。

周期 2 映照又到何处变成不稳定? 令上式斜率为 -1，得到了临界值。

$$\mu^2(1-2x_0)(1-2x_1) = -1$$

$$\mu_2 = 1 \pm \sqrt{6}$$

当 $\mu > \mu_2 = 1 + \sqrt{6}$ 时，周期 2 变成不稳定。它转变成周期 4，这个过程一直连续下去，变成周期 8, …… 这种周期倍分叉过程一直持续到

$$\mu_\infty = 3.5699$$

当 $\mu > \mu_\infty$ 时，周期变成 ∞, 也就是没有周期的混沌区。

3.2 分歧问题的研究方法

分歧问题的研究方法，可以分为四类: 李雅普诺夫–施密特 (Lyapunov-Schmidt) 方法；中心流形方法；幂级数方法和域映射方法 (cell-to-cell mapping)。

中心流形方法利用解被吸引于一个有限维流形这一事实；幂级数方法是直接用 Fredholm 择一律和投影关系进行判定的方法；域映射方法在于把连续的相空间看做为域的离散集合。

这里，我们只介绍李雅普诺夫–施密特方法约化方法。

设 $F(x,\lambda)$ 为 $X \times R \to Y$ 的光滑映照，X, Y 为两个 Banach 空间，x_0, λ_0 为下列问题的解:

$$F(x,\lambda) = 0 \tag{3.14}$$

假设: (H_1) $A = D_xF_0 \overset{\triangle}{=} D_xF(x_0,\lambda_0)$ 是一个 Fredholm 算子，即

$\mathrm{Ker}(A) \in X$ 是有限维子空间，

$\mathrm{Range}(A) \in Y$ 是一个有限余维数的闭子空间。

为简单设 A 的 Fredholm 指标为 0，

$i(A) = \dim \mathrm{Ker}(A) - \mathrm{Codim\ range}(A)$,

A^* 为 A 的共轭算子。

(H_2) $X = \mathrm{Ker}(A) \bigoplus M, m = \dim \mathrm{Ker}(A)$,

$Y = N \bigoplus \mathrm{Range}(A)$,

$\mathrm{Ker}(A) = \mathrm{Span}\{\phi_1, \phi_2, \cdots, \phi_m\}$,

$\mathrm{Ker}(A^*) = \mathrm{Span}\{\psi_1, \psi_2, \cdots, \psi_m\}$，

$\mathrm{Range}(A) = \{y | y \in Y, \langle y, \phi_i \rangle = 0,\ i = 1, 2, \cdots m\}$，

$M = \mathrm{Ker}(A)^{\mathrm{T}}, N = \mathrm{Ker}(A^*)$。

令 $P: Y \to \mathrm{Range}(A)$ 的投影算子，那么式 (3.14) 等价于

$$\begin{cases} PF(x, \lambda) = 0 \\ (I - P)F(x, \lambda) = 0 \end{cases} \tag{3.15}$$

任何一个 $x \in X, x = x_0 + \alpha^i \phi_i + v, v \in M$. 而 $\lambda = \lambda_0 + \xi$,

$$PF(x_0 + \alpha^i \phi_i + v, \lambda_0 + \xi) = 0 \tag{3.16}$$

由隐函数定理可知，式 (3.16) 可解，它的唯一解 $v = v(\alpha, \lambda)$,

$$\begin{cases} PF(x_0 + \alpha^i \phi_i + v, \lambda_0 + \xi) = 0 \\ v(0, 0) = 0,\ \dfrac{\partial v}{\partial \alpha^i} = 0,\ i = 1, 2, \cdots m \end{cases} \tag{3.17}$$

定义算子 $G: R^m \times R \to N$,

$$G(\alpha, \xi) \triangleq (I - P)F(x_0 + \alpha^i \phi_i + v(\alpha, \xi), \lambda_0 + \xi) \tag{3.18}$$

定义 $f: R^m \times R \to R^m$,

$$f_i(\alpha, \xi) = \langle \phi_i, G(\alpha, \xi) \rangle \tag{3.19}$$

我们称方程组

$$f_i(\alpha, \xi) = 0 \tag{3.20}$$

为式 (3.14) 的分歧方程。

可以证明，式 (3.14) 在 (x_0, λ_0) 邻域内的解是一一对应的。

经过简单计算可知

$$\begin{cases} f(0, 0) = 0, \dfrac{\partial f}{\partial \alpha}(0, 0) = 0, (f = f_1, f_2, \cdots f_m^{\mathrm{T}}) \\ \dfrac{\partial f_i}{\partial \alpha^k \partial \alpha^j}(0, 0) = \langle \phi_i, D_{xx}^2 F_0 \phi_j \phi_k \rangle, \dfrac{\partial f_i}{\partial \xi}(0, 0) = \langle \phi_i, D_\lambda F_0 \rangle \\ \dfrac{\partial f_i}{\partial \xi \partial \alpha^k}(0, 0) = \langle \phi_i, D_{\lambda x} F_0 \phi_k - D_{xx} F(\phi_k \cdot A^{-1} P D_\lambda F_0) \rangle \end{cases} \tag{3.21}$$

如果算子 A 是 X 到 Y 上的同胚，那称 (x_0, λ) 为正则点，否则称为奇异点。分歧点一定是一个奇异点。设 $(H_1), (H_2)$ 满足，那么

如果 $D_\lambda F_0 \in \mathrm{Range}(A)$, 称 (x_0, λ_0) 为式 (3.14) 的 m 重分歧点；

如果 $D_\lambda F_0 \notin \mathrm{Range}(A)$，称 (x_0, λ_0) 为式 (3.14) 的 m 重极限点, 如图 3-8 所示。

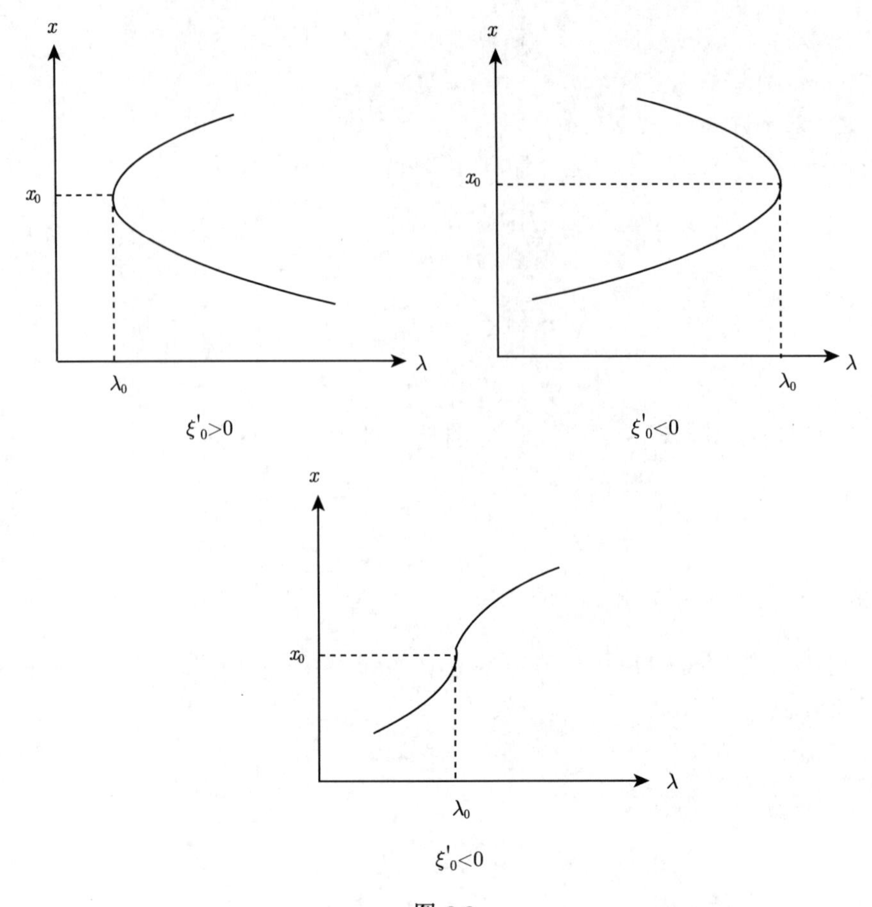

图 3.8

对于 m 重分歧点，存在唯一 $v_0 \in \mathrm{Range}(A)$ 使得

$$\begin{cases} D_u F_0 v_0 + D_\lambda F_0 = 0 \\ \langle \psi_i, v_0 \rangle = 0 \end{cases} \tag{3.22}$$

我们令

$$\phi_{m+1} = \begin{cases} 0, & \text{如果 } (x_0, \lambda_0) \text{ 为极限点} \\ v_0, & \text{如果 } (x_0, \lambda_0) \text{ 为分歧点} \end{cases} \tag{3.23}$$

于是

$$\mathrm{Ker}(DF_0) = \mathrm{Span}\{\phi_1, \phi_2, \cdots, \phi_{m+1}\} \tag{3.24}$$

令

$$\begin{cases} a_{ij}^k = \langle \psi_k, D^2 F_0 \phi_i \phi_j \rangle \\ A_k = (a_{kij}, i, j = 1, 2, \cdots, m+1) \text{为} (m+1) \times (m+1) \text{方阵} \end{cases} \tag{3.25}$$

于是我们可以得到代数分歧方程:

$$y^{\mathrm{T}}A_k y=0,\quad y^{\mathrm{T}}y=1,\quad k=1,2,\cdots,m;y\in R^{m+1} \tag{3.26}$$

设式 (3.16) 有一个孤立解 $y^0=(y_1^0,y_2^0,\cdots y_{m+1}^0)^{\mathrm{T}}$，那么，可以通过 y^0 构造式 (3.14) 通过 (x_0,λ_0) 的一个解分支。

$$\begin{cases} x(s)=x_0+s\alpha^i(s)\phi_i+\dfrac{1}{2}s^2v(s) \\ \lambda(s)=\lambda_0+\begin{cases} s\xi^0(s), & \text{对分歧点} \\ \dfrac{1}{2}s^2\eta(s), & \text{对极限点} \end{cases} \end{cases} \tag{3.27}$$

其中，$\alpha^i(s),v(s),\xi^0(s),\eta(s)$ 唯一地由初始条件决定:

$$\alpha^i(0)=y_i^0,\quad \xi^0(0)=y_{m+1}^0,\quad \eta(0)=y_{m+1},\quad v(0)=w_0 \tag{3.28}$$

其中，w_0 是由如下确定的:

$$DF_0w_0+D^2F_0\varPhi_0\varPhi_0=0 \tag{3.29}$$

这里 $\varPhi_0=\sum\limits_i^{m+1}y_i^0\phi_i$，由于

$$\langle\psi_k,D^2F_0w_0\varPhi_0\varPhi_0\rangle=y^{0\mathrm{T}}A_ky^0=0,\quad k=1,2,\cdots m \tag{3.30}$$

故 $D^2F_0\varPhi_0\varPhi_0\in\mathrm{Range}(DF_0)$，所以式 (3.29) 有唯一解 $w_0\in\mathrm{Range}(DF_0)$.

进一步，不难验证:

$$\begin{aligned} \dot\lambda(0)&=y_{m+1}^0 \\ \dot u(0)&=\sum_{i=1}^{m+1}y_i^0\phi_i \\ \ddot u(0)&=w_0+\dot\lambda(0)\phi_{m+1} \end{aligned}$$

不是所有代数分歧方程 (3.24) 的解都可以用来生成解分支，只有孤立根才可能。而 y_0 是式 (3.14) 的孤立根当且仅当它的雅可比矩阵是非奇异的。

由 Bezout 定理可以断定，式 (3.14) 最多只有 2^m 个孤立实根，因此通过 (x_0,λ_0) 最多只有 2^m 条分支解。

当 $m=1$ 时，我们称 (x_0,λ_0) 为简单极限点或简单分歧点，视 $DF_0\notin\mathrm{Range}(A)$ 或 $D_\lambda F_0\in\mathrm{Range}(A)$ 而定。

设 (x_0,λ_0) 是简单极限点，那么

$$f(0,0)=0,\quad \frac{\partial f}{\partial \alpha}(0,0)=0,\quad \frac{\partial f}{\partial \xi}=\langle \psi, D_\lambda F_0\rangle \neq 0$$

由隐函数定理可知分歧方程有解：

$$\xi=\xi(\alpha),\quad \xi(0)=0,\quad \frac{\partial \xi}{\partial \alpha}(0)=0$$

且

$$\xi^n(0)=-\langle \psi, D_{XX}F_0\phi\phi\rangle/\langle \psi, D_\lambda F_0\rangle$$

如果 $\langle \psi, D_{xx}F_0\phi\phi\rangle \neq 0$, 则称 (x_0,λ_0) 为非退化简单极限点。

例 3.6　两点边值问题

$$\begin{aligned}&u''(x)=\lambda \mathrm{e}^{u(x)},\quad 0<x<1\\&u(0)=u(1)=0\end{aligned}$$

我们可以得到如下分支解，当 $\lambda \geqslant 0$ 时有解分支：

$$\text{(I)}\qquad \begin{cases}\lambda=2\alpha^2\mathrm{ch}^{-2}(\alpha/2),\quad \lambda\geqslant 0,\quad \alpha\geqslant 0\\ u(x)=\ln\{\mathrm{ch}^2(\alpha/2)\mathrm{ch}^{-2}((x-1/2)\alpha)\}\end{cases}$$

当 $\lambda \leqslant 0$ 时有解分支：

$$\text{(II)}\qquad \begin{cases}\lambda=-2\alpha^2\cos^{-2}\alpha/2,\quad \lambda\leqslant 0\\ u(x)=\ln\{\cos^2\alpha/2A\cos^{-2}(x-1/2)\alpha\},\quad 0\leqslant\alpha\leqslant\pi\end{cases}$$

(u_0,λ_0) 为简单极限点，其中 $\lambda_0=\lambda(\alpha_0),\alpha_0$ 为如下方程的根：

$$\alpha_0 \mathrm{th}\alpha_0/2=2$$

而

$$\lambda_0=2\alpha_0^2\mathrm{ch}^{-2}(\alpha_0/2),\quad u_0=\ln(\mathrm{ch}^2\alpha_0/2\mathrm{ch}^{-2}(x-1/2)\alpha_0)$$

$m=1$ 的分歧点称为简单分歧点。令 $\xi=\lambda-\lambda_0$, 求解

$$f(\xi,\alpha)=\langle \psi_0, F(x_0+\alpha\varphi_0+v(\xi,\alpha),\lambda_0+\xi)\rangle=0$$

这时

$$\langle \psi, D_\lambda F_0\rangle=0$$
$$f(0,0)=\frac{\partial f}{\partial \xi}(0,0)=0$$

从而 (0,0) 是 f 的临界点。记

$$a_0 = \frac{\partial^2 f}{\partial \alpha^2}, \quad b_0 = \frac{\partial^2 f}{\partial \alpha \partial \xi}(0,0), \quad c_0 = \frac{\partial^2 f}{\partial \xi^2}(0,0),$$

则

$$\begin{aligned} a_0 &= \langle \psi, D_{xx}^2 F_0 \phi\phi \rangle \\ b_0 &= \langle \psi, D_\lambda F_0 \phi + D_{xx} F_0 \phi v_0 + D_x DF_0(v_0, 1)\phi \rangle \\ c_0 &= \langle \psi, D_{x\lambda}^2 F_0 + 2D_{\lambda x} F_0 v_0 + D_{xx} F_0 v_0 v_0 \rangle \\ &= \langle \psi, D^2 DF_0(v_0, 1)(v_0, 1) \rangle \end{aligned}$$

其中，F_0 表示在 (x_0, λ_0) 取值且满足 $D_x F_0 v_0 + D_\lambda F_0 = 0$, 而 f 的海森 (Hessian) 矩阵记为 $\boldsymbol{H}(f)$，当

$$\det \boldsymbol{H}(f) = \begin{vmatrix} a_0 & b_0 \\ b_0 & c_0 \end{vmatrix} < 0$$

时，称 (λ_0, x_0) 为非退化简单分歧点。

当 $a_0 \neq 0$ 时，称为非对称分歧，或折迭分歧，或横截分歧，当 $a_0 = 0$ 称为对称分歧，或尖点分歧，或音叉分歧, 如图 3.9 所示。

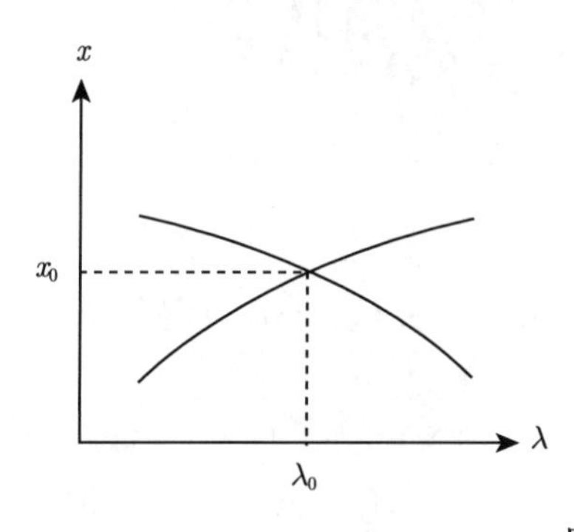

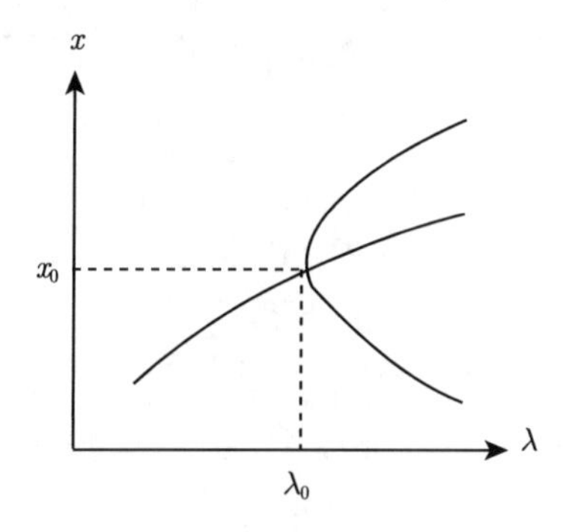

图 3.9

例 3.7 两点边值问题

$$\begin{cases} u_{xx} + \lambda f(u) = 0, \quad \text{设} f'(0) < 0, f''(0) \neq 0, f(0) = 0 \\ u(0) = u(1) = 0 \end{cases}$$

$u_0 = 0$ 是平凡解，(u_0, λ_0) 为分歧点，λ_0 是特征向量为

$$\lambda_0 = 2\pi/|f'(0)|, \quad \phi = \sin \pi x = \psi$$

这时，海森矩阵为

$$\begin{aligned} &a_0 = \lambda f''(0) \int_0^1 \phi^3(x) \mathrm{d}x, b_0 = f'(0) \int_0^1 \phi^2(x) \mathrm{d}x < 0 \\ &c_0 = 0 \end{aligned}$$

(u_0, λ_0) 为非对称分歧。

3.3　对称破缺分歧和霍普夫分歧

很多非线性系统具有对称性，这样的系统往往又会发生多重分歧，这给研究和数值计算带来了困难。但不少情况下，对称系统又是具有群不变性，它又给简化研究带来了机会。非线性系统 (3.14) 中令 X 为希尔伯特空间，$X = Y$, 另外令 G 为一有限群。如果 V 为线性空间，那么 $GL(V)$ 表示 V 中所有非奇异线性变换之集合。线性变换的乘积为通常的算子乘积，则 $GL(V)$ 构成一线性变换群。

令 $\Gamma = \{\gamma = |\gamma = \gamma(g) \in GL(X), g \in G\}$ 为有限群 G 在 X 上的表示，设 F 满足：

$$F(\gamma x, \lambda) = \gamma F(x, \lambda), \quad \forall x \in X, \lambda \in R, \gamma \in \Gamma \tag{3.31}$$

设 H 是 G 的子群，则 $\Sigma_\gamma \subseteq \Gamma$ 为 Γ 的子群，令

$$X^\Sigma = \{u \in X, \quad \gamma u = u, \quad \forall \gamma \in \Sigma\} \tag{3.32}$$

称为 Σ 的不动子空间，也称为对称空间。(3.14) 式在 X^Σ 上的限定方程为

$$F_\Sigma(x, \lambda) = 0, \quad (x, \lambda) \in X^\Sigma \times R \tag{3.33}$$

若 (x_0, λ_0) 是式 (3.14) 在 $X^\Sigma \times R$ 上的解，那么它也是式 (3.33) 的解。反之，若 (x_0, λ_0) 是式 (3.14) 的解，则它也是式 (3.14) 的解。且 $(x_0, \lambda_0) \in X^\Sigma \times R$, 故称为式 (3.14) 的对称解。

如果 $(x_0, \lambda_0) \in X^\Sigma \times R$ 是式 (3.14) 的一个正则解，则在 (x_0, λ_0) 的一邻域内，式 (3.33) 存在一个正则解分支 $\{x(\lambda), \lambda\} \in X^\Sigma \times R$, 使得 $x(\lambda_0) = x_0$, 即式 (3.14) 有一正则的对称解分支。

如果 $(x_0, \lambda_0) \in X^\Sigma \times R, F(x_0, \lambda_0) = 0.$

$$N_0 = N(D_x F_0) \neq \{0\}, \quad N_0 \cap X^\Sigma = 0 \tag{3.34}$$

则称 (x_0, λ_0) 为 Σ 的对称破缺奇异点。当 $\dim N_0 = 1$ 时，称 (x_0, λ_0) 为简单 Σ 对称破缺奇异点，$\dim N_0 \geqslant 2$ 时，称 (x_0, λ_0) 为多重对称破缺奇异点。

对称情形，我们把映照约束在 X 的不变子空间 X^Σ 上，如果 F 关于 Γ 是等变的，A 是椭圆算子那么 A 也是等变的，$\mathrm{Ker}(A)^\mathrm{T}$ 是 X 的不变子空间，$\mathrm{Range}(A)$ 是 Y 的不变子空间。同样 $\mathrm{Ker}(A)^\mathrm{T}, \mathrm{Range}(A)^\mathrm{T}$ 也是不变子空间，因而由式 (3.18) 所定义的函数 $G(\alpha, \xi)$ 也是 $\mathrm{Ker}(A) \times R \to \mathrm{Range}(A)^\mathrm{T}$ 的映照，满足等变性。对于分歧方程 $f(\alpha, \xi) = 0, \forall \gamma \in \Gamma$ 存在 $m \times m$ 的数性矩阵 $\boldsymbol{a}_{ij}(\gamma)$ 使得

$$\gamma\phi_i = \sum_{j=1}^{m} \boldsymbol{a}_{ij}(\gamma)\phi_j$$

可以选择 $(\phi_i), (\psi_i)$ 使得

$$\gamma\psi_i = \sum_{j=1}^{m} \boldsymbol{a}_{ij}(\gamma)\psi_j$$

从而若记 $\boldsymbol{M}(\gamma) = (\boldsymbol{a}_{ij}(\gamma))$，那么 f 满足等变性:

$$A(\gamma)f(\alpha, \xi) = f(A(\gamma)\alpha, \xi)$$

通常，对于简单的对称破缺奇异点尤其感兴趣。一个 $\varGamma$ 对称破缺奇异点 (u_0, λ_0) 称为极小 $\varGamma$-$\varSigma$ 对称破缺奇异点，如果:

$$\dim(\mathrm{Ker}(A) \cap X^{\varSigma}) = 1$$

并称 $\varSigma$ 为 $\varGamma$ 在 $\mathrm{Ker}(A)$ 上的分歧子群。

假如 $\mu = 0$ 是 A 的几何重数和代数重数均为 m 的对称破缺奇异点，且 $\mu(\lambda_0) = 0, \mu'(\lambda_0) \neq 0$. 如果 (u_0, λ_0) 是极小对称破缺奇异点，那么 $D_x F_{\varSigma}(x_0, \lambda_0)$ 具有简单零特征值。在 (u_0, λ_0) 邻域内存在一条光滑的 $\varGamma$ 对称解分支 $(u(\lambda), \lambda) \in X^{\varSigma} \times R, u(\lambda_0) = \lambda_0)$. 并且在这条解分支上，从 (u_0, λ_0) 分岔出一条 $\varSigma$ 对称解分支。这时称 (u_0, λ_0) 为极小 $\varGamma$-$\varSigma$ 对称破缺分歧点。

判别对称破缺还有一个比较简单的方法，设 (u_0, λ_0) 是一个分歧点，$D_x F_0$ 对应于 0 特征值的代数重数是 2，几何重数是 1。如果 $u_0 \in X_s, \phi \in X_a$, 这里 $X_s = \{x \in X, \gamma x = x, \forall \gamma \in \varGamma\}, X_a = \{x \in X, \gamma x = -x, \forall \gamma \in \varGamma\}$，那么 (u_0, λ_0) 是一个 $\varGamma$ 对称破缺的分歧点。

霍普夫于 20 世纪 40 年代提出一个从平衡解分岔出一个周期解现象，后来人们称为霍普夫分歧。霍普夫分歧在流体力学中从层流向湍流过渡中扮演了重要的角色。

考察自治系统:

$$\frac{\mathrm{d}u}{\mathrm{d}t} + F(u, \lambda) = 0, \quad u(0, \lambda) = u_0(\lambda) \tag{3.35}$$

$F \in C^{\infty} : R^n \times R \to R^n, \lambda$ 为分歧参数。如果 $u^*(\lambda)$ 满足:

$$F(u^*(\lambda), \lambda) = 0 \tag{3.36}$$

则称 $u^*(\lambda)$ 为平衡解; 如果对任一 $\varepsilon > 0$, 存在 $\delta > 0$; 只要 $\lambda - \lambda_0$ 充分小，$\forall |u_0(\lambda_0) - u^*(\lambda_0)| \leqslant \delta \Rightarrow |u(t, \lambda) - u^*(\lambda)| < \varepsilon$ 那么称 $u^*(\lambda_0)$ 是稳定的。如果

$$\lim_{t \to 0} u(t, \lambda_0) = u^*(\lambda_0)$$

则称 $u^*(\lambda_0)$ 是渐近稳定的。

当从某一点出发的轨道，如果在非零而有限时间内，又回到了出发点，这样的解曲线称为周期解。孤立的周期解, 称为极限环。

设 $u^*(\lambda)$ 为式 (3.36) 的平衡解，$D_uF(u,\lambda)$ 有一对共轭特征值 $\mu(\lambda)=\sigma(\lambda)\pm \mathrm{i}\omega(\lambda),\sigma,\omega$ 满足

$$\sigma(\lambda_0)=0,\quad \sigma'(\lambda_0)\leqslant 0,\quad \omega(\lambda_0)\geqslant 0$$

且 $D_uF(u^*(\lambda_0),\lambda))$ 没有其他特征值是 $\pm\mathrm{i}\omega(\lambda_0)$ 的整数倍，则称 $(u(\lambda_0),\lambda_0)$ 为式 (3.36) 的霍普夫分歧点。霍普夫于 20 世纪 40 年代首先发现了如下结论：

设 $(u(\lambda_0),\lambda_0)$ 是式 (3.36) 的 Hopf 分歧点，则式 (3.36) 在 $\lambda>\lambda_0$ 或在 $\lambda<\lambda_0$ 或在 $\lambda=\lambda_0$ 处存在周期解分支。令 ε 充分小，$u(t,\varepsilon)$ 表示

$$\frac{\mathrm{d}u}{\mathrm{d}t}+F(u,\lambda(\varepsilon))=0$$

的周期解，周期为 $T(\varepsilon)$, 且

$$u(t,0)=u^*(\lambda_0),\quad u(t,\varepsilon)\leqslant u^*(\lambda(\varepsilon))$$

$$T(0)=2\pi/|\omega(\lambda_0)|,\quad \lambda(0)=\lambda_0$$

$$\lambda(\varepsilon),T(\varepsilon)\text{均为}\varepsilon\text{的幂级数}$$

$$\lambda'(\varepsilon)\text{要么等于 0，要么大于 0，要么小于 0}$$

如果 $D_uF(u(\lambda),\lambda)$ 所有特征值在 $\lambda<\lambda_0$ 时，都有负实部，那么

要么对充分小的 $\varepsilon\leqslant 0$, 有 $\lambda(\varepsilon)>\lambda_0$, 周期解稳定；

要么对充分小的 $\varepsilon\leqslant 0$, 有 $\lambda(\varepsilon)<\lambda_0$, 周期解不稳定。

3.4　分歧问题数值方法

这一节，我们介绍分求解分歧问题的一些数值方法。

3.4.1　引言

分歧图形可以用电子计算机通过数值模拟而显示出来。分歧点的确定以及分歧点邻域内分支解的求解，是分歧数值分析的主要任务。现在，分歧的全局分析和全局数值计算也有飞快的发展。

在分歧点，由于分歧方程导算子在这一点奇异，一般牛顿算法或它的改进方法均已失效。现代的连续弧长算法，在正则点上，可以有效地实现，而碰到分歧点时，

也同样需要特殊处理。数值求解分歧点及分支解的方法有两大类，一类是直接方法，另一类是间接方法。直接方法是不需计算系统其它解而只计算分歧点，间接方法是通过计算奇异点附近的解来确定奇异点。

所谓扩充系统方法, 是一种较为成功的直接方法. 其主要思想首先由 H. B. Keller 提出。其本质想法是将方程规模扩大，使其扩大后的新系统，在原奇异点上变为正则点，从而可以使用迄今为止一切行之有效的算法。那么，构造一个扩充系统便是数值求解分歧点首先必须解决的问题。

扩充系统方法的优点是将原问题奇异点转化为扩充系统的正则点。缺点是由于系统规模增大，计算机工作量也急剧增大。通常原问题若是 n 维的，扩充系统则是 $2n, 3n, \cdots$ 或 kn 阶。按照线性代数方程组 LU 分解，方程维数增加一倍，计算工作量增加约 7 倍；维数增加 2 倍，工作量增加约 26 倍。然而通常运用扩充系统求解时，不但可以求出分歧点，而且可得到分歧点诸多的信息，如特征向量等等。

3.4.2 分歧问题数值方法

非退化转向点的扩充系统

由 2.3 节中所定义的简单极限点，也称为转向点，非退化极限点称为简单转向点，退化的称为非简单转向点。

对于简单转向点，简单的扩充系统是

$$S(u) = \begin{pmatrix} F(x,\lambda) \\ \\ D_x F(x,\lambda)\phi \\ \\ \langle l, x\rangle - 1 \end{pmatrix} = 0 \tag{3.37}$$

其中，$u = \{x, \phi, \lambda\} \in X \times X \times R \overset{\Delta}{=} Z, l \in Y$。那么可以证明，若 (x_0, λ_0) 为 $F = 0$ 的简单转向点，则 $u_0 = \{x_0, \phi_0, \lambda_0\}$ 为式 (3.37) 的正则点，其中 ϕ_0 为 DF_0 对应于零特征值的特征向量，反之亦然。

实际上，如果 s 作为通过转向点分支解的弧长，那么系统

$$\begin{cases} F(x(s), \lambda(s)) = 0 \\ \\ \dot{x}(s)^2 + \dot{\lambda}(s) = 0 \end{cases}$$

在转向点处，即为正则点。

3.4.3 简单分歧点的扩充系统

设新变量 $u = \{x, \lambda, y_1, y_2, y_3\}$, 扩充系统:

$$S(u)=\begin{pmatrix} F(x,\lambda)+\langle y_2, D_xF_{y_1}\rangle y_2 \\ \langle y_2, D_xF_{y_3}+D_\lambda F\rangle \\ D_xF_{y_1}+[\langle y_l, y_1\rangle-1]y_2/2 \\ D_xF^*_{y_2}+[\langle y_2, y_2\rangle-1]y_1/2 \\ D_xF_{y_3}+D_\lambda F+\langle y_l, y_3\rangle y_2 \end{pmatrix} \tag{3.38}$$

当 $F\in C^3$ 时，则 $S(u)$ 有意义且 C^2 连续。

可以证明, 当 x_0,λ_0 是式 (3.14) 的简单分歧点时，则

$$u_0=\{x_0,\lambda_0,\phi,\psi,v_0\}$$

是式 (3.38) 的正则点，其中:

$$\operatorname{Ker}(D_xF_0)=\operatorname{Span}\{\phi\},\quad \operatorname{Ker}(D_xF^*)=\operatorname{Span}\{\psi\}$$

$$v_0\in\operatorname{Range}(D_xF_0),\quad D_\lambda F_0+D_xF_0v_0=0$$

扩充系统 (3.38) 的优点，是它在 u_0 的导数算子具有形式:

$$DS(u_0)=\begin{pmatrix} A(u_0) & 0 & 0 & 0 \\ D(D_xF_0\phi) & D_xF_0+\langle\phi_i,\cdot\rangle\psi & 0 & 0 \\ D(D_xF_0^*\psi) & 0 & D_xF_0^*\phi\langle\psi,\cdot\rangle & 0 \\ D^2F_0\phi(v_0,1) & \psi\langle v_0,\cdot\rangle & 0 & D_xF_0\psi\langle\phi,\cdot\rangle \end{pmatrix}$$

其中，A 和 $D_xF_0+\psi\langle\phi,\cdot\rangle$ 在 $X\times R, X$ 上分别可逆，并且 $A(u_0)$ 的逆可以求出来，运用牛顿法求解，可以大大减少求解规模。许多作者都设计各种类似扩充系统，其求解规模都比式 (3.38) 大得多。

3.4.4 多重奇异点和霍普夫分歧点的扩充系统

对于余维数为 2 的分歧点、极限点、对称破缺的分歧点，均可以构造可分裂迭代的扩充系统。

为了求霍普夫分歧点，也可以构造很多类型扩充系统，最简单的一种是

$$S(y)=\begin{pmatrix} F(u,\lambda) \\ (D_uF(u,\lambda)^2+\omega^2I)p \\ (p,p)-1 \\ (q,p) \end{pmatrix}=0$$

其中，求解参数为 $y=\{u,p,\lambda,\omega\}, D_uF$ 的特征值 $\mu(\lambda):\mu(\lambda)=\sigma(\lambda)+\mathrm{i}\omega(\lambda),\mu(0)=\mathrm{i}\omega_0$，对应的特征向量为 $\phi=\phi_1+\mathrm{i}\phi_2, q$ 是选定向量，但 q 在 $\mathrm{Span}\{\phi_1,\phi_2\}$ 上的投影不为 0，当

$$\frac{\partial u}{\partial t}=F(u,\lambda)$$

满足霍普夫分歧点 (u_0,λ_0) 存在条件时，则必存在 $p_0\in\mathrm{Span}\{\phi_1,\phi_2\}$ 使得 $y_0=\{u_0,p_0,\lambda_0,\omega_0\}$ 是扩充系统的正则点。而且可以证明，它是 $s(y)=0$ 的正则点。

3.4.5 求奇异点解分支的连续算法

连续算法，也称为预估校正方法，连续弧长算法和路径跟踪算法等。它的任务是数值求解通过奇异点邻域各个分支解，因此需要解决奇异点判别，解分支方向确定和跟踪，步长选取等等。目前有许多软件可供使用，如常 Auto(Doeddel), Pitcon (Rhoinboldt) 的及 E. L. Allgower 和 Kart Georg 的书。

为简单起见，我们仅仅阐明有限维问题连续算法的基本思想。

设 $F(u,\lambda):R^n\times R\to R^n$ 的光滑映照，$x_0=(u_0,\lambda_0)$ 为它的零点，满足

$$F(x_0)\equiv F(u_0,\lambda_0)=0,\quad \mathrm{rank}DF(u_0,\lambda_0)=n$$

由隐函数存在定理，存在一个开区间 J 和唯一的一条光滑曲线 $x(s)\in R^{n+1}$ 使得

$$F(x(s))=0,\quad \mathrm{rank}DF(x(s))=n,\quad \dot{x}(s)\neq 0$$

其中，$\dot{x}$ 表示关于 s 的导数，这时有很多方法可以跟踪这条曲线，如设 D_uF_0 非奇异，则

$$D_uF(x(\lambda))u'(\lambda)+D_\lambda F(x(s))=0$$

由此可以解出 $u'(\lambda_0)$，取初值：

$$u_0=u(\lambda_0)+\delta\dot{u}(\lambda_0)$$

应用牛顿迭代：

$$u^{k+1}=u^k-D_uF(u^k,\lambda_k)^{-1}F(u^k,\lambda_k)$$

其中，λ_k,u^k 为已知，$\lambda_{k+1}=\lambda_k+\delta$，这个过程可以一直循环下去。得出一条解曲线；如果 D_uF_0 奇异，但是 $D_\lambda F_0\notin\mathrm{Range}(D_uF_0)$，那么可以令

$$S(x,s)=\left[\begin{array}{c}F(x)\\N(x,s)\end{array}\right]=0$$

$$x=(u,\lambda)$$

$$N(\dot{x},s)=|\dot{x}|^2+|\dot{\lambda}|^2$$

于是可以证明 D_xS_0 非奇异，对 $S(x,s)=0$ 可以用上述方法，求出曲线来，如已知 $x_i=(u_i,\lambda_i)$，则

求切线方向：

$$D_\lambda F_i\dot{\lambda}(s_i)+D_uF_i\dot{u}(s_i)=0\quad(F_i\text{表示}F\text{在}s_i\text{取值})$$

预估：取 $S_i=s-s_i$,

$$x^0(s)=x(s_i)+S_i\dot{x}(s_i)$$

校正：

$$D_xS(x^k(s),s)(\dot{x}^{k+1}(s)-x^k(s))=-S(x^k(s),s)$$

$k=0,1,2,\cdots$迭代，可得$x(s_{i+1})=x(s_i+\delta_i)$的近似值。

对于分歧点情形，我们首先需辨别奇点类型。设分歧点是简单的，即

$$\dim N(D_uF_0)=1$$

那么令

$$\sigma(s)=\det\left(\begin{array}{cc}D_uF(s)&D_\lambda F(s)\\\dot{u}^{\mathrm{T}}(s)&\dot{\lambda}(s)\end{array}\right)$$

则当通过 (λ_0,u_0)(即 $s=s_0$) 时，如果 $\sigma(s)\det(D_uF(s))>0$, 则 (u_0,λ_0) 为简单的非退化分歧点；如果 $\sigma(s)\det(D_uF(s))<0$, 则 (u_0,λ_0) 为简单极限点。

得到奇异点之后，必须也求通过奇异点各个解分支方向。如，设 y_i 为代数分歧方程的解，那么

$$\dot{x}(s_0)=\sum_{i-1}^{m+1}y_i\phi_i$$

有了切线方向，就可以跟踪相应的解分支。

参 考 文 献

[1] 雷晋干, 马亚南. 分歧问题的逼近理论与数值方法. 武汉: 武汉大学出版社, 1993

[2] Golubitsky M, Schaeffer D G. Singularities and Groups in Bifurcation Theory, Vol 1. New York: Springer-Verlag Inc., 1985

[3] Golubitsky M, Stewart I, Schaeffer D G. Singularities and Groups in Bifureation Theory. New York: Springer-Verlag New York Inc., 1988

[4] Chow S N, Hale J K. Methods of Bifurcation Theory. New York: Springer-Verlag New York Inc., 1982

[5] Iooss G, Joseph D D. Elementary Stability and Bifurcation Theory. New York: Springer-Verlag New York Inc., 1980, 1990

[6] Wiggins S. Global Bifurcations and Chaos-Analytical Methods. New York: Springer-Verlag New York Inc., 1988

[7] Wiggins S. Introduction to Applied Nonlinear Dynamical Systems and Chaos. New York: Springer-Verlag New York Inc., 1990

[8] Allgower E L, Georg K. Numerical Continuation Methods:An Introduction. Berlin: Springer-Verlag Berlin Heidelberg, 1990

[9] 李开泰. Navier-Stokes 方程分歧问题. 工程数学学报, 1987, 4(1): 65-72

[10] 李开泰. Navier-Stokes 方程分歧问题. 工程数学学报, 1985, 2(2): 17-24

[11] Li K, Mei Z, Zhang C. Numerical analysis of bifurcation problems of nonlinear equations. JCM, 1986, 4(1): 21-37

[12] 每甄, 李开泰. Hopf 分歧问题及其数值分析. 数学年刊, 1987, 8A(4): 483-491

[13] Zhan Chengdin, Li Kaitai. Bifurcation problems of multiparameter and multibranch and their applications, Acta Mathematea Scientia, 1990, 10: 1-19

[14] M Z, Li K T. Numerical determination of Turning Point Bifurcations, J. Eng. Math., 1990, 7(2): 77-90

[15] Li K T, M Z. Numerical predications of turning points of nonlinear problems. J. Math. Research & Exposition, 1993, 13(2): 187-202

[16] Li K T, M Z. A splitting iteration method for a simple corank-2 Bifurcation problem. J. Comp. Math., 1993, 11(3): 261-775

[17] Li K T, M Z. A splitting iteration method for the computation of TB-Point Chinese, J. Contemporary Math., 1994, 15(1): 37-48

[18] 李开泰, 每甄. TB 点计算的一个分裂迭代方法. 数学年刊, 1994, 15A(1): 29-38

[19] Keller H B. Numerical Solution of Bifurcation and nonlinear eigenvalue Problems. New York: Academic Press，1977

[20] 朱正佑，姚路刚. 一类二阶奇点附近的分支解及其数值计算方法. 计算数学，1992，14(2): 157-166

[21] 王贺元，石月岩. 简单高阶分歧点的正则化. 数学杂志，1999，19(3): 287-292

[22] Seydel R. Numerical computation of branch points in nonlinear equations. Numer-Math，1979，33(3): 339-352

[23] 王贺元，丁素珍. N 阶分歧问题的数值分析. 数学研究，1998，31(2): 231-238

[24] 王贺元，王艳平，石月岩. 一类椭圆问题的分歧解. 辽宁工学院学报，1997，17(2): 76-78

[25] 王贺元，张文岭，李开泰. 简单高阶奇异性的数值模拟. 数学进展，2005，34(4): 468-472

[26] 王贺元. 分岐点处解分支的数值逼近. 工程数学学报，2001，18(1): 16-118

[27] Wang H Y. Numerical analysis on solution of bifurcation problem with corank-N. J. Mathematics，2000，20(1): 37-43

[28] 王贺元，朱振广，李开泰. 多重极限点解分支的数值逼近. 数学物理学报，2004，24(2): 177-184

[29] 李开泰, 黄艾香. 有限元方法及其应用——发展及应用. 西安: 西安交通大学出版社, 1988

第 4 章　非线性系统的混沌行为分析

4.1　协同学与低模分析方法简介

物理、化学、生物等系统状态的演变的共同特点是它们将导致多样化和增加复杂性，即当系统的控制参数变化时，新的定常状态解 (稳态解)、周期解、拟周期解 (准周期解) 和混沌解会分岔出来。这些多样化的形态均是由非线性方程 (代数的、常微分的、偏微分的、差分的等) 控制的，而且它们又是靠外界进入系统的能量来维持的。这些多样化的形态统称为耗散结构 (dissipative structure)。

例如，欧拉杆在轴向压力变化时所引起的弯曲，双星裂变理论，Benard 热对流，同轴圆筒间旋转流动的库埃特–泰勒流问题，化学、生物中的反应扩散以及粘性绕球等等问题都是耗散结构。下面我们来看粘性绕球问题。

如图 4.1，设有一个球 (半径 L) 放在一个流速为 U 的粘性流体中，假若流体粘性系数为 v，则知流动的雷诺数 $Re=\dfrac{UL}{v}$。当 Re 较小时球后部的运动可看做是定常的，当 Re 超过一临界值时，运动就变成周期的了；当 Re 再高时，则变成了比较复杂的二维环面上的周期运动 (所谓的 Karman 涡列)；最后 Re 再高，就变成了湍流运动 (图 4.2)。

图 4.1

上面举出的例子分属不同学科领域，但它们都有一些共同特点，即都是由一组耦合的非线性常 (或偏) 微分方程组来描述，方程组中包含有一个或多个控制参数。随着参数的变化，系统的状态可以有定常状态、周期状态、拟周期状态和混沌状态出现。这些状态不断演化，交替出现，就构成了事物演化的多样性和复杂性。

另外，还可以看出，来自不同学科的不同系统，它们还有一个共同的特性，就是当其控制参数变化后，系统状态将由“无序”转化为“有序”。

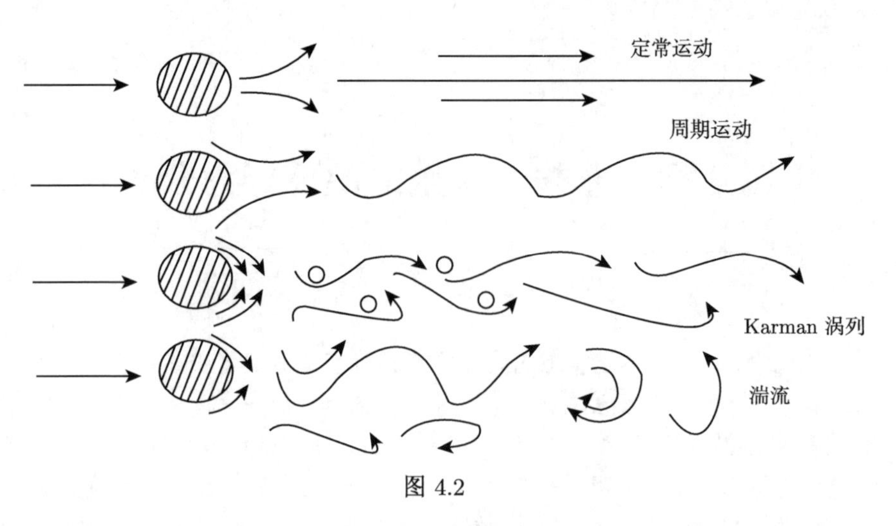

图 4.2

从物理观点上讲，像一滴蓝墨水滴入一瓶清水中使清水变成蓝色这样的形态称为无序状态，即分子在水中杂乱无章地运动着，而不能形成宏观上的有组织的结构。而在空间和时间上都有结构的形态，即系统中的分子自动组织起来而形成宏观上有序的状态，则称为有序状态。

怎样才能从无序状态演变成有序状态呢？过去一直研究的是平衡态，虽然系统可以发生离开平衡态的微小偏差，但系统的宏观行为不会发生变化。直到 20 世纪 60 年代，比利时化学家普利高津开始研究非平衡态，典型的例子是，一个容器装有两种气体混合物，当两端保持不同温度 (即温度分布不平衡)，结果发生的是两种气体分别向容器两端聚集 (而不是均匀混合的无序化) 的浓度有序化。普利高津经过研究认为，非平衡是有序之源。即有序态的出现是无序态在非平衡系统中分岔出来的。当然，这里所说的“非平衡”是指系统处在开放条件下，可以和外界有物质和能量交换。

我们再来分析一下自然界的两类现象：一类是发生封闭系统中，在此系统中，状态由有序 (低熵) 变到无序 (高熵)(熵：混乱度，系统状态的一种度量或物质系统状态可能出现的程度)。这在统计物理上叫玻尔兹曼原理。例如，冷热物体接触后温度趋于一致。又如，容器的一半有气体，另一半无气体，其间的隔板打开后，气体就扩散至整个容器。这些例子表明分子和原子的排列越来越混乱，即状态无序度有了增加。而另一类现象是发生在开放系统中，此时，外界的控制参数变化时，系统的状态变量就有可能改变其有序的程度。例如，所谓 Benard 热对流问题中，当作为系统控制参数的瑞利 (Rayleigh) 数 Ra 增加后，系统的状态就会由静止到对流再到湍流；而旋转流动库埃特–泰勒涡漩问题中，当雷诺数 Re 增加后，系统状态将由层流到涡漩再到波状涡漩，最后到湍流。又如，水汽经降温变成水滴，在降温变成冰。这样的例子非常之多，显然它们来自不同的系统，但却有共同的特征。即当控制参数变化后，系统的状态由无序变成有序，即状态出现种类由少变成多，功能由简单变成复杂，结构由简单变成复杂的演化。这种性质，被西德杰出的科学家赫尔曼 · 哈肯称为“协同学”(Synergetics)。

作为现代横断科学群中的一颗明珠，“协同学”被看作是“处理复杂系统的一种策略”。协同学一词的词根源于希腊文，它表示协同工作。协同学的目的是建立一种用统一的观点去处理复杂系统的概念与方法。其中心议题是，探索存在于支配生物界与非生物界以及一般系统的宏观尺度上的结构和功能的自组织性成立过程中的某些普遍原理。这些由性质完全不同的大量子系统所构成的种种复杂系统，通过合作，按照一些普适规律产生空间、时间或功能结构。它深刻揭示了系统从无序向有序转化的结构和过程的一般法则。协同学的思路来源于物理学中对开放系统，特别是对激光的研究。通常原子发出的光是完全混乱的和无序的，但是，在激光器中输入的能量不断激发原子从低能级跃迁到高能级，当激光系统的控制参数达到某个值时，就形成了以受激辐射为主的激光。这是一个典型的非平衡态相变。

哈肯是一位功勋科学家，他在深入研究激光和其他非平衡系统的过程中敏锐地发现，许多不同领域中有序结构的形成具有普遍规律和共同特征，并且这种类化的类似性服从相同或相似的数学方程。在此基础上，他概括出协同学，它研究的是一个由大量子系统以复杂的方式相互作用所构成的复合系统，在一定条件下，子系统间通过非线性作用产生协同现象和相干效应，使系统形成有一定功能的空间、时间或时空的自组织结构。这类从无序状态过渡到有序状态的现象，其相变和功能服从相同的基本原理。

协同学的特点在于它基于现代数理科学，是一种可以定量描述的系统理论。在协同学中，信息论是一种基础，一种工具。由于协同学研究相变，所以它必然可以应用突变论的某些方法和结果。又因为协同学本质上是一种非线性理论，所以它可以导出混沌。

协同学理论的三个“硬核”。

(1) 不稳定性原理。

不稳定性是相对于稳定性而言的。以往的许多科学，如控制论，都是侧重于对稳定性问题的研究，而协同学以探寻系统结构有序演化为出发点，从一个全新的角度来考察不稳定性问题。它认为任何一种新结构的形成都意味着原先状态不再能够维持，即变成不稳定的。这样，不稳定性在结构有序演化中具有积极的建设性作用。当一种陈旧的框架或模式已经变得不利于系统存续和发展时，就需要出现一种激进的、力图变革的力量，把系统推向失稳点，才可能创建有利于系统存续发展的新框架、新模式。这就是协同学的不稳定性原理的基本含义。

(2) 支配原理。

协同学认为，在临界点系统内部的各子系统或诸参量中，存在两种变量，即快变量和慢变量。所谓支配原理，就是慢变量支配快变量而决定着系统的演化进程。慢变量和快变量各自都不能独立存在，慢变量使系统脱离旧结构，趋向新结构；而快变量又使系统在新结构上稳定下来。伴随着系统结构的有序演化，两种变量相互联系、相互制约，表现出一种协同运动。这种协同运动在宏观上则表现为系统的自组织运动。

(3) 序参量原理。

序参量原本是平衡相变理论提出的概念，哈肯把它推广到激光形成之类的非平衡相变，成为协同学的基本概念。不论什么系统，如果某个参量在系统演化过程中从无到有地产生和变化，系统处于无序状态时它的取值为 0，系统出现有序结构时它取非 0 值，因而具有指示或显示有序结构形成的作用，就称为序参量。序参量是系统内部自组织地产生出来的，而它一旦产生出来就取得支配地位，成为系统内部的组织者，去支配其他组分、子系统、模式，因而转化为一种组织力量，多少有些类似于控制中心的作用。

协同学从创立到现在仅 50 多年的时间，能获得如此巨大的成功，主要是这种理论和方法具有广泛的普遍性。协同学研究由大量子系统组成的宏观系统的相变与自组织现象。哈肯认为，用熵作为描述工具显然太粗糙，因此他采用了由朗道首先提出的序参量作为描述工具，同时引入绝热消去法，加上漫流形定理和中心流形定理共同组成了协同学的基本研究方法。系统在临界点附近的状态变量按其阻尼大小可分为快弛豫变量 (快变量) 与慢弛豫变量 (慢变量)。一个基本的事实是，在临界点上，绝大多数变量受到大阻尼而迅速衰减，对系统的演变过程的性质并不起主导作用，只有少数几个甚至只有一个变量出现临界无阻尼现象，从而支配其他快变量的运动决定了系统演化的最终状态和结构。换言之，慢变量役使或驱动快变量。绝热消去法实质上就是用慢变量表示所有快变量，最后得到仅有慢变量的方程——序参量方程。这种处理方法不仅消去了大量的自由度使方程降维，易于求解；同时，深刻反映了诸多子系统之间的协同合作效应导致序参量的形成，而序参量又进一步支配各个子系统的运动，形成整体的有序与结构，这就是协同学勾画出的自组织现象。

协同学中的绝热消去法在物理学中虽早有应用，但哈肯把这种方法进行了推广并给出了严格的数学证明。绝热消去原理是协同学中找寻慢变量、建立序参量方程的基本方法。哈肯在研究大量开放系统的演化机制时发现，在系统演化过程中，并非所有参量对系统演化都起相同的作用，而只有子系统协同合作产生的序参量才起决定性作用，大多数参量对系统演化的作用是微不足道的。这样，我们只要能给出序参量随时间变化的演化方程，便可获得一种描述系统演化的数学方法，对非线性相互作用的情况达到近似定量认识。哈肯巧妙地用了绝热消去原理。即对系统演化发生作用的各种参量进行分析，把在系统演化中起支配作用的参量叫做慢

弛豫参量 (慢变量)；而对系统演化不起明显作用的叫做快弛豫参量 (快变量)。只有慢变量决定着系统的演化过程，快变量演化快，在相变过程中先期到达相变点，之后便不再变化，因此，可以令快变量的时间微商等于 0，然后将得到的关系式代入其他关于慢变量的方程，便可得到只有一个或几个慢参量的演化方程，这几个慢参量称为序参量，序参量随时间变化所遵从的非线性方程称为序参量的演化方程。要解释和预测无穷维动力系统的混沌现象，通常采用这种维数约化 (低模分析) 方法，其理论基础和依据是惯性流形和近似惯性流形理论 (它们被认为是一种包含全局吸引子，且指数吸引所有轨道的低维光滑流形)，也就是说，无穷维动力系统复杂的动力学行为通常源于简单的起源，并可由简单方程来分辨。这种用有限模态来研究无穷维动力系统的方法就是所谓的低模分析方法。

运用绝热消去法确定序参量演化方程是低模分析的关键，有限维的序参量演化方程必须能反映无穷维动力系统的动力学行为，即保持无穷维动力系统的结构 (保辛)。然后利用数学中的分岔理论、突变论等分析演化方程的不稳定性、分歧混沌等动力学行为。如果序参量中一个或几个役使和支配其他的序参量，这时序参量演化系统 (方程) 通常协调稳定的，如果序参量不能相互役使和支配，序参量间相互抗争而随机的起支配作用时，参量演化系统 (方程) 通常进入混沌状态。

哈肯的协同学从广义上讲，是将无穷维动力系统通过绝热消去法和寻找序参量使之约化为有限维动力系统，并且认为有限维动力系统的性质可以代表无限维动力系统的性质。我们并不知道在时间演化和空间模式两方面它们的差异究竟有多大，不过，近来坦马姆 (R. Temam) 和福亚斯 (C. Foias) 等引入的惯性流形的概念，从理论上证明了上述时间演化性质是一致的，对协同学无疑是一个重大贡献。在讨论无穷维动力系统问题中引入惯性流形概念，从理论上证实了一些无穷维动力系统可用有限维来代替，并且给出了寻找有限维维数的一些方法。由于惯性流形存在，有限维动力系统的长时间演化结果就能代表无穷维动力系统的长时间演化结果。

普利高津和哈肯提出了研究复杂系统的新思想，但并没有从理论上加以严格证明。中心流形定理提供了在特殊情况下约化思想成立的理论依据, 现在无穷维动力系统的惯性流形的理论又一次证明了约化思想的正确性，而且更为重要的，惯性流形说明在非中心流形情况下这种用不变流形约化系统想法仍然成立。由此我们可以猜想这种约化思想在更为普遍情况下也是成立的。

这种简化模态的低模分析方法不但可以克服无穷维动力系统性质不好把握的困难，而且所得到的简化模型方程组将包含非常丰富而有意义的内容，这对探讨动力系统的分歧、混沌等非线性现象是十分有意义的。虽然简化方程组的性态与原来的无穷维动力系统不尽相同，但它可以把要模拟的自由度数减到最少，同时又能抓住问题的某些本质特征，这种用简单模型去反映复杂问题的某些特性的低模分析方法是一种有价值的尝试。

物理学中的自组织也可以理解为状态空间维数降低，连续统 (连续介质) 是个巨系统，它含有的元素或子系统数量巨大，系统的宏观物理规律由某些确定性规律支配，即可用偏微分方程来描述。作为动力系统一般是无穷维的, 动力系统的理论 20 世纪 80 年代有了实质性的进展。这方面代表性著作是坦马姆 [16] 和黑尔 (Hale)[17] 的两本专著，都是 1988 年出版的。这里一个重要的进展是，在某种耗散性假设下，证明了连续统物理中一些偏微分方程的稳定定态或吸引子是有穷维的，把数学上原来的中心流形推广到惯性流形。从系统学上说，它对哈肯协同学中的役使原理 (slaving principle) 给出严格数学论证，而原来哈肯只对有穷维作出论证。而后从物理直觉思辨地推广到连续统，一些物理中常遇到的偏微分方程解的长期性态被证明和一组常微分方程解一样。由于自组织，维数由无穷降低到有穷。当然，问题不同、参量不同，自组织的程度不同，稳定定态形式也不同，维数有低有高。也可能有些系统的维数降不到有穷。

4.2 典型的混沌案例分析

自然科学的任务是研究自然界各种物质的形态、结构、性质和运动规律，不断探索新现象，揭示新规律，提出新概念，建立新理论。就当代自然科学的若干重大基本问题来说，对它们的研究都涉及由大量粒子组成的复杂系统的演变规律，这表明无论是宇宙还是生命，物质世界都经历着从无组织的混乱状态向不同程度有组织状态的演变，实现着从“无序”到“有序”，从“简单”到“复杂”的各种过程。从总体上去认识自然界发生的这些复杂现象，找出其基本规律，正是蓬勃兴起的非线性科学研究的基本内容。应该注意到，非线性科学近几十年来又从另一个极端向人们展示了在微观和宏观两个层次上，由确定性方程描述的简单系统可以出现极为复杂的、貌似无规律的运动——混沌。

1. 混沌与湍流研究的历史概述

混沌现象不但普遍存在于自然界中，而且它的发展对描述客观世界通用的数学物理方法及其观念都带来了深刻影响。

我们知道，物理学对客观事物的描述已形成了两套理论体系，就是确定论和概率论。牛顿力学是确定论的典型代表，它表明的是一组确定的初值与牛顿方程结合就导致一条确定的轨道，它们是“一一对应”的。但是，虽然系统的每个分子都遵循牛顿力学，是确定的，但由系统的微观到宏观却出现了不确定性。一个平衡态对应许许多多微观态，这是一种“一多对应”关系，这就成了不确定性。我们不知道系统到底处在那个确切的微观态，而只知道系统处在每个微观态的概率是多大。对于孤立系统，众多不同的非平衡态最终都要归于一个平衡态，这显然也是

“多一对应”关系。当然，确定性行为一定产生于确定性方程。然而随机行为却产生于两类方程：一类是随机微分方程，一类是确定性方程。随机微分方程表现出的随机性是由随机参数、随机初条件或随机外界强迫所产生，通常将它称为外在随机性。确定性方程本身并不包含任何随机因素，但在一定的参数范围却能产生出看起来很混乱的结果，人们经常把这种由确定性方程产生的随机性称之为内在随机性。混沌就是由确定性方程产生的随机现象，所以内在随机性是混沌系统的特征表现之一。

为了了解混沌，了解混沌研究的历史，我们来看看湍流运动是极有好处的。湍流运动的形态普遍存在于大气、海洋、化学、生物、电学、声学等问题中。1883 年，英国物理学家雷诺设计了一个著名的实验。他在一个可控制流速的圆管中注入液体，并在圆管中心轴的入口处注入一股很细的带颜色水，以便观察流体的运动，结果发现：

(1) 当流速 U 缓慢时，运动是层次分明的层流，中心轴带颜色的流体和周围不混合。但当流速增加到一定程度后，带颜色的流体将发生无规则的振荡，使圆管中的流动变为杂乱无章的状态，这种状态就被叫做湍流 (图 4.3)。

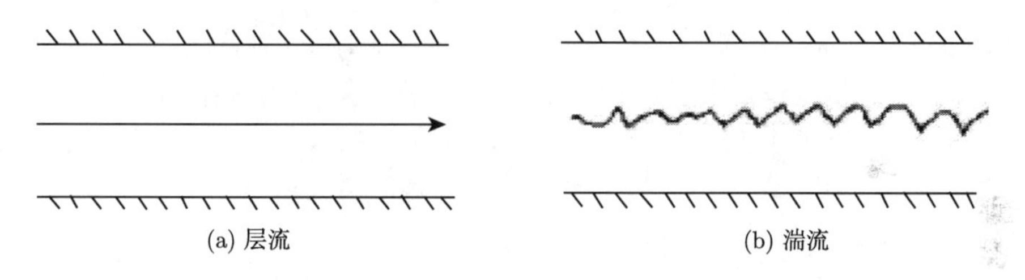

(a) 层流　　(b) 湍流

图 4.3

(2) 决定流动状态的主要参数是雷诺数：$Re=\dfrac{UL}{v}$。这里，L 是圆管的内径，v 为流体的粘性系数。当 Re 低于某个临界值时，流体表现为层流，当 Re 超过临界值时，层流突变为湍流。

流体运动遵循纳维–斯托克斯方程，这个偏微方程组显然是确定性的，但却由此产生了随机行为，故湍流就是一个混沌现象。

一百多年来，虽然对湍流的研究取得了不少进展，但其本质至今仍不很清楚。直到 1963 年气象学家洛伦兹研究大气对流运动时，他对导得的三个变量的一阶常微分方程组进行了认真的分析，由这个确定性的方程组得到了非常诱人的结果，即发现当 r (Rayleigh 数与临界 Rayleigh 数之比) 大于 24.74 以后，数值计算的解出现了非周期的混乱。这一结果当时并没引起人们的重视。直到 1971 年，茹厄勒和塔肯斯从数学的观点提出了纳维–斯托克斯流体方程出现湍流解的机制，他们认为

当 Re 增加后只要进行 $2 \sim 3$ 次分岔，准周期运动就变为湍流，并称它为奇怪吸引子。这样，洛伦兹的结果才引起了人们的重视，认为他研究的结果就是湍流这样的奇怪吸引子。以后很多实验和数值模型都证实了茹厄勒–塔肯斯的结果。1976 年，生物学家梅在一篇文章中指出生态学中一个非常简单的模型：

$$x_{n+1} = \mu x_n(1 - x_n) \tag{4.1}$$

也具有极其复杂的动力行为，包括出现周期倍分岔和混沌。

1978 年，费根鲍姆利用梅的模型发现周期倍分岔 (即一分为二，二分为四，……)，到达混沌过程中伴有一个普适的无理常数，称为费根鲍姆常数。而且在许多模型中都存在这样的一个常数且数值都相同，这就引起了数学物理界的广泛关注。从此，像奇怪吸引子这样的由确定性动力系统出现的现象，就为大家所公认，这样的系统称为混沌系统。与此同时，法国科学家曼德尔布罗特认为，自然界的很多现象 (包括混沌) 从几何上讲都是不规则的，它们可以用“分数维”来描述，并命名为分形 (fractal) 几何。

由于计算技术的飞速发展，使得人们在不同领域中各种各样的非线性问题都能进行准确的计算与模拟，而且通过实验都能发现许多问题中都存在确定性系统导致产生“混乱”的现象。例如，在银河系光滑而稳定的引力场中做高速运动的星体和在漩涡引力场中的都具有混沌的轨道。总之，混沌是一种普遍的存在形式。混沌的发现，使人们认识到，客观事物的运动不只是定常、周期或准周期的运动，还存在一种更具有普遍意义的运动形式——无序的混沌。混沌的发现，也使人们看到，在确定论与概率论描述之间，存在着由此及彼的桥梁。

2. 几个实例分析

例 4.1　小球在振动台上的碰撞。

设想一个小球自由落到一个震动着的平台上，可以想象，由于振动平台因频率 ω 的不同，小球的运动形态是不同的。首先当振动频率较小时，可出现小球的定常运动状态 (称其为周期 1)，即小球落下的时间与小球碰撞的速度都不变。

当振动频率加大时，可能出现小球运动的周期 2 状态，即小球和台面碰撞两次后形态重复。

当振动频率再增加，小球运动则可能出现混沌运动状态，如图 4.4 所示。

例 4.2　双稳态系统对外周期激励的反应。

设一个力学系统有两个稳定的平衡态和一个不稳定的平衡态。比如下列无强迫震荡的非线性方程 (Duffing 方程)：

$$\ddot{x} + \delta\dot{x} - \beta x + \alpha x^3 = 0 \tag{4.2}$$

式中 $\alpha, \beta, \delta > 0$。令 $\dot{x} = y$，则它化为动力系统：

$$\begin{cases} \dot{x} = y \\ \dot{y} = \beta x - \delta y - \alpha x^3 \end{cases} \tag{4.3}$$

显然它有三个平衡点：(0,0)；$(\sqrt{\beta/\alpha}, 0)$；$(-\sqrt{\beta/\alpha}, 0)$。而且在 (0,0) 点处，其雅可比矩阵为

$$\boldsymbol{J}_1 = \begin{pmatrix} 0 & 1 \\ \beta & -\delta \end{pmatrix}$$

其特征值：$\lambda = \dfrac{1}{2}(-\delta \pm \sqrt{\delta^2 + 4\beta})$。由于此时 λ 值一正一负，故 (0,0) 是不稳定鞍点。

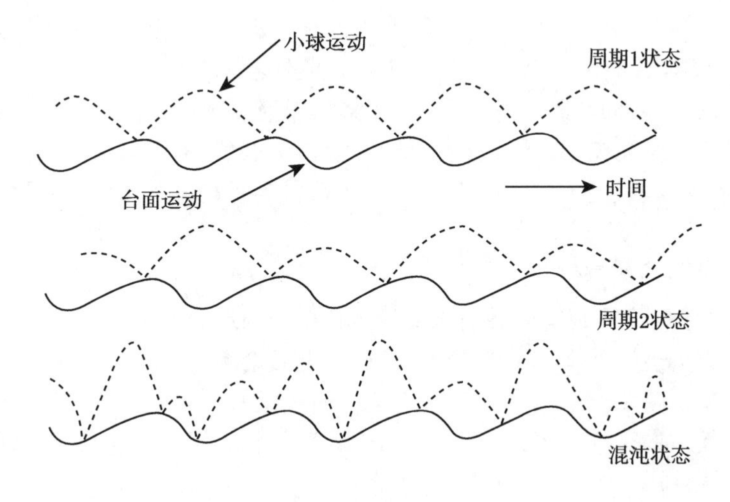

图 4.4

在 $(\sqrt{\beta/\alpha}, 0)$ 和 $(-\sqrt{\beta/\alpha}, 0)$ 处，雅可比矩阵为

$$\boldsymbol{J}_2 = \begin{pmatrix} 0 & 1 \\ -2\beta & -\delta \end{pmatrix}$$

其特征值：$\lambda = \dfrac{1}{2}(-\delta - \sqrt{\delta^2 - 4\beta})$。此时两特征值均为负值，故这两点均为稳定结点。

如图 4.5 所示，图上 A, B 是两个稳定的平衡态，C 是不稳定平衡态，设想有一个小球在用薄片弯曲成的如图中形状的槽中运动。若它受到一个左右来回的强迫振动 (振动频率为 ω)。当然，此时小球规律就应该由下列带有的强迫的 Duffing 方程所支配：

$$\ddot{x} + \delta\dot{x} - \beta x + \alpha x^3 = \gamma\cos\omega t \tag{4.4}$$

γ 是强迫外源振荡的振幅，它可作为控制参数。

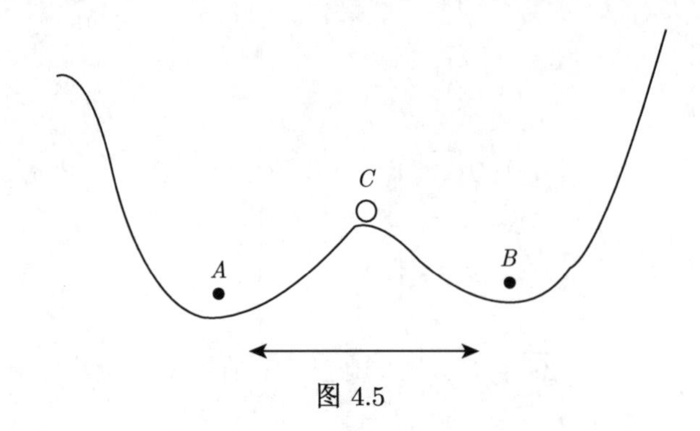

图 4.5

但是我们注意到，由于振动，小球不能再停留在 A 处 (或 B 处)。当振动的振幅较小时，小球在 A 附近 (或 B 附近) 振动，并不能跨越 C 点；当振幅较大时，小球就可能在 A, B 之间并跨越 C 点做周期运动。但在某种振幅、频率及阻尼的情况下，可能出现小球先在 A 附近振荡，然后跨过 C 点到 B 点振荡，而后又跨过 C 点回到 A 点振荡。但在 A 点和 B 点振动的次数各不相同，如此往复就形成了混沌运动。

例 4.3　初始数据信息的丧失。

通过这个例子，可以清楚地看出混沌是什么原因造成的。

考察一系列彼此间隔为 1 的点，从这些点上做斜率为 1 的平行线。图 4.6 上在两个黑点之间，任取一点 x_0 向上做水平线的垂线，与平行线相交后，从与平行线垂直的方向反射向下交水平线于 x_1。又从 x_1 重复上述步骤，就得到一个由初始值 x_0 决定出的序列：

$$x_0,\ x_1,\ x_2,\ \cdots,\ x_n,\ \cdots \tag{4.5}$$

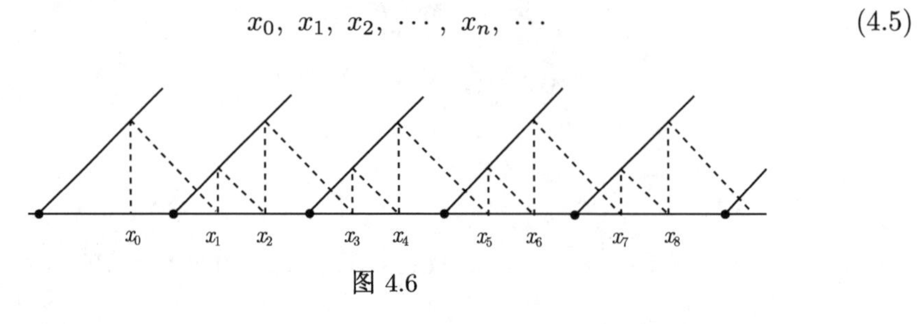

图 4.6

我们规定，所有 $x_n(n = 0, 1, 2, \cdots)$ 的值都从其左边最近的黑点起算，故其值都在 0 与 1 之间。

根据图 4.7 立刻可看出产生 x_n 的过程，实际上等价于如下的一个迭代过程：

$$x_{n+1} = \begin{cases} 2x_n, & 0 \leqslant x_n \leqslant \dfrac{1}{2} \\ 2x_n - 1, & \dfrac{1}{2} \leqslant x_n \leqslant 1 \end{cases} \tag{4.6}$$

从表面上看，似乎序列$\{x_n\}$有三种形态。

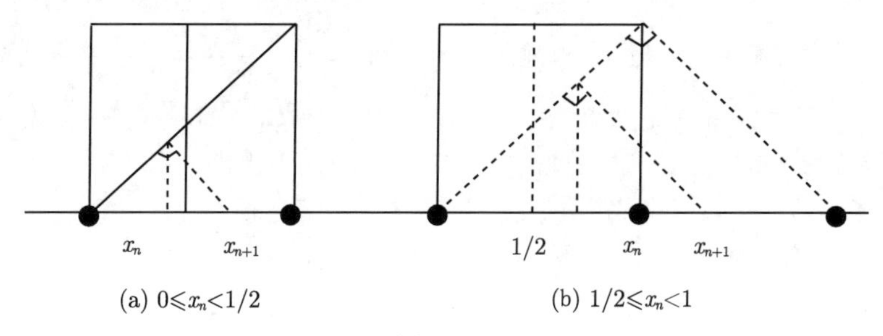

(a) $0\leqslant x_n<1/2$ (b) $1/2\leqslant x_n<1$

图 4.7

第一种：当 x_0 为有理数，且将它表示为分数时，其分母是 2 的幂数 2^k (k 是正整数) 形式，此时 $x_n\to 0$ (当 n 足够大时)。例如取 $x_0=\dfrac{11}{32}=\dfrac{11}{2^5}$，则

$$x_1=\frac{11}{16},\ x_2=\frac{3}{8},\ x_3=\frac{3}{4},\ x_4=\frac{1}{2},\ x_5=0,\ x_6=0,\ \cdots \tag{4.7}$$

显然，当 x_5=0 起，以后再进行迭代 $x_n(n\geqslant 5)$ 都全部为 0 了。

第二种：当 x_0 为有理数，且将它表示为分数时，其分母不是 2 的幂数 2^k (k 是正整数) 形式。此时 x_n 有周期变化 (n 足够大时)。例如，取 $x_0=\dfrac{13}{28}$，则有

$$x_1=\frac{13}{14},\ x_2=\frac{6}{7},\ x_3=\frac{5}{7},\ x_4=\frac{3}{7},\ x_5=\frac{6}{7},\ x_6=\frac{5}{7},\ x_7=\frac{3}{7},\ x_8=\frac{6}{7},\ \cdots \tag{4.8}$$

它表示在 n 很大以后就出现了三个数 $\left(现在是\dfrac{5}{7},\dfrac{6}{7},\dfrac{3}{7}\right)$ 之间的循环。

第三种：当 x_0 为无理数，则序列 $\{x_n\}$ 是不规则的。例如，取 $x_0=\dfrac{1}{\sqrt{2}}$，就属此类情况。

但是，值得我们注意的是，从本质上看这三种情况表征的都是一种形态——混沌。为此来认真分析前述三种初值 x_0 的情况。

对于第二种情况，所取得的值为 $x_0=\dfrac{13}{28}=0.4642857142857142857 1\cdots$，可发现从 $n=2$ 开始就有 $x_{n+2}=x_n\,(n=2,3,\cdots)$，如 $x_{3002}=\dfrac{6}{7},x_{3003}=\dfrac{5}{7},x_{3004}=\dfrac{3}{7},x_{3005}=\dfrac{6}{7},\ \cdots$，现在若选一个与 x_0 前 900 多位小数都相同的数 $x_0'=\dfrac{13}{28}\left(1-\dfrac{1}{8^{1000}}\right)=\dfrac{13}{28}\cdot\dfrac{8^{1000}-1}{8^{1000}}=\dfrac{13}{7}\cdot\dfrac{8^{1000}-1}{2^{3002}}$ 作为新初值后，迭代结果又将如何呢？注意到 x_0' 的分母可以表示为 2^{3002} 的形式。所以这个 x_0' 就应属于第一种情况，由前

可知，迭代结果为 $x'_{3002}=0, x'_{3003}=0, x'_{3004}=0, x'_{3005}=0, \cdots$，于是这表明以上结果与选 x_0 作初值时 $x_{n+3}=x_n\,(n=2,3,\cdots)$ 的出现周期循环的结果简直不大一样。注意，这里的初值 x_0 与 x'_0 只差 $\varepsilon=x_0-x'_0=\dfrac{13}{7}\cdot\dfrac{1}{2^{3002}}\approx\dfrac{1}{10^{900}}$ 是非常小的，但经过 3002 次迭代后就完全不同了。这就是说，小数点后的前 900 位 (或二进制的前 3002 位) 信息完全丧失，经过 3002 次迭代后就不再能向我们提供出 x_0 在何处的线索了。请注意，这里我们并没有在推导迭代中进行“舍入”处理，而完全是由于初值的不确定性 (这里是不可避免的) 所造成的。

至于第一种情况也如此，例如 $x_0=\dfrac{11}{32}=\dfrac{11}{2^5}=0.34375$，此数并不是无限循环小数。由于按二进制的表示方法，有

$$0.34375=0\times 2^{-1}+1\times 2^{-2}+0\times 2^{-3}+1\times 2^{-4}+1\times 2^{-5}$$

故

$$x_0\,(\text{二进制})=0.01011 \tag{4.9}$$

由此出发，经过迭代有 $x_1=0.1011, x_2=0.011, x_3=0.11, x_4=0.1, x_5=0\,(\text{二进制})$ 也就是说，在迭代五次之后，(4.9) 式的 x_0 全部信息就丧失了。只要所选初值和 (4.9) 式的初值从第 6 位有差别，即从 $n=6$ 起，迭代结果有什么就不得而知了。

对于第三种情况也有类似结果。

总之，这个例子告诉我们，混沌并非是计算方法的近似性或计算中的舍入误差处理造成的，而是系统对初值的敏感性所致，是系统固有的一种特征。

例 4.4　洛伦兹关于气象预报的研究。

混沌研究上的一个重大突破，是在天气预报问题的探索中取得的。1922 年，英国物理学家和心理学家理查孙 (L. Richardson，1881~1953) 发表了一篇题为《用数值方法进行天气预报》的文章。在文章的末尾，他提出了一个异想天开的幻想：在一个大建筑内，集聚一大批长于计算的工作者，在统一指挥下相互协调地对影响天气变化的各种数据进行计算。他估计，为了使天气预报和实际的天气变化达到同步，大约需要 64000 个熟练的计算者。他设想，在遥远的将来，或许有可能发展出比天气变化还要快的计算手段，从而使天气预报梦想成真。真是先知之见，不到 30 年，电子计算机就出现了，并且成功地用于天气预报。在牛顿力学确定论思想的影响下，当时科学家们对天气预报普遍持有这样乐观的看法：气象系统虽然复杂异常，但仍然是遵循牛顿定律的确定性过程。在有了电子计算机这种强有力的工具之后，只要充分利用遍布全球的气象站、气象船、探空气球和气象卫星，把观测的气象数据 (气压、温度、湿度、风力等) 都及时准确地收集起来，根据大气的运动方程进行计算，天气变化是可以做出精确预报的。既然天文学家能够根据牛顿定律，

用铅笔和计算尺计算出了太阳系的未来，预见了哈雷彗星的出没以及海王星和冥王星的存在，勾画出了人造卫星和洲际导弹的准确轨迹，那么为什么对于风和云就做不到呢？只要有一台功能高超的计算机来充任拉普拉斯设想的“智者”，天气的变化就会在人们精确的预言中。计算机之父约翰 · 冯 · 诺伊曼就认为气象模拟是计算机的理想的用武之地。他甚至认为，天气状况不仅可以预报，而且是可以人工控制和改变的。美国气象学家、麻省理工学院的洛伦兹最初也接受了这种观点。1960 年前后，他开始用计算机模拟天气变化。

洛伦兹有良好的数学修养，他本想成为一个数学家，只是由于第二次世界大战的爆发，他成了空军气象预报员，使他成了一位气象学家。比起庞加莱来，洛伦兹的条件是太优越了。他拥有一台“皇家马可比”计算机，它是用真空管组成的，虽然运算速度还不算快，但在当时已经是很了不起的了。洛伦兹把气候问题简化又简化，提炼出影响气候变化的少之又少的一些主要因素；然后运用牛顿的运动定律，列出了 12 个方程。这些方程分别表示着温度与压力、压力与风速之间的关系等等。他相信，运动定律为数学确定性架起了桥梁，12 个联立方程可以用数值计算方法对气象的变化做出模拟。开始时，洛伦兹让机器每分钟在打印机上打出一串数字，表示出一天的气象，包括气压的升降、风向的变化、气温的起伏等。洛伦兹把这些数据与他想象中的预测相对比，感觉到某种熟悉的东西一次次地重复出现。气温上升又下降，风向向北又向南，气压升高又降低；如果一条曲线由高向低变化而中间没有隆起的部分，随后就会出现两个隆起部分。但是他又发现，这种重复决不是精确的，每次之间绝不完全吻合。这个结果已经开始向洛伦兹透露着某种奥秘了。

1961 年冬季的一天，洛伦兹用他的计算机算出了一长段数据，并得出了一个天气变化的系列。为了对运算结果进行核对，又为了节省点时间，他把前一次计算到一半处得到的数据作为新的初始值输入计算机。然后他出去喝了杯咖啡。一个小时后当他又回到计算机旁的时候，一件意想不到的事情使他目瞪口呆，新一轮计算数据与上一轮的数据相差如此之大，仅仅表示几个月的两组气候数据逐渐分道扬镳，最后竟变得毫无相近之处，简直就是两种类型的气候了。开始时洛伦兹曾经想到可能是他的计算机出了故障，但很快他就悟出了真相：机器没有毛病，问题出在他输入的数字中。他的计算机的存储器里存有一个 6 位小数，0.506127。他为了在打印时省些地方只打出了 3 位，即 0.506。洛伦兹原本认为舍弃这只有千分之一大小的后几位数无关紧要；但结果却表明，小小的误差却带来了巨大的“灾难”。

为了仔细看一下初始状态原本十分相同的气候流程，如何相差越来越大，洛伦兹把两次输出的变化曲线打印在两张透明片上，然后把它们重叠在一起。一下子就清楚地看出来，开始时的两个隆峰还很好地相重叠，但到第三个和第四个隆峰时，就完全乱套了，这个结果从传统观点看来是不可理解的。

因为按照经典决定性原则，初始数据中的小小差异只能导致结果的微小变化；

一阵微风不会造成大范围的气象变化。但是洛伦兹是从事天气预报的，他对长期天气预报的失败是有深切感受的。这个离奇古怪的计算结果与他的经验和直觉是完全相符的。所以他深信他的这些方程组和计算结果揭示了气象变化的真实性质。他终于作出断言：长期天气预报是根本不可能的！他甚至有些庆幸地说："当然，我们实在也不曾作准过气象的长期预报，而现在好了，我们找到了开脱！""对于普通人来说，看到我们可以在几个月前就很准地预报了潮汐，便会问：为什么对大气就不能准确预报呢？确实，大气虽然是一个与潮汐不同的系统，但支配它们的定律的复杂程度却是差不多的。但我认为，任何表现出非周期性态的物理系统，都是不可预测的。"事实正是这样，即使在今天，世界上最好的天气预报也只能一天可靠，超过两三天，就只是猜测。

洛伦兹是个"穿着气象学家外衣"的数学家，他很快看出，气候变化的不能精确重演与长期天气预报的不可能二者之间存在着一种必然的联系。用数学语言来说，就是"非周期性"与"不可预见性"之间的联系。气象系统是不断重复但又从未真正重复的，这叫做"非周期系统"。如果气候的变化是严格的周期性的，即某一时刻各个地方的压力、温度、湿度、每一片云、每一股风都和此前某一时刻的情况完全一样，那么二者此后的天气变化也就完全相同，于是天气就会循环往复地永远按照这个变化顺序反复重现，精确的天气预报也就成了平淡无奇的事情了。

基于这种认识，洛伦兹就把气候问题丢在一边，专心致力于在更简单的系统中去寻找产生复杂行为的模式。他抓住了影响气候变化的重要过程，即大气的对流。受热的气体或液体会上升，这种运动就是对流。烈日烘烤着大地，使地面附近的空气受热而上升；升到高空的空气释热变冷后，又会从侧面下降。雷雨云就是通过空气的对流形成的。如果对流是平稳的，气流就以恒定的方式渐渐上升；如果对流是不平稳的，大气的运动就复杂化了，出现某种非周期性态。这与天气变化有某种类似。于是，洛伦兹就从表征着流体运动过程的纳维–斯托克斯方程组出发，经过无量纲化处理并做傅里叶展开，取前两项，得到满足傅里叶系数的一组常微分方程。与大气的实际对流运动相比，这组方程是大为简化了，它只是抽象地刻画了大气真实运动的基本特点，既考虑了流动的速度，又考虑了热的传输，与真实的大气运动是大体类似的。他建立的三个方程是

$$\begin{cases} \dot{x} = -\sigma(x-y) \\ \dot{y} = -xz + rx - y \\ \dot{z} = xy - bz \end{cases} \tag{4.10}$$

其中，x, y, z 是三个主要变量，t 是时间，$\dot{x}, \dot{y}, \dot{z}$ 是对时间的变化率，这就是 1963 年洛伦兹发表在《气象科学期刊》20 卷第 2 期上的题为《确定性非周期流》中所列出的方程组。由于其中出现了 xz, xy 这些项，因而是非线性的，这意味着它们

表示的关系不是简单的比例关系。一般地说，非线性方程组是不可解的，洛伦兹的方程组也是不能用解析方法求解的，唯一可靠的方法就是用数值方法计算解。用初始时刻 x, y, z 的一组数值，计算出其下一个时刻的数值，如此不断地进行下去，直到得出某一组“最后”的数值。这个方法叫做“迭代”，即反复做同样方法的计算。用计算机进行这种“迭代”运算是很容易的。洛伦兹把 x, y, z 作为坐标画出了一个坐标空间，描绘了系统行为的相轨道，他吃惊地发现，画出的图显示出奇妙而无穷的复杂性 (见图 4.21)。这是三维空间里的双重绕图，就像是有两翼的一只蝴蝶；它意味着一种新的序，轨线被限制在某个边界之内，决不会越出这个边界；但轨线决不与自身相交，在两翼上转来转去地环绕着。这表示系统的性态永远不会重复，是非周期性的，从这一点来说，它又纯粹是无序的。

从确定性的方程和确定的初始状态 (x, y, z 的初始值) 出发，经过多次迭代后，却得出了非周期性态的结果。这就是混沌！一切有关混沌的丰富内容，都包含在这幅奇妙的画图中了，关于洛伦兹系统我们将在 4.5 节中给出详细的讨论。

现在就可以说明什么是现代科学意义上的“混沌”概念了。1986 年，在伦敦召开的一个关于混沌问题的国际会议上，提出了下述关于混沌的定义：“数学上是指在确定性系统中出现的随机性态”。传统观点认为，确定性系统的性态受精确的规则支配，其行为是确定的，可以预言的；随机系统的性态是不规则的，由偶然性支配，“随机”就是“无规”。这样看来，“混沌”就是“完全由定律支配的无定律性态”，这真是一个大自然的“悖论”。

例 4.5 生理混沌现象。

20 世纪 70 年代以来，在生物个体的生理现象中，也广泛地发现了混沌。生物体全身的每个器官，都有自己的节律。生命的存在，就是一个耦合振子，即各种内在节律振动的巧妙组合。一旦某种节律失调，就会使生命体患上某种疾病。

心脏的搏动，是推动一切生命节律的中心环节。正常的心律是周期性的。人的心搏大约是每分钟 50 到 100 次，日复一日、年复一年地进行着；但是它有许多非周期的病，例如对生命危险极大的心室纤维性颤动。不同的心肌彼此不合节律地收缩，不协调地一起乱动，起不到正常泵血的作用，终致使病人死亡。病者心脏的各个部分似乎都是正常的，节律依然是规则的；但心脏的整体运动，却致命地扭曲了，陷入了稳态混沌。这是一种复杂系统疾病。心脏自己不会停止这种纤颤，只有用电击除颤器来消除。这种电震击是一个巨大的扰动，可以使心脏返回到定态。为什么心脏的节律在人的一生中经历几百亿次的搏动，其中经过多少次的紧张与松弛、加速与减速，从未失误，然而却会突然进入一种无法控制的、致命的疯狂节律——纤颤呢？研究表明，有一类重要的心律失常可能是因所谓“模式锁定”引起的，即两种并行收缩心律的相互作用产生的。从物理学上讲，就是外来的迫动频率与物体振荡的固有频率以某种简单的数字比率达到同步，这称为“锁相”。加拿大数学生

物学家列昂 · 格拉斯 (L. Glass, 1943～) 和他的同事在 1981 年进行了一个有趣的实验。他们从鸡胚心脏中取出一团细胞，这团细胞能够自发跳动，相当于固有振荡器，每分钟跳动 60 次到 120 次。然后用一根极细的玻璃微电极插入细胞团，施加一个相当于迫振的周期性小电震。改变电脉冲的频率和振幅，结果不仅产生了各种“锁相”，而且产生了混沌。他们观察到搏动方式一次又一次地出现了分叉，即“倍周期”现象。这个结果表明，模式锁定可以导致混沌，使鸡胚心脏的细胞团混沌地搏动。

科学家们的研究表明，一个参数的微小变化，可以把一个健康的心脏推进到一个双分支点而进入混沌态。科学家们希望通过混沌动力学的研究，能够找到一种方法，在危急的纤颤发生之前，辨认出它的来临；并设计出最有效的除颤装置和治疗药物，使那些猜想盲试的方法变得比较科学。

类似的动力系统疾病现在也越来越多地被认识。这类疾病是由于系统的原有振荡停止或振荡方式改变引起的。例如哮喘、婴儿窒息、精神分裂症、某种类型的抑郁症，还有由于白细胞、红细胞、血小板、淋巴细胞失衡而导致的某种白血病等。但是，生理学家已开始认识到，生理混沌可以导致疾病，它也可能是健康的保证。一个生命系统固然需要有抗干扰性，如心肌细胞和神经细胞能够很好地抵抗外界的干扰；但生物系统还需要有灵活性，即能够在一个很大的频率范围内适应外界的各种变化而正常工作。环境的变化常常是难以预料的，生物机体必须能够迅速地对各种变化做出反应。如果机体的某种功能锁定在一个严格固定的模式里不可改变，那就会丧失掉对外界变化的适应能力。例如把心脏搏动与呼吸节律都锁入一个严格的周期中，在机体松弛与紧张的不同状态，在空气稀薄程度不同的各种海拔高度上，都只有同一种节律，这个生物体就不可能存活下去。人体的其他许多节律也都如此，都必须有多种变化的可能。哈佛医学院的戈尔德伯格 (A. L. Goldberger) 断言，健康的动力学标志就是分形物理结构；治疗疾病时应着眼于拓宽一个系统的谱储备，即增加产生不同频率的能力。“广谱的分形过程是‘信息上极为丰富的’。与此相反，周期态只能反映狭窄谱带，它必然是单调的、重复的系列，信息内容贫乏”。圣迭戈的精神病学家阿诺德 · 曼德尔 (A. Mandell) 甚至说:“可能是这样，数学上的生理卫生健康其实就是疾病，而数学上的病理才是健康，即混沌态才是健康”。他认为，人体中最混沌的器官就是脑，说人达到了平衡，那就是死亡，生物学平衡即死亡。“如果你被我询问你的头脑是否在平衡态，你的脑是否一个平衡系统，那就是说，要求你在几分钟的时间里不要去胡思乱想，而你这时自己就会知道你的大脑并非平衡系统”。科学家们也已开始用混沌来研究人工智能。例如利用系统动力学在多个吸引流域之间的来回变迁与沟通来模拟符号与记忆。人的精神思想包含着丰富的概念、决策、情绪和七情六欲，不能把精神和思想描绘成静态的数学模型，它具有一系列尺度的层次，神经元实现着各种微观尺度与宏观尺度的交融联系，这与流体力学中的湍流或其他复杂的动力系统十分相似。量子物理学家薛定谔在《生命是什么？》这部名著中提出：生命以负熵为食；一个活的生物体有惊人的本领去浓缩“有序性之流”于自身之中，从而使生命避免融入原子混沌的崩溃之路。这正是生命活动的最基本的奥秘，它吮吸有序性于无序的海洋之中！他指出，生命的基本物质是“非周期晶体”，它组成了生物体这个十分动人的、复杂的物质结构。所以，非周期性正是生命奇特性质近于神妙境地的根源！无论人们如何看待混沌，也不能把混沌和非周期性从人体、生命、精神思想中排除。

3. 混沌发生的模型分析

1) 案例 1: 逻辑斯谛模型

确定性系统可以出现混沌的最典型模型是生态学中的“虫口模型”，即所谓梅模型。试想在一个小岛上繁衍着某类昆虫，每年春末孵虫，夏末秋初产卵后死去。下一代在第二年又重复同样的生死轮回，这样年复一年地传宗接代下去。于是生态学家就关心若干年后这类昆虫的繁衍情况如何。为此，对于这样的单物种情况建立起了如下演化方程：

$$\frac{\mathrm{d}X}{\mathrm{d}t} = \mu X\left(L - X\right) \tag{4.11}$$

这里，$X\left(t\right)$ 代表 t 时刻的昆虫数，μ 代表昆虫繁殖后代的能力，L 是环境能够供养的最大昆虫数 (通常叫环境容纳量)。当对状态变量和参数进行适当的标定后，可以得出简洁形式的方程：

$$\frac{\mathrm{d}x}{\mathrm{d}t} = \mu x\left(1 - x\right) \tag{4.12}$$

方程 (4.12) 右端可表示为一个函数：

$$f\left(x\right) = \mu x\left(1 - x\right)$$

这个函数通常称为逻辑斯谛函数，这个模型也就称为逻辑斯谛模型。

当然，式 (4.12) 的解析精确解易于找到，是

$$x\left(t\right) = \frac{x\left(0\right)}{x\left(0\right) + \left(1 - x\left(0\right)\right)\mathrm{e}^{-\mu t}} \tag{4.13}$$

式中，是初始 $t = 0$ 时的昆虫数。由式 (4.13) 不难看出昆虫演化的长时间行为，即当 $t \to \infty$ 时，$x\left(t\right) \to 1$ (饱和值)。表明 $L = 1 > 0$ 的条件下 (即环境容量为常定)，昆虫演化的极限是饱和值。

我们更关心的是，当我们对昆虫数每年测算一次，有 x_n 表示第 n 年的昆虫数，则原来的连续变量 $x\left(t\right)$ 和 t 就变为离散变量和连续的微分方程 (4.12) 相应地变为如下的差分方程：

$$x_{n+1} = \mu x_n (1 - x_n) = f(x_n, \mu) \tag{4.14}$$

这也就是一个一维映射或离散动力系统。

下面，我们就对式 (4.14) 进行较系统的讨论。

(1) 系统的不动点及其稳定性。

在整个讨论中，我们假定：$0 \leqslant \mu \leqslant 4$, $x \in [0,1]$。

在第 3 章中，已曾对这个系统的不动点及其分岔情况进行过简单分析。现在，我们再来看一下：方程 (4.14) 的右端 $f(x_n, \mu)$ 对而言是抛物线，它的高度是 $\frac{\mu}{4}$。而其左端代表直线 (第一、三象限的分角线)，这两条线的交点 O、A 即是系统的不动点。显然，由 $x = f(x, \mu)$ 求得 O 点：$x = 0$,A 点：$x = 1 - \frac{1}{\mu}y = \mu x(1-x)$，如图 4.8 所示，若不动点是稳定的，则经如图上箭头方向所示的迭代过程，式 (4.14) 将收敛到点 A。

注意到 3.1 节中对离散动力系统分岔条件的讨论，对于函数，曲线的切线斜率在不动点处 (μ 固定) 满足：

$$\begin{cases} |f'(x)| < 1, & \text{则不动点稳定} \\ |f'(x)| > 1, & \text{则不动点不稳定} \end{cases} \tag{4.15}$$

显然，图 4.8 中 O 点就是不稳定的 (直观地看出，O 点曲线切线斜率大于 1)。

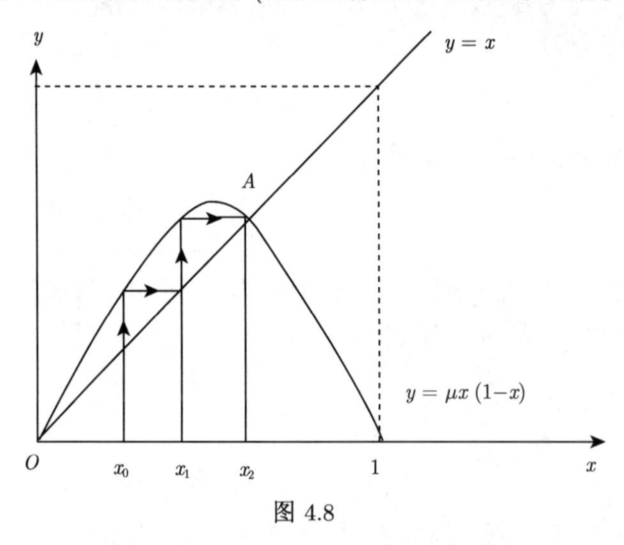

图 4.8

(2) 控制参数 μ 的变化，对迭代式 (4.14) 动态行为的影响。

当参数 μ 取不同数值时，迭代过程式 (4.14) 将有不同的动态行为发生。事实上，若在 $[0,1]$ 上任取一点 x_0 作为迭代初值。则迭代过程式 (4.14) 就可以确定一序列：

$$x_0,\ x_1,\ x_2,\ \cdots,\ x_n,\ \cdots$$

当 $0<\mu\leqslant 1=\Lambda_0$ 时，即只有一个不动点 O(注意 A 点不属于规定区间 $[0,1]$)。且此时 $|f'(x)|_0=\mu<1$，故在 O 点是稳定的，称其为定常解。当 $\mu=1=\Lambda_0$ 时，$\lambda=\left|\dfrac{\partial f}{\partial x}\right|_0=1$ 故在 O 点发生分叉；当 $1<\mu\leqslant 3=\Lambda_1$ 时，有两个不动点 $O(x=0)$ 与 $A\left(x=1-\dfrac{1}{\mu}\right)$，$x_n\to 1-\dfrac{1}{\mu}$ 称为周期 1 解 $\left(\text{如}\mu=2,\text{则}x_n\to\dfrac{1}{2}\right)$。注意到 $\lambda=\left(\dfrac{\partial f}{\partial x}\right)_0=\mu>1$，所以不动点 O 是不稳定的。但 $|\lambda|=\left|\left(\dfrac{\partial f}{\partial x}\right)_A\right|=|2-\mu|<1$，所以不动点 A 此时是稳定的。

当 $\mu=3=\Lambda_1$ 时，$\lambda=\left(\dfrac{\partial f}{\partial x}\right)_A=(2-\mu)=-1$，故在 A 点又发生分岔。

当 $3<\mu\leqslant 1+\sqrt{6}=\Lambda_2\approx 3.449$ 时，x_n 在两个值上来回跳动 (如 $\mu=3.2$，不难看出 x_n 在 0.513 与 0.799 这两个值上来回跳动)，这叫周期 2 解。此时易于判断 O 与 A 都是不稳定的。

当 $3.449r<\mu\leqslant 3.545=\Lambda_3$ 时，上面那两个值相应的不动点又不稳定，x_n 就出现在四个值上跳动，这叫周期 4 解 (如 $\mu=3.5$ 时，x_n 在 0.152, 0.879, 0.373 与 0.823 这四个值上来回跳动)。此时，平衡点 O 和 A 也是不稳定的。

当 μ 再增大，这样的“一分为二”的过程将一直继续下去。从分岔的观点来说，就是周期 1 解不稳定分岔出周期 2 解，周期 2 解不稳定分岔出周期 4 解，周期 4 不稳定分岔出周期 8 解 …… 这种周期加倍的分岔现象即倍周期分岔。

一直到 $\mu>3.57=\mu_\infty$ 时，序列 $\{x_n\}$ 像是分布在区间 $[0,1]$ 上的随机数 (详见表 4.1)，所以称为混沌 (图 4.9)。

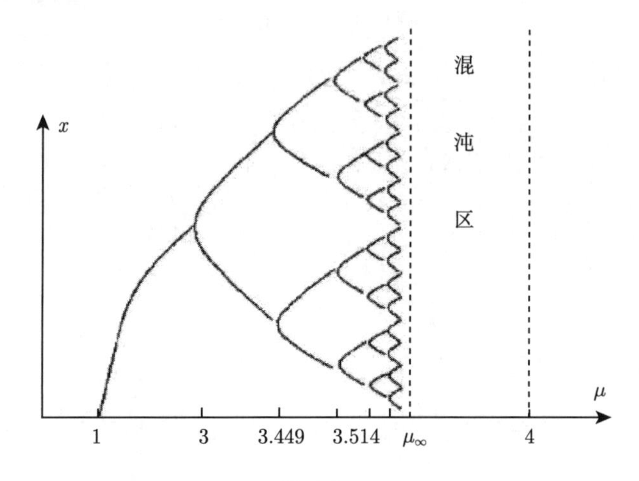

图 4.9

表 4.1　各分岔点 Λ_n 的数值

n	分岔情况	分岔点参数值 Λ_n	$\Lambda_n - \Lambda_{n-1}$	比值 $\dfrac{\Lambda_n - \Lambda_{n-1}}{\Lambda_{n+1} - \Lambda_n}$
1	1→2	3		
2	2→4	3.449487743	0.449489	4.751466
3	4→8	3.544090359	0.094601	4.656251
4	8→16	3.564407266	0.020317	4.668242
5	16→32	3.568759420	0.0043521	4.66874
6	32→64	3.569691610	0.00093219	4.6691
7	64→128	3.569891259	0.000198646	4.669
8	128→256	3.569934019	0.000042760	4.669
⋮	⋮	⋮	⋮	⋮
∞	周期解 → 混沌	3.569945672	0	4.669201661

(3) 讨论各分岔点。

第一次分岔发生在 O 点 $f(x)$ 的切斜率等于 1 时，即

$$\lambda = \left(\frac{\partial f}{\partial x}\right)_0 = \left(\frac{\partial f}{\partial x}\right)_{x=0} = (\mu - 2\mu x)\,|_{x=0} = \mu = 1 = \Lambda_0$$

第二次分岔发生在 A 点 $f(x)$ 的切斜率等于 -1 的时候，即

$$\lambda = \left(\frac{\partial f}{\partial x}\right)_A = \left(\frac{\partial f}{\partial x}\right)_{x=1-\frac{1}{\mu}} = (\mu - 2\mu x)\Big|_{x=1-\frac{1}{\mu}} = -\mu + 2 = -1$$

故 $\mu = 3 = \Lambda_1$。

第三次分岔时，应出现周期 2 解。已经知道，所谓“周期 2”即当 n 很大后，当用 x_n 迭代得 $x_{n-1} = f(x_n) = \mu x_n(1 - x_n)$。

之后，再以 x_{n+1} 代入迭代得 $x_{n+2} = f(x_{n+1}) = \mu x_{n+1}(1 - x_{n+1})$。

它应该正好是 x_n : $x_{n+2} = x_n$ 或 $x_{n+2} = f(x_{n+1}) = f(f(x_n)) = x_n$。也就是说，迭代两次还原。所以，周期 2 解应该是映射

$$x = f(f(x)) = f^2(x) \tag{4.16}$$

的不动点。

对于作为典型例子讨论的式 (4.14) 来说，周期 2 解即应该是下面方程的根：

$$x = f[\mu x(1-x)] = \mu \cdot \mu x(1-x)[1 - \mu x(1-x)]$$

$$=\mu^2 x\,(1-x)\,[1-\mu x\,(1-x)] \tag{4.17}$$

注意这是一个四次代数方程，可写为

$$\mu^3 x^4 - 2\mu^3 x^3 + \mu^2(\mu+1)x^2 - (\mu^2-1)x = 0 \tag{4.18}$$

或

$$x[\mu x - (\mu-1)][\mu^2 x^2 - \mu(\mu+1)x + (\mu+1)] = 0 \tag{4.19}$$

前两个因子为 0，正好是 $x = f(x) = \mu x(1-x)$, 这表明式 (4.17) 包含了原来映射式 (4.14) 的两个不动点。而另一个二次因子为 0，即

$$\mu^2 x^2 - \mu(\mu+1)x + (\mu+1) = 0 \tag{4.20}$$

正是映射 $x = f^2(x)$ 的两个不动点，这两个不动点的 x 坐标为

$$x_{1,2} = \frac{(\mu+1) \pm \sqrt{(\mu+1)(\mu-3)}}{2\mu}$$

即是图 4.10 中的 B 与 C 点，它们自然是 $y = x$ 与 $y = f\,(f\,(x))$ 的交点。

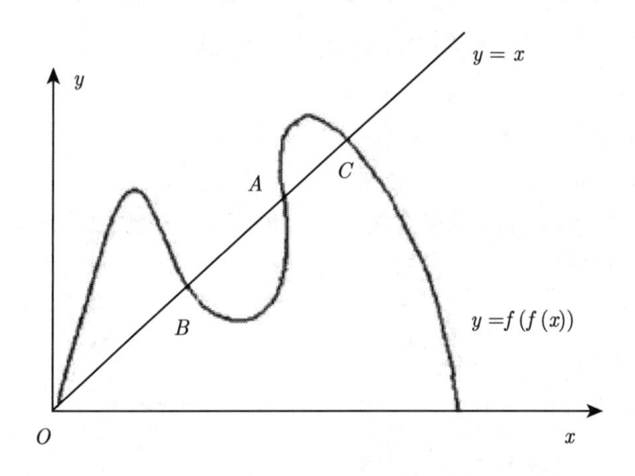

图 4.10

于是，第三次分岔应发生在 B 点和 C 点，使得 $f\,(f\,(x)) \equiv f^2\,(x)$ 的斜率等于 -1 处。但注意 $\dfrac{\mathrm{d}f^2(x)}{\mathrm{d}x} = \dfrac{\mathrm{d}f(f(x))}{\mathrm{d}x} = \dfrac{\mathrm{d}f(f(x))}{\mathrm{d}f(x)} \cdot \dfrac{\mathrm{d}f(x)}{\mathrm{d}x}$

以及周期 2 解的含义，$x_C = f(x_B)$，则对于不动点 B 有

$$\left.\frac{\mathrm{d}f^2(x)}{\mathrm{d}x}\right|_B = \left.\frac{\mathrm{d}f(f(x))}{\mathrm{d}f(x)}\right|_B \cdot \frac{\mathrm{d}f(x)}{\mathrm{d}x}_B$$

$$=\left.\frac{\mathrm{d}f(x)}{\mathrm{d}x}\right|_C\cdot\left.\frac{\mathrm{d}f(x)}{\mathrm{d}x}\right|_B=f'(x_1)f'(x_2)$$

对于不动点 C 也可得到完全相同的结果。于是，可得稳定性条件为

$$f'(x_1)f'(x_2)=-1 \tag{4.21}$$

即

$$\mu^2(1-2x_1)(1-2x_2)=\mu^2[1-2(x_1+x_2)+4x_1x_2]=-1$$

注意 (4.20) 式的根 x_1,x_2 与其系数的关系：$x_1+x_2=\dfrac{\mu+1}{\mu},x_1x_2=\dfrac{\mu+1}{\mu^2}$

故上式即为：$\mu^2-2\mu-5=0$，于是有 $\mu_1=1-\sqrt{6},\mu_2=1+\sqrt{6}$，舍去负值 μ_1，即看出第三次分岔在 $\mu=1+\sqrt{6}=\Lambda_2$ 处发生。

第三次以后的其他分岔点处的 μ 值 Λ_n 可以用类似的方法求得。例如：取代周期 2 的是周期 4，而周期 4 解应满足：$x_{n+4}=x_n$，即它们应该是映射

$$x=f\{f[f(f(x))]\}\equiv f^4(x) \tag{4.22}$$

的不动点。此时 $y=x$ 与 $y=f^4(x)$ 有八个交点，在除去 $x=f(x)$ 的两个交点和 $x=f^2(x)$ 的两个交点外，剩余的四个交点就是周期 4 解 x_1,x_2,x_3,x_4，它们存在如下关系：

$$\begin{cases}x_2=f(x_1),x_3=f(x_2)\\x_4=f(x_3),x_1=f(x_4)\end{cases} \tag{4.23}$$

如图 4.11 所示，$y=f^4(x)$ 的曲线与直线 $y=x$ 的交点共八个，但其中只有四个不动点是稳定的。这四个稳定不动点的方程是

$$x_i=f^4(x_i),\quad i=1,2,3,4$$

它们的稳定条件为

$$\left|f^{4'}(x_i)\right|=\left|\frac{\mathrm{d}f(f(f(f(x))))}{\mathrm{d}x}\right|_{x_i}<1,\quad i=1,2,3,4 \tag{4.24}$$

利用复合函数求导法则，并注意式 (4.24)，不难得到

$$|f'(x_1)f'(x_2)f'(x_3)f'(x_4)|<1 \tag{4.25}$$

此条件对四个不动点都是一样的。由此即可求出周期 4 解变为不稳定的分岔点参数值 $\Lambda_3\approx3.545$。

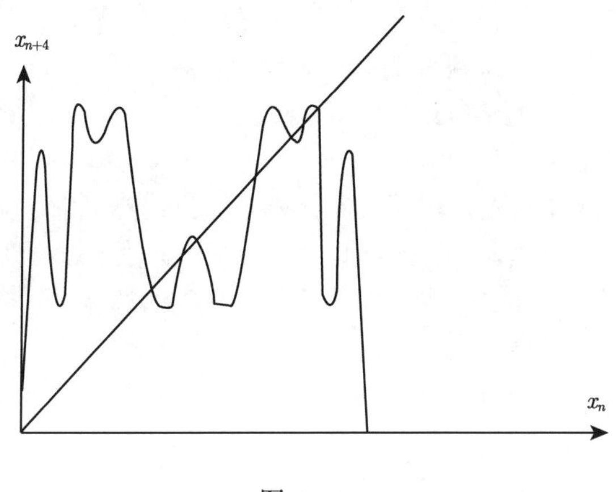

图 4.11

(4) 分岔点间距的变化。

可以发现，两相邻分岔点的间距 $\Delta\mu = \Lambda_{n+1} - \Lambda_n$ 随 n 的增大而越来越小 (见表 4.1)，即是说，对于大的 n，稍微改变一下控制参数 μ 的值，周期加倍现象会很快发生，直到 $\mu_\infty = 3.569945672$ 的迭代式 (4.14) 会出现 $\lim\limits_{n\to\infty} 2^n = \infty$ 的无穷长周期。根据式 (4.14) 这个虫口模型的生态学意义，这就表明当 μ 稍大于 μ_∞，昆虫数的长期时间行为不再稳定到任何不动点上或周期值上，它可以从小到大表现得非常随机。这时就应该说昆虫的演化进入混沌状态。

2) 案例 2: 湍流问题

湍流现象普遍存在于行星和地球大气、海洋、江河、火箭尾流、锅炉燃烧室、血液流动等自然现象和工程技术领域中。湍流的出现将使流体中的质量、动量和能量的输运速度大大加快，从而引起各种机械的阻力骤增、效率下降、能耗加大、噪音增强、结构振颤加剧乃至破坏，如使飞机坠落，输油管阻塞。另一方面，湍流又可能加速喷气发动机内油料的混合和充分燃烧，提高燃烧效率和热交换效率，加快化学反应的速度和混合过程。所以湍流的研究对工程技术的进步有重要意义。同时，湍流本身也是物理学领域中尚未取得重大突破的基础研究课题之一。因此，长期以来湍流的研究一直受到各方面的重视。

湍流是流体中局部速度、压力等力学量在时间和空间中发生不规则脉动的流体运动。其基本特征是流体微团运动具有随机性，它不仅有横向脉动，而且有反向运动，各个微团的运动轨迹极其紊乱，各个部分之间剧烈渗混，流场极不稳定，随时间变化很快。湍流的运动不仅有无穷多个自由度，大、中、小、微各种尺寸的涡旋层层相套，而且运动的能量迅速由大尺度运动分散到小尺度运动，错综复杂地由整化零，是高度耗散的。湍流是经过一次或多次突变形成的，在紊乱无规的背景中又会出现大尺度的、相当规则的结构和协调一致的运动，所以给研究工作带来极大的困难，经过一百多年的研究，现在还没有得到令人满意的理论解释。有一个传说，说量子力学家海森堡在临终前的病榻上向上帝提了两个问题：上帝啊！你为何赐予我们相对论？为何赐予我们湍流？海森堡说："我相信上帝也只能回答第一个问题"。

早在 1893 年，庞加莱就发现了湍流问题，但又偏离了它。他发现，液体流中的涡旋通常不扩散，而是倾向于集中到单个涡旋之中。他说这一现象还没有恰当的数学解释。实际上他讨论的是二维现象，还不是真正的湍流，但与间歇现象有明显的联系，表明他已很接近湍流的探讨。

1895 年，雷诺提出湍流瞬时运动可分解为时间平均和脉动两个部分，即

$$f(\vec{\boldsymbol{x}},t)=\bar{f}(\vec{\boldsymbol{x}})+f'(\vec{\boldsymbol{x}},t)$$

其中，$\bar{f}$ 是相应力学量的时间平均量，f' 是脉动值。将这个分解式代到纳维–斯托克斯方程组中，可得到关于平均流动元素满足的雷诺方程组。但方程组不封闭，多出 6 个未知的湍应力分量。只有找到湍应力和平均流动元素之间的相应关系式，才可使方程组封闭，至今这一问题仍未获解决。

法国流体动力学家库埃特 (M. M. Couette) 为了研究流体被扭曲的"切变流"，曾制造了一个筒里套筒的双圆筒装置，中间装上水，使外筒固定，内筒旋转，有控制地进行切变实验。1923 年，英国应用数学家泰勒利用这种旋转同心柱体进行实验。当内筒转速足够高时，发现流体不再平稳地转动，而是搅乱成成对的涡旋，涡旋会变成波状，波动又此起彼伏，出现麻花涡旋、辫子涡旋等螺旋模式 (见图 4.12)，转速更高时，系统则呈湍流状。

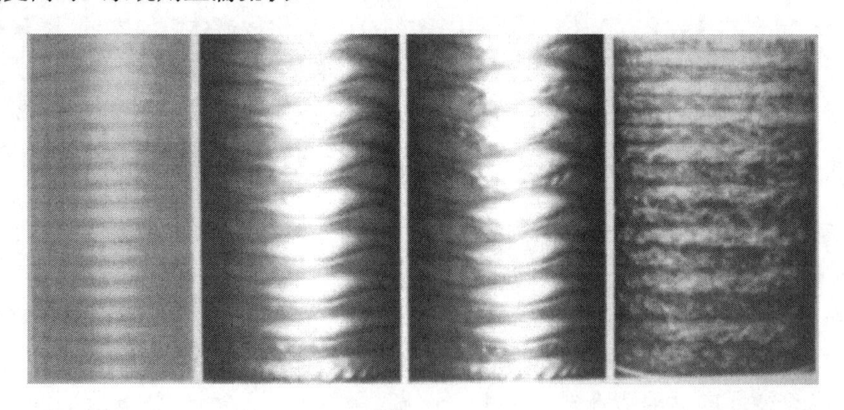

图 4.12

由于湍流看起来包含着十分微小的涡旋，而小于原子尺度的涡旋又是不可想象的，所以可以设想湍流是原子结构的宏观效应。1934 年，法国数学家勒雷 (Leray) 提出，纳维–斯托克斯方程在原子尺度上的不准确度，经过物理流传播后规模变大

而形成湍流。他据此解释了湍流的间歇现象。1941 年，苏联科学家柯尔莫戈洛夫对涡旋的性质提出了一些看法。他设想，大涡旋中形成更小的涡旋，而每一次都会消耗流体的能量；当涡旋变得非常小，粘性流体的能量也会减少到一个极限值。他认为，这些涡旋充满流体的整个空间，使得流体处处相同。实际上这个均匀性假设并不正确，他忽视了湍流的间歇现象。40 年前庞加莱就已经看到，在江河的湍流中，涡流总是和平稳流混在一起的，能量仅在空间的一部分中耗散。在湍流区域的各种尺度下，都存在着平静的区域；在从大到小的所有尺度下，汹涌的区域与平静的区域是互相混杂的。这就是间歇现象。

那么，平稳流是如何变成湍流的呢？也就是说，湍流开始的时候是通过什么样的步骤形成的呢？1944 年，苏联物理学家朗道在一篇论文中提出了湍流肇始的一幅图景：当表征系统中外力与粘滞力竞争的无量纲雷诺数为 0 时，流体将做光滑的平稳流动；当由于外界的扰动而使雷诺数增大时，层流中分枝出一个周期轨道，对应于流体的周期运动；当更多的能量进入流体，即雷诺数不断增大时，每次都出现一个与上一个频率不和谐的频率；当频率数足够大时，拟周期运动即转变为湍流。这就是说，各种不同频率的运动的积累和叠加，相互交错干扰，就会产生非常复杂的湍流。1948 年，德国数学家霍普夫按照同朗道一致的思路，提出了一个更加详细的理论，即通过摆振的积累而由平稳层流转变为湍流的具体机制。此后二十多年，霍普夫–朗道理论曾被广泛接受。

1967 年，克兰 (Kline) 首先利用氢气泡显示技术通过实验发现了近壁湍流的相干结构 (拟序结构)。这种大尺度的涡旋运动在将流体的平均运动动能转变为湍流的动能的过程中，起了主要的作用。人们通过进一步的流体动力学实验，还发现了自由剪切流的相干结构。到 20 世纪 80 年代，流体力学家们普遍认识到，相干结构是对湍流的生成、维持和演化起主要作用的结构。所以有人认为相干结构的发现是湍流研究上的一个革命性的进展。不过到目前为止，关于相干结构的定义、成因和定量分析还有不少问题有待研究。

关于湍流的形成，即流体的运动是如何从层流转变成湍流的问题，目前流行的看法是，在层流中由于各种原因出现的扰动波，经演化、放大、失稳而导致流体运动的不稳定，最终发展为湍流。

20 世纪 70 年代以来，非线性科学关于混沌现象的理论和实验研究的进展，为解决湍流理论的百年难题提供了启示，特别为解决湍流的发生机制、小尺度混乱与大尺度结构共存等问题带来了希望。

1971 年，茹厄勒和塔肯斯的《论湍流的本质》一文，对湍流的研究产生了很大的影响。他们的结论否定了霍普夫–朗道关于湍流起始阶段的传统观点。朗道和霍普夫的直觉，即一系列不同频率摆振的累积，在数学上和物理学上似乎是容易理解的，但他们的理论在某种程度上是源于哈密顿动力学的，不适用于有摩擦的耗散系统。在粘滞流体的流动中充满着摩擦。茹厄勒和塔肯斯指出，由平稳流向湍流的转变，不需要一系列的频率，只要三个独立的运动就会产生湍流的全部复杂性。他们描绘出如下的图景：第一次转变，即从定态到单个摆振，产生流体中的周期运动；第二次转变，即加上一个不同频率的摆振，开始时像两个独立的周期运动的拟周期叠加，但这种运动不能继续保持下去，微小的扰动就会破坏掉它。两个独立的周期运动将相互作用而变得同步，合成为具有单个合成周期的周期运动，即发生锁频现象。当有三个叠加频率时，不再发生频率的锁定现象，而会出现一个新奇的结果，即运动进入维数不多的“奇怪吸引子”。他们认为，湍流能量的耗散，必定导致相空间的压缩，把运动轨迹向着吸引子的低维相区推进。这个吸引子不会是不动点，因为湍流不会逐渐平息；也不会是周期吸引子，因为湍流是一种不同次序的性态，决不可能产生任何排斥其他节奏的节奏，它具有各种可能循环的整个宽谱。其相轨迹可能是一种继续不断变化、没有明显规则或次序的许多回转曲线，所以称为“奇怪吸引子”。茹厄勒和塔肯斯论文中的一些推理和证明是模糊的、错误的，但他们提出的“奇怪吸引子”的图像，却是十分吸引人的。因为湍流的产生可能很好地对应于奇怪吸引子的出现。这是对湍流产生机制的一个很好的阐明。

1973 年，美国实验物理学家斯文尼 (H. Swinney) 和戈鲁布 (J. Gollub) 利用旋转同心柱体产生的库埃特–泰勒流进行实验。外面是一个玻璃圆筒，有空网球筒那么大；内柱体是用平滑的薄钢板做成的；两柱体之间有 1/8in 的间隙用来装水。他们利用激光多普勒干涉仪技术，即利用激光光束在悬浮于水中的小小铝粉片上的散射，来测定水的速度变化。本来他们是打算验证朗道关于由液体中不同频率摆振的平稳积累而形成湍流的论断。他们不断调节内柱体的旋转速度，反复观察出现的跃迁。他们观察到了朗道预言的第一个转变的精确数据；于是大胆地寻找着下一个转变，但是未能找到预期的朗道序列，在下一个跃迁处，流一下子进入混乱状态，一点也没有可准确识别的新频率；相反，却逐渐显出宽带频率。“我们的发现是，变成了混沌!”不过，当时他们还不知道茹厄勒–塔肯斯理论。

1974 年，茹厄勒访问斯文尼和戈鲁布的实验室时，三位物理学家才发现了他们的理论和实验之间的点滴联系。斯文尼和戈鲁布没有用他们的实验观察奇怪吸引子，也没有检测湍流最初阶段的具体步骤，不过他们知道，朗道错了；而且他们猜测茹厄勒是对的。

1983 年，法国数学家曼德尔布罗特指出，湍流的耗散区域，即湍流中大大小小不同尺度的涡旋高度集中的区域，是一种间歇状的分形结构，具有局部的自相似性。因此分形理论在湍流的研究中也有重要应用。

由于湍流的瞬时运动服从纳维–斯托克斯方程，而这一方程本身就是封闭的，所以很容易直接用电子计算机数值求解完整的纳维–斯托克斯方程，对湍流的瞬时流动进行直接的数值模拟。不过由于受到计算机速度和容量的限制，目前的数值模拟还只限于很低的雷诺数和很简单的几何边界条件的情况；而实际的湍流运动大多发生在高雷诺数和边界条件很复杂的情况。所以，湍流的完整理论的形成，还需做很多艰巨的工作。

4.3 混沌的内在规律

我们不能把混沌理解为简单的无序，它是系统的远离平衡的状态，在无序中包含着有序，也就是说混沌是一种有结构的无序。表面上看起来杂乱无章无规律，实际上它有其内在的规律性。

1. 费根鲍姆常数

通过计算分岔点 $\varLambda_n$ 的数值可以发现：分岔点的间隔比存在着一个极限数

$$\delta=\lim_{n\to\infty}\frac{\varLambda_n-\varLambda_{n-1}}{\varLambda_{n+1}-\varLambda_n}=4.669201660910299\cdots \tag{4.26}$$

这是一个无理数，它是费根鲍姆在 1978 年发现的，故称之为费根鲍姆常数。它不仅对于系统 $x_{n+1}=\mu x_n(1-x_n)$ 成立，而且对于许多分岔导致混沌的耗散系统都有着普遍意义，所以是普适的。现已公认，δ 如同人们熟悉的 π 一样是自然界普适常数。它揭示了一条普遍适用于从周期倍分岔到混沌的自然法则。另外，从分岔图 4.9 上看出，在 x 方向的一分为二的分岔结构也在较小的标准下多次重复出现。若设周期 2 的两个值之差为 $\varDelta_1$，周期 4 中 (两个周期 2) 较大的一个距离为 $\varDelta_2$，其余类似地定义为 $\varDelta_3,\varDelta_4$ 等。费根鲍姆又发现如下极限：

$$\alpha=\lim_{n\to\infty}\frac{\varDelta_n}{\varDelta_{n-1}}=2.502907875095892548\cdots \tag{4.27}$$

这也是一无理数，称为费根鲍姆第二常数，有时也称为标度变换因子。

2. 倒分岔

参数 $\mu_\infty=3.57$ 将序列 $\{x_n\}$ 分成周期区 $(\mu<\mu_\infty)$ 和混沌区 $(\mu>\mu_\infty)$，但 μ 由 4 减小时出现一个倒分岔现象，即 $\mu=4$ 是“单片”混沌，x_n 值在 [0,1] 之间都跳遍了；μ 值略小于 4 时，x_n 的数值分布范围略小于 [0,1] 的整个区间，仍然连成一片；但当 $\mu<\mu_{(1)}=3.6786$ 时，x_n 的值分布在两个区间内，每次迭代值从一个跳到另一个，此时混沌变成两片，μ 值再减小到 $\mu<\mu_{(2)}=3.5926$ 时，两片混沌变成四片。这种倒分岔过程一直到 $\mu_\infty=3.57$ 时为止 (图 4.13)。

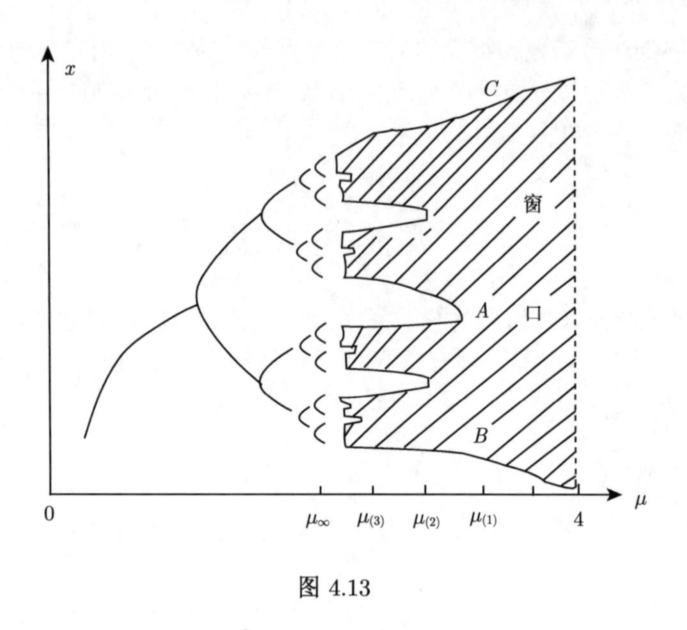

图 4.13

3. 窗口

映射式 (4.14) 的混沌区并非完全是无序的，它是有结构的。也就是说，如果我们对混沌区进一步作仔细观察，可以发现还存在着一个个透明的窗口，在这些窗口内，变量 x_n 的演化是周期性的。最大的周期窗口是周期 3，它发生在 $\mu=1+\sqrt{8}=3.828\cdots$ 处，图 4.14 就是放大了的周期 3 窗口，从 $\mu=1+\sqrt{8}$ 开始逐渐增加 μ 值，又可以发现从 $3\rightarrow 6, 6\rightarrow 12, 12\rightarrow 24, \cdots, 3\times 2^{n-1}\rightarrow 3\times 2^n, \cdots$ 的倍周期分岔，到 $n\rightarrow\infty$ 时，迭代式 (4.14) 就会走出这个周期窗口又进入混沌区。

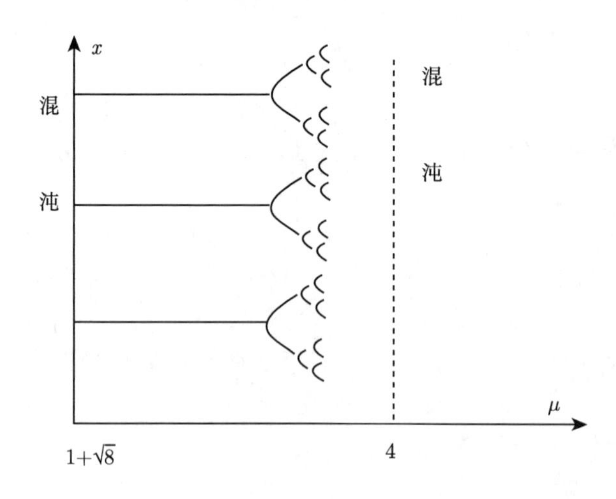

图 4.14

当然，从 $\mu = 1 + \sqrt{8}$ 往回减小时也会进入混沌区，但这时并不存在倍周期分岔，而是从周期 3 直接进入。在混沌区内，除了上述周期 3 窗口外还存在着周期 5、周期 7 等窗口，在这些窗口内都具有和周期 3 相同的规律性。而周期窗口仍然有倍周期分岔和倒分岔的过程，犹如是整体的一个缩影。混沌区内有窗口，窗口里面有混沌，窗口的混沌区内还有窗口，这种结构无穷地重复着，是一种所谓的“自相似结构”。

4. 伸长折叠性质

前面已经看到，混沌对初始条件非常敏感。即是说在混沌出现的参数范围内，初始条件的一个微小误差在迭代过程中会不断地被扩大，不但使迭代结果变得极为不同而最后随机地出现，由此使对系统长期预测变为不可能。应该注意的是，混沌对初始条件的敏感性的本质不在于产生误差的原因，而是非线性系统本身的固有属性，是大自然内在的规律性。为了加深理解与认识，我们以下列一维映射再作一些说明。

再来观察 $\mu=4$ 时的虫口模型：

$$x_{n+1} = 4x_n(1 - x_n) \tag{4.28}$$

作代换，令

$$x = \sin^2\left(\frac{\pi}{2}y\right), \quad 0 \leqslant y \leqslant 1 \tag{4.29}$$

代入式 (4.28) 得

$$\sin^2\left(\frac{\pi}{2}y_{n+1}\right) = \sin^2\left[2\left(\frac{\pi}{2}y_n\right)\right]$$

于是有

$$y_{n+1} = \varphi(y_n) = \begin{cases} 2y_n, & 0 \leqslant y_n \leqslant \dfrac{1}{2} \\ 2(1 - y_n), & \dfrac{1}{2} \leqslant y_n \leqslant 1 \end{cases} \tag{4.30}$$

映射式 (4.30) 如图 4.15，称为帐篷映射。

注意到 $\varphi(y)$ 每点上的斜率都满足:

$$\left|\frac{\mathrm{d}\varphi}{\mathrm{d}y}\right| = 2 > 1 \tag{4.31}$$

因而映射式 (4.30) 的两个不动点 O 和 $A\left(y_n = \dfrac{2}{3}\right)$ 都是不稳定的。自然，A 是对应周期 1 解。对周期 2 的 $y_{n+2} = \varphi(\varphi(x))$ 来说，不动点 B 与 C(图 4.16)，显然其斜率为 -2，也是不稳定的。

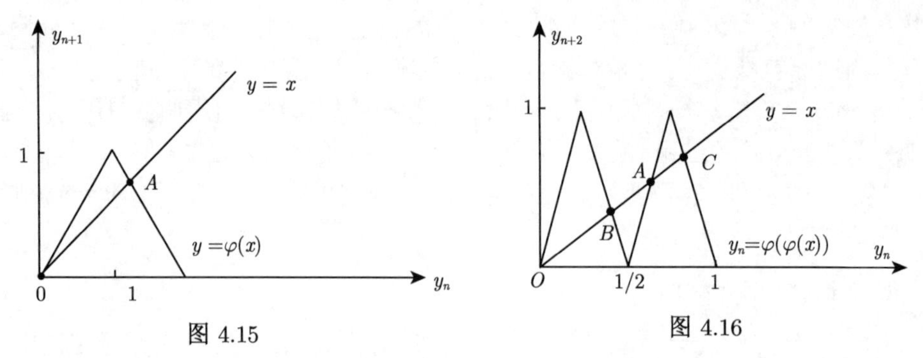

图 4.15　　　　图 4.16

同理，式 (4.30) 的全部周期解均不稳定，因此，若初值 y_0 有一个微小偏差 δ_{y_0}，则迭代一次就有

$$\delta_{y_1}=\left|\frac{\mathrm{d}\varphi}{\mathrm{d}y}\right|\delta_{y_0}>\delta_{y_0} \tag{4.32}$$

经过 n 次迭代后，应有

$$\delta_{y_n}=\left|\frac{\mathrm{d}\varphi}{\mathrm{d}y}\right|\delta_{y_0}=\left(\left|\frac{\mathrm{d}\varphi}{\mathrm{d}y}\right|_{y_1}\cdot\left|\frac{\mathrm{d}\varphi}{\mathrm{d}y}\right|_{y_2}\cdots\left|\frac{\mathrm{d}\varphi}{\mathrm{d}y}\right|_{y_n}\right)\delta_{y_0}=2^n\delta y_0 \tag{4.33}$$

这就表明，δ_{y_n} 的不确定性在迭代中将以指数形式增加。若增加到 $\delta_{y_n}=1$ 时，则作 $n=\log_2\dfrac{1}{\delta_{y_0}}$ 次迭代后，就不能提供 y_n 在 [0,1] 上的信息了，这就反映了对初始条件的异常敏感性。

从上面的讨论看出，混沌一方面由于其局部不稳定，致使初始偏差 δ_{y_0} 以指数分离 (这是奇怪的一面)，另一方面映射又是限制在区间 [0,1] 中 (这是吸引的一面)，要想在有限的几何对象中去实现几何分离，其办法就是无穷次折迭起来，形成一个新的几何对象——奇怪吸引子 (strange attractor)。图 4.17(a)、(b) 是常见相空间的伸长与折迭过程。

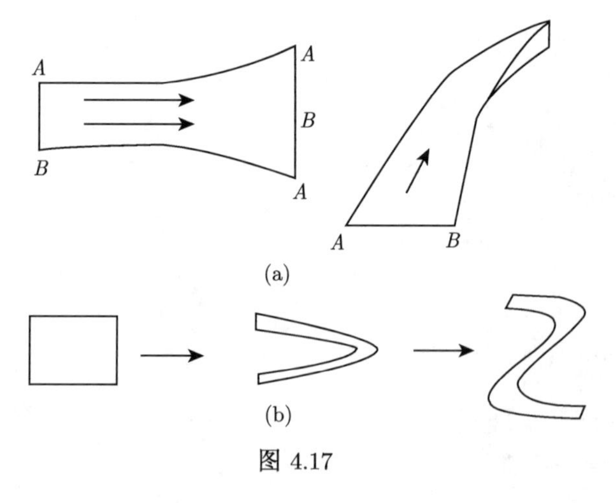

图 4.17

对映射式 (4.30) 来说，若取 y_n 分别为 0, $\frac{1}{2}$, 1，则 y_{n+1} 就依次为 0, 1, 0，因此可以将此映射看成是由两步所组成：第一步均匀伸长间隔 [0,1] 成为原来的两倍；第二步则将伸长的间隔再次折迭起来成原间隔 [0,1](图 4.18)。这里伸长的特性最终导致相邻点的指数分离，而折迭的特征保持序列有界。关于伸长与折迭的数学上的深入讨论，可参看有关书籍。我们应该注意到，从物理的角度来看，所谓“伸长”即是对初值的敏感，所谓“折迭”即是系统的耗散性。这样认识可能有助于对混沌的理解。

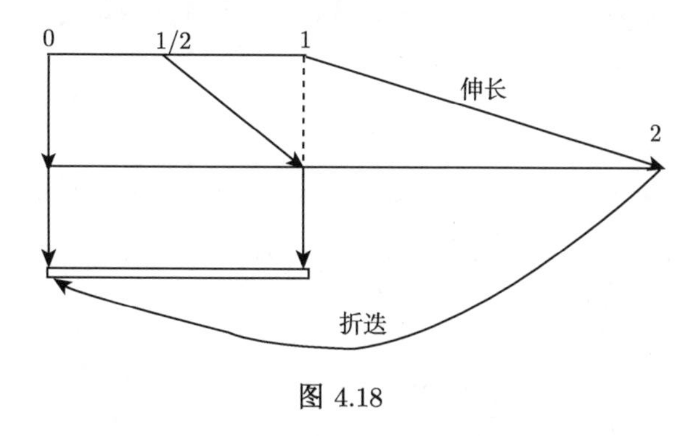

图 4.18

4.4 几个典型的混沌系统

混沌系统的一个重要特征是某稳定的定常态失稳而同时另一定常态却成为稳定，系统在相空间的行为就表现为：当快要趋向于一吸引子时却跑向另一吸引子的吸引域里，而快要趋近该吸引子时，又突然跑到另一 (或原先的) 吸引子的吸引域里，如此这样继续下去 (图 4.19)。当系统吸引子 A 附近突然进入吸引子 B 的吸引域里，为保证相空间状态的唯一性，相轨道自然是不能相交的。所以，系统所需的相空间至少应是三维的。

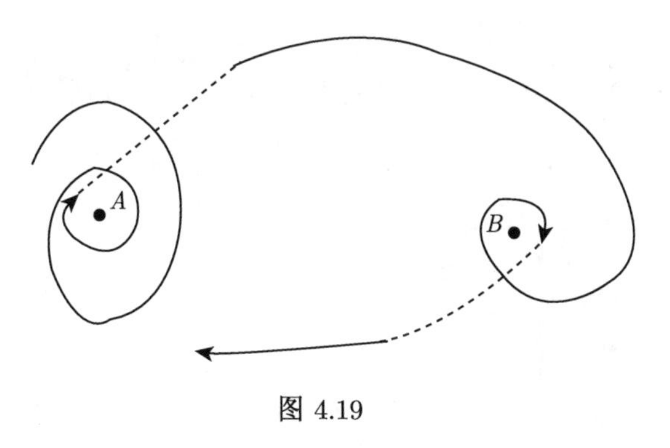

图 4.19

图 4.19 中之所以画有虚线，这正是表明轨道要离开或进入相平面。因而，只有三维以上 (包括三维) 的自治非线性动力系统才能出现混沌，对于二维自治动力系统

$$\dot{x} = f_1(x, y), \quad \dot{y} = f_2(x, y) \tag{4.34}$$

其轨线在相平面上不能自相交，运动的类型就只能是平衡态和极限环。对于非自治系统，当然总可以借助于增加新变量而使其成为自治方程组。所以，非自治系统只需两个变量就可以像三个变量以上的自治系统一样，就可以出现混沌。

除上面著名的洛伦兹混沌系统 (4.10) 外，下面列举一些在各领域相继发现的其他混沌系统。

4.4.1　强迫布鲁塞尔振子

强迫布鲁塞尔振子 (Brusselator) 最早是由比利时化学家普利高津等为了描述振荡化学反应而提出的 [5]，后来布鲁塞尔学派提出了具有周期受迫作用的三分子模型，称为强迫布鲁塞尔振子 [6]，其具体形式为

$$\begin{cases} \dot{x} = A - (B+1)x + x^2 y + \alpha \cos(\omega t) \\ \dot{y} = Bx - x^2 y \end{cases} \tag{4.35}$$

显然，布鲁塞尔振子是非自治系统，将它化为自治的耦合振子形式为

$$\begin{cases} \dot{x} = A - (B+1)x + x^2 y + \alpha z \\ \dot{y} = Bx - x^2 y \\ \dot{z} = -\omega u \\ \dot{u} = \omega z \end{cases}$$

(取自郝柏林著《分岔、混沌、奇怪吸引子、湍流及其它》, 273 页)[14]

4.4.2　五维截谱模型

弗兰切斯基尼 (V. Franceshini) 将纳维–斯托克斯方程截断得如下五维截谱模型：

$$\begin{cases} \dot{x}_1 = -2x_1 + 4x_2 x_3 + 4x_4 x_5 \\ \dot{x}_2 = -9x_2 + 3x_1 x_3 \\ \dot{x}_3 = -5x_3 - 7x_1 x_2 + \mathrm{Re} \\ \dot{x}_4 = -5x_4 - x_1 x_5 \\ \dot{x}_5 = -x_5 - 3x_1 x_4 \end{cases} \tag{4.36}$$

这里，$x_i(i=1,2,3,4,5)$ 是谱展开系数，Re 是雷诺数。计算发现当 Re 数超过 29 时，就将出现混沌状态。

4.4.3 若斯勒系统

若斯勒 (O. E. Rössler) 是一位对化学动力学颇感兴趣的德国物理学家，他深知化学反应速率跟参与化学反应的各物质浓度的乘积成正比 (质量作用定律)，因此在化学反应中出现非线性是极平常的事。据此，在洛伦兹等发现非线性系统可以得到具有随机性的混沌运动后不久，若斯勒提出了好几个可得混沌解的方程，其中最简单并已为人们所熟知的是下述地磁场发电机的若斯勒方程:

$$\begin{cases} \dot{x} = -y - z \\ \dot{y} = x + ay \\ \dot{z} = b + xz - cz \end{cases} \tag{4.37}$$

此方程组中唯一的非线性项仅是 xz。当 $a=0.2$，$b=0.2$，$c=5.7$ 时，将出现混沌现象。

4.4.4 别洛索夫–扎博金斯基反应模型

1958 年，别洛索夫 (Belousov) 发现，由溴酸钾 ($KBrO_3$)、丙二酸 [$CH_2(COOH)_2$]、硫酸铈 [$Ce(SO_4)_2$] 与硫酸的混合溶液中，生成物的颜色一会儿呈红色 (有过量的 Ce^{3+} 离子)，一会儿又呈蓝色 (有过量的 Ce^{4+} 离子)，如此反复变化。这表明，在金属铈离子催化下丙二酸 (或柠檬酸) 被溴酸 (溴酸盐加硫酸) 氧化时出现振荡。但当时许多化学家对化学反应出现振荡认为难于理解，从而使得别洛索夫的工作遭到冷遇。直到 1964 年，扎博金斯基 (Zhabotinskii) 发现在此反应中铈催化剂可用锰或试亚铁灵代替，而且振荡还呈现空间有序结构：周期花样和螺旋波花样，这种化学振荡现象才被肯定，此反应即被命名为 B-Z 反应 [17]。当化学反应中的一些混沌现象被人们发现以后，关于化学反应中的混沌模型的理论分析以及实验研究成为了国内外学者们研究的重要课题。费尔德等对 B-Z 反应的振荡性质提出一个理论模型，称为俄勒冈振子，其具体形式为

$$\begin{aligned} \frac{\mathrm{d}X}{\mathrm{d}t} &= k_1AY - k_2XY + k_{34}AX - 2k_5X^2 \\ \frac{\mathrm{d}Y}{\mathrm{d}t} &= -k_1AY - k_2XY + k_6fZ \\ \frac{\mathrm{d}Z}{\mathrm{d}t} &= 2k_{34}AX - k_6Z \end{aligned} \tag{4.38}$$

又将上式化为了无量纲方程组:

$$
\begin{aligned}
&\varepsilon\frac{\mathrm{d}x}{\mathrm{d}\tau}=k_1AY-k_2XY+k_{34}AX-2k_5X^2\\
&\frac{\mathrm{d}y}{\mathrm{d}\tau}=2fz-y-xy\\
&p\frac{\mathrm{d}z}{\mathrm{d}\tau}=x-z
\end{aligned}
$$

4.4.5 地磁混沌系统

奇林沃思 (Chillingworth) 和霍姆斯 (Holmes) 提出了如下的地磁混沌系统:

$$
\begin{cases}
\dot{x}=a(y-x)\\
\dot{y}=xz-y\\
\dot{z}=b-xy-rz
\end{cases}
\tag{4.39}
$$

4.4.6 统一的混沌系统——洛伦兹系统族

香港城市大学陈关荣教授等研究了洛伦兹系统的反控制问题,通过一个简单的线性反馈控制器,从而发现了一种与洛伦兹系统类似但不拓扑等价的 Chen 系统 [7];吕金虎等用同样的方法发现了 Lü系统 [8];次年,吕金虎、陈关荣等又发现了统一混沌系统,统一混沌系统的本质是洛伦兹系统和 Chen 系统的凸组合,其形式为

$$
\begin{cases}
\dot{x}=(25\alpha+10)(y-x)\\
\dot{y}=(28-35\alpha)x-xz+(29\alpha-1)y\\
\dot{z}=xy-(\alpha+8)z/3
\end{cases}
\tag{4.40}
$$

其特殊形式为如下的 Chen 系统和 Lü系统:

Chen 系统:

$$
\begin{cases}
\dot{x}=a(y-x)\\
\dot{y}=(c-a)x-xz+cy, \qquad \text{在 } a=35, b=3, c=28 \text{ 时出现混沌}\\
\dot{z}=xy-bz
\end{cases}
$$

Lü系统:

$$
\begin{cases}
\dot{x}=a(y-x)\\
\dot{y}=-xz+cy, \qquad \text{在 } a=36, b=3, c=20 \text{ 时出现混沌}\\
\dot{z}=xy-bz
\end{cases}
$$

4.5 洛伦兹系统的截取过程及混沌行为分析

无穷维动力系统复杂的动力学行为通常源于简单的起源，并可由简单方程来分辨。作为较早发现的混沌模型——洛伦兹方程组是两个平行板间 Benard 热对流问题 (局部区域小气候问题) 所对应的无穷维动力系统的简化模型。它只包含三个模态，但其形式之简单和内容之丰富，不仅导致了数学上一些振奋人心的新领域，而且还与湍流现象密切相关。洛伦兹系统的发现开启了混沌研究的先河，相关研究层出不穷。本节简单介绍洛伦兹系统的截取过程，并对其混沌行为进行详细分析。美国气象学家洛伦兹在研究局部区域小气候时将纳维–斯托克斯方程和热传导方程在满足一定的边界条件下进行傅里叶展开并进行截断得到洛伦兹系统。我们从图 4.20 中可以看出平行板间流体加热后的动力学行为，图中表明，对流体从下板加热，热量从下至上传递，当温度比较低时，流体是静止的，流体通过热传导传递热量，当温度逐渐增高时，液体就要发生运动，以此来加速热量的传递；当温度继续升高时，液体会翻滚而发生混沌。当温度差出现第一个临界值时，垂直方向的速度场是一个“单模”。它作为一个序参量，“役使”(控制) 另两个与温度偏差有关的“模”。为了得到一组低模的振幅方程，可以先把速度场在垂直方向的分解为傅里叶级数，然后只保留三个运动模式，并进行无量纲化，再作适当的标度变换，就可以得到洛伦兹系统。

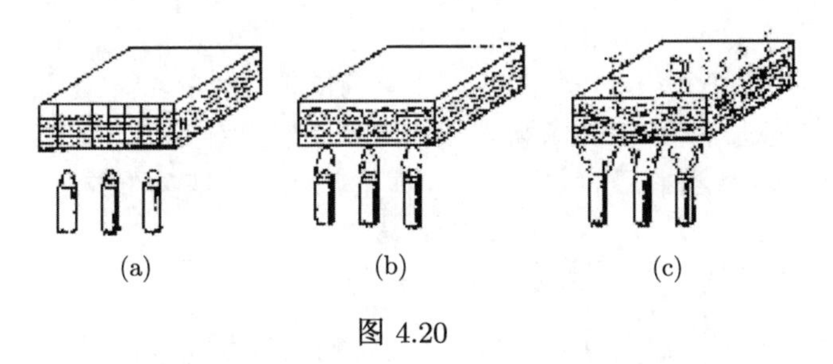

图 4.20

4.5.1 洛伦兹方程的形成过程

下面简单介绍洛伦兹系统的截取过程，在热压力条件下不可压缩的流体运动可以通过纳维–斯托克斯方程 [15,16] 来描述：

$$\begin{cases} \left(\dfrac{\partial}{\partial t} + u \cdot \boldsymbol{\nabla}\right) u = \varepsilon g \Delta T - \dfrac{1}{\rho} \boldsymbol{\nabla} P + v \boldsymbol{\nabla}^2 u \\ \left(\dfrac{\partial}{\partial t} + u \cdot \boldsymbol{\nabla}\right) T = k \boldsymbol{\nabla}^2 T \\ \boldsymbol{\nabla} \cdot u = 0 \end{cases} \tag{4.41}$$

其中 $u=u(x,y,z)$ 为流体的速度场，$T=T(x,y,z)$ 为流体的温度场，第一个方程是流体的速度场方程，第二个方程是流体的温度场方程，第三个方程是不可压缩条件，在这个方程中 ε 是流体的不可压缩系数，g 为重力加速度，ΔT 为两板间的温度差，P 为流体的压力场，v 为流体粘性系数，k 为流体热压力系数。

首先引入一个标量 $\psi(x,z,t)$，它的梯度为速度场，同时引入流体的温度场 $\theta(x,z,t)$，并且在静态条件下 $\theta(x,z,t)=T(x,z,t)-T_{av}$，这里的 T_{av} 在两板间线性减少，假定流体不可压缩，则方程 (4.41) 可表示为如下形式：

$$\begin{cases}\dfrac{\partial}{\partial t}\boldsymbol{\nabla}^2\psi=-\dfrac{\partial(\psi,\boldsymbol{\nabla}^2\psi)}{\partial(x,z)}+v\boldsymbol{\nabla}^4\psi+\varepsilon g\dfrac{\partial\theta}{\partial x}\\ \dfrac{\partial}{\partial t}\theta=-\dfrac{\partial(\psi,\theta)}{\partial(x,z)}+\dfrac{\Delta T}{H}\dfrac{\partial\psi}{\partial x}+k\boldsymbol{\nabla}^2\theta\\ \boldsymbol{\nabla}^2\psi=0\end{cases}\tag{4.42}$$

式中常数 g,ε,v 和 k 分别表示重力加速度，热膨胀系数，运动粘性系数和热传导系数。函数 $\psi(x,z,t)$ 和 $\theta(x,z,t)$ 在 x 方向的宽度 L 和 z 方向的高度 H 上满足边界条件。我们将方程的傅里叶展开式假设成以下形式：

$$\begin{cases}\psi(x,z,t)=\displaystyle\sum_{m_1m_2}A_{m_1m_2}(t)\sin\frac{m_1\pi x}{L}\sin\frac{m_2\pi z}{H}\\ \theta(x,z,t)=\displaystyle\sum_{n_1n_2}B_{n_1n_2}(t)\cos\frac{n_1\pi x}{L}\sin\frac{n_2\pi z}{H}\end{cases}$$

在具体截断过程中，将 m_1,m_2,n_1,n_2 赋予具体的值，使得 $\psi(x,z,t)$ 和 $\theta(x,z,t)$ 成为具体的式子，然后将 $\psi(x,z,t)$ 和 $\theta(x,z,t)$ 经过复杂计算代入式 (4.42) 中，利用等式两边系数相等得到最后的方程。上述傅里叶展开式取如下的三模形式：

$$\begin{cases}\psi=C_1\sqrt{2}X(t)\sin(ax)\sin(bz)\\ \theta=C_2[\sqrt{2}Y(t)\cos(ax)\sin(bz)-Z(t)\sin(2bz)]\end{cases}\tag{4.43}$$

其中，$X(t),Y(t),Z(t)$ 均为时间的函数，是与 x,z 无关的量，C_1,C_2,a,b 为傅里叶积分常数，而且 $a=\dfrac{\pi}{L}$，$b=\dfrac{\pi}{H}$，L 为 x 方向的宽度，H 为 z 方向的高度。

对上式进行计算得

$$\frac{\partial\psi}{\partial x}=C_1\sqrt{2}X(t)a\cos(ax)\sin(bz)\tag{4.44}$$

$$\boldsymbol{\nabla}^2\psi=-C_1\sqrt{2}X(t)\sin(ax)\sin(bz)(a^2+b^2)\tag{4.45}$$

$$\boldsymbol{\nabla}^4\psi=\frac{\partial\boldsymbol{\nabla}^4\psi}{\partial x^2}+\frac{\partial\boldsymbol{\nabla}^4\psi}{\partial z^2}=C_1\sqrt{2}X(t)\sin(ax)\sin(bz)(a^2+b^2)^2\tag{4.46}$$

$$\frac{\partial\theta}{\partial x} = -C_2\sqrt{2}Y(t)a\sin(ax)\sin(bz) \tag{4.47}$$

$$\boldsymbol{\nabla}^2\theta = -C_1\sqrt{2}Y(t)\cos(ax)\sin(bz)(a^2+b^2) + C_2Z(t)4b^2\sin(2bz) \tag{4.48}$$

$$\frac{\partial(\psi,\boldsymbol{\nabla}^2\psi)}{\partial(x,z)} = \begin{vmatrix} \dfrac{\partial\psi}{\partial x} & \dfrac{\partial\psi}{\partial z} \\ \dfrac{\partial\boldsymbol{\nabla}^2\psi}{\partial x} & \dfrac{\partial\boldsymbol{\nabla}^2\psi}{\partial z} \end{vmatrix} = \frac{\partial\psi}{\partial x}\frac{\partial\boldsymbol{\nabla}^2\psi}{\partial z} - \frac{\partial\psi}{\partial z}\frac{\partial\boldsymbol{\nabla}^2\psi}{\partial x} = 0 \tag{4.49}$$

$$\begin{aligned} \frac{\partial(\psi,\theta)}{\partial(x,z)} &= \begin{vmatrix} \dfrac{\partial\psi}{\partial x} & \dfrac{\partial\psi}{\partial z} \\ \dfrac{\partial\theta}{\partial x} & \dfrac{\partial\theta}{\partial z} \end{vmatrix} = \frac{\partial\psi}{\partial x}\frac{\partial\theta}{\partial z} - \frac{\partial\psi}{\partial z}\frac{\partial\theta}{\partial x} \\ &= C_1C_2 2X(t)Y(t)ab\sin(bz)\cos(bz) \\ &\quad - C_1C_2 2\sqrt{2}X(t)Z(t)ab\cos(ax)\sin(bz)\cos(2bz) \end{aligned} \tag{4.50}$$

将上述各式代入式 (4.42) 中经运算得

$$X'(t) = -v(a^2+b^2)X(t) + \varepsilon g\frac{C_2}{C_1}\frac{a}{a^2+b^2}Y(t) \tag{4.51}$$

$$Y'(t) = C_1 2ab\cos(2bz)X(t)Z(t) + \frac{\Delta T}{H}\frac{C_1}{C_2}aX(t) - k(a^2+b^2)Y(t) \tag{4.52}$$

$$Z'(t) = C_1abX(t)Y(t) - k4b^2Z(t) \tag{4.53}$$

在两板中间做直角坐标，则上板的方程为 $z=\dfrac{H}{2}$，由边界条件得

$$\cos(2bz) = \cos\pi = -1$$

故由式 (4.51)~式 (4.53) 可得方程组为

$$\begin{cases} X'(t) = -v(a^2+b^2)X(t) + \varepsilon g\dfrac{C_2}{C_1}\dfrac{a}{a^2+b^2}Y(t) \\ Y'(t) = -C_1 2abX(t)Z(t) + \dfrac{\Delta T}{H}\dfrac{C_1}{C_2}aX(t) - k(a^2+b^2)Y(t) \\ Z'(t) = C_1abX(t)Y(t) - k4b^2Z(t) \end{cases} \tag{4.54}$$

经进一步化简得

$$\frac{\mathrm{d}X}{\mathrm{d}\tau} = -\sigma X + \sigma Y, \tag{4.55}$$

$$\frac{\mathrm{d}Y}{\mathrm{d}\tau} = -XZ + rX - Y \tag{4.56}$$

$$\frac{\mathrm{d}Z}{\mathrm{d}\tau} = XY - bZ \tag{4.57}$$

式中

$$r = \frac{R_a}{R_c}, \quad b = \frac{4\pi^2}{\pi^2 + a^2}, \quad \tau = \frac{1}{\sigma}(\pi^2 + a^2)t \tag{4.58}$$

方程组式 (4.55)~式 (4.57) 这就叫做**洛伦兹方程**，洛伦兹在探索长期天气预报问题时提出用 Rayleigh-Bernard 模型来模拟大气层对流，导出并详细研究了这组方程，可以理解，像上述那样粗疏地截断后处理原来的非线性方程是不严谨的。可是因为方程组式 (4.55)~式 (4.57) 包含了非常丰富而有意义的内容，其意义实际上已经远远超越对原来的 Rayleigh-Bernard 稳定性问题的探讨。

4.5.2　洛伦兹方程的动力学行为分析

关于洛伦兹方程已有许多人作了广泛的研究，甚至已有专著加以阐述，而且还在继续发展中。在此只准备简略地叙述一些重要的结果。许多结果是通过数值分析在计算机基础上算出来的，这是因为洛伦兹方程虽然只是三个联立的方程，可是它们是非线性的，纯粹分析还是很困难的，只有一些特殊的性质可通过简单的分析获得，我们先对此作一些讨论。

首先，方程式 (4.55)~式 (4.57) 有下列平衡点：

$$(O): X = Y = Z = 0 \tag{4.59}$$

$$(C_1, C_2): X = Y = \pm\sqrt{b(r-1)},\ Z = r - 1 \tag{4.60}$$

回到 Rayleigh-Bernard 问题，(O) 代表无流动的热传导状态，(C_1, C_2) 代表对流状态。但是，C_1 和 C_2 只在 $r > 1$ 时才出现，因为只有当 $r > 1$ 时，相应的 X 和 Y 才取实值，注意，$r = 1$ 就是 $R_a = R_c$。

下一步，我们讨论这些平衡点的稳定性。令 (X_0, Y_0, Z_0) 为平衡点，令

$$X = X_0 + x, \quad Y = Y_0 + y, \quad Z = Z_0 + z \tag{4.61}$$

代入方程式 (4.55)~式 (4.57)，再线性化，就得到该平衡点的稳定性方程：

$$\frac{\mathrm{d}x}{\mathrm{d}\tau} = -\sigma x + \sigma y \tag{4.62}$$

$$\frac{\mathrm{d}y}{\mathrm{d}\tau} = (r - Z_0)x - y - X_0 z \tag{4.63}$$

$$\frac{\mathrm{d}z}{\mathrm{d}\tau} = Y_0 x + X_0 y - bz \tag{4.64}$$

若令 (x, y, z) 随 τ 的变化正比于 $\mathrm{e}^{\lambda\tau}$，就可得到特征值方程。

现令 (X_0,Y_0,Z_0) 为 $(0,0,0)$，则 (O) 的特征值方程为

$$(\lambda+b)[\lambda^2+(\sigma+1)\lambda+\sigma(1-r)]=0 \tag{4.65}$$

因为 σ 和 b 皆为正数，所以可得以下结果：

$0<r<1:\lambda$ 的三根皆为负实数，因此 (O) 是稳定的；

$r>1:\lambda$ 的二根为负实数，一根为正实数，因此 (O) 是不稳定的。

于是 $r=1$ 是一个过渡点，(O) 在该点从稳定过渡到不稳定。同时，在这一过渡点上，新的平衡点 (C_1) 和 (C_2) 开始出现。

接着，讨论 (C_1,C_2) 的稳定性。令 (X_0,Y_0,Z_0) 为 $(\pm\sqrt{b\,(r-1)},\pm\sqrt{b\,(r-1)},$ $r-1)$，代入方程式 (4.62)~式 (4.64)，可得特征值方程：

$$\lambda^3+(\sigma+b+1)\,\lambda^2+(r+\sigma)\,b\lambda+2\sigma b\,(r-1)=0 \tag{4.66}$$

当 $r>1$ 时，方程 (4.66) 的三个根中，有一根是负实数，另外二根是共轭复数或是实数：当 $(r-1)$ 非常小时，这两个根也是负实数，当 $(r-1)$ 稍大些时就变成共轭复数了。这两个复根的实部当 $(r-1)$ 甚小时为负数，因此当 $r>1$ 但 $(r-1)$ 甚小时，(C_1,C_2) 是稳定的。这两个复根当 $[\sigma+b+1]\,[(r+\sigma)\,b]=2ab\,(r-1)$ 时，亦即

$$r=\frac{\sigma\,(\sigma+b+3)}{\sigma-(b+1)} \tag{4.67}$$

时为纯虚数，也就是在这一点，这两个复根的实部要由负数过渡到正数。由式 (4.67) 可见，若 $\sigma<b+1$，则 r 只能是负数，因此不存在过渡点，也就是说，(C_1,C_2) 永远是稳定的。但若 $\sigma>b+1$，当 r 足够大时，(C_1,C_2) 就开始不稳定了，也就是说，定常的对流状态不稳定了。

若取 $a^2=\pi^2/2$，则 $b=8/3$。温度为 20° 时，水的 $\sigma=7.1$，空气的 $\sigma=0.72$；在 100° 时，水的 $\sigma=1.8$。若取 $b=8/3$，$\sigma=10$，则由式 (24.27) 可得 $r=24.74$。$r=1$ 和 $r=24.74$ 这两个过渡点 (或即分叉点)，前者是 (O) 的稳定与不稳定的分界点，是属于音叉式分叉，可记为 r_{p}；后者是 (C_1) 和 (C_2) 的稳定与不稳定的分界点，是属于霍普夫分叉，可记为 r_{H}。

我们知道，稳定的平衡点是所谓引子的一种，因为所有邻近的轨道 $[X(\tau),Y(\tau),$ $Z(\tau)]$ 都终究为其吸引。当 $r<r_{\mathrm{p}}$ 时，(O) 就是引子；当 $r_{\mathrm{p}}<r<r_{\mathrm{H}}$ 时，(O) 不再是引子，而 (C_1) 和 (C_2) 都是引子；当 $r>r_{\mathrm{H}}$ 时，(C_1) 和 (C_2) 就不再是引子了。我们还知道，稳定的极限环是另一种经典引子。

直接从洛伦兹方程出发，例如利用函数：

$$V=rX^2+\sigma Y^2+\sigma\,(Z-2r)^2 \tag{4.68}$$

可以证明: 在三维空间 (X, Y, Z) 中，所有的轨道迟早都会进入一个有限的椭球 E，而且在 E 中，有一个体积为 0 的集，所有的轨道迟早会趋近于它。因此，当 $r > r_{\mathrm{H}}$ 时，洛伦兹方程的解值得仔细探讨。

令 $\sigma = 10, b = 8/3, r = 28$。这时 $r > r_{\mathrm{H}}$。给定 (X, Y, Z) 某一初值，上计算机直接计算轨道 $[X(\tau), Y(\tau), Z(\tau)]$ 就得到如下图形。

图 4.21 中画出的轨道虽然看起来占据甚大的空间，其体积却是 0，而且在三维空间中从不相交，因此不是周期性的轨道，可是这一轨道又是限制在一个有限区域内。如果用一个平面 (例如 $Z = r - 1$) 横切这一轨道，则轨道与该平面相继的交点形成一条弧线。这一轨道本身就像是一片叶片。

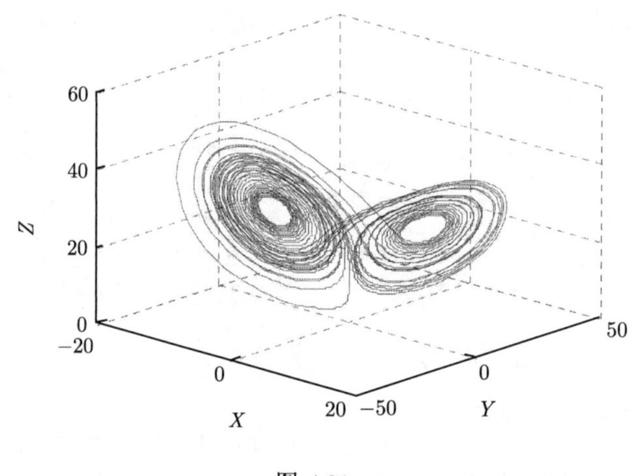

图 4.21

这些结果表明，这里有一个新的引子出现。这个引子 S 不是我们所熟知的经典引子，所以就称为怪引子。S 事实上是上述叶片的 Cantor 集，它与横切面的相交，就是上述弧线的 Cantor 集。它们是稠密的，却不连续，所以 S 的体积仍为 0。

在这个怪引子上的解是确定性的，但对初值非常敏感，呈现混沌的特征。

怪引子的出现并非在 (C_1, C_2) 有霍普夫分叉 (即 $r = r_{\mathrm{H}} = 24.74$) 之时。精细的数值计算表明，当 $r = r_A = 24.06$ 时，S 就出现了。所以当 $r_A < r < r_{\mathrm{H}}$ 时就只剩下 S 这唯一的引子了。

在 S 出现之前已有一些先兆。我们知道，当 $r > 1$ 时，(O) 开始不稳定，可是由式 (4.65) 可知，λ 有二根仍是负数，所以在 (O) 附近有一个平面，若 (X, Y, Z) 在这个平面上，轨道仍会趋近于 (O)。我们可以推断，一般而言，即使不在 (O) 附近，也有一个二维的稳定簇 (稳定流形)。如果初始点在这一簇上，当 $\tau \to \infty$ 时，$(X, Y, Z) \to (O)$，该稳定簇把空间 (X, Y, Z) 分为两部分，一边的轨道都向 C_1 逼近，另一边则向 C_2 逼近，彼此互不逾越。

可是，当 $r = r' = 13.926$ 时，(O) 点的不稳定簇 [即如果初始点在该簇上，当 $\tau \to -\infty$ 时，$(X, Y, Z) \to (O)$] 也开始在其稳定簇上，因此就有 (O) 点的同宿 (homoclinic) 轨道出现。这时，在该簇一边起始的轨道就有可能逾越到簇的另一边去，这一现象叫做同宿爆发 (homoclinic explosion)。可是只要 $r < r_A$，轨道迟早会逼近 (C_1) 或 (C_2)。当 $r \to r_A$ 时，轨道要逼近 (C_1) 或 (C_2) 就需要无限长的时间了。

综合以上的分析，可以作一小结，取 $\sigma = 10, b = 8/3$。

$r < 1$：(O) 稳定，其特征值 $\lambda_1, \lambda_2, \lambda_3 < 0$，且其稳定性是全局性的。

$r > 1$：(O) 不稳定，$\lambda_2, \lambda_3 < 0, \lambda_1 > 0; (C_1, C_2)$ 出现，相应的 $\lambda_1, \lambda_2, \lambda_3 < 0$，均为实数。

$r > 1.346$：(C_1, C_2) 的特征值 $\lambda_1 = \lambda_2^*, \mathrm{Re}\lambda_1 < 0, \lambda_3 < 0$。

$r = r' = 13.926$：同宿爆发。

$r = r_A = 24.06$：怪引子 S 出现。

$r = r_{\mathrm{H}}$：(C_1, C_2) 有 Hopf 分叉，$\mathrm{Re}\lambda_1 = \mathrm{Re}\lambda_2 = 0$。

$r > r_{\mathrm{H}}$：(C_1, C_2) 不稳定，$\mathrm{Re}\lambda_1 = \mathrm{Re}\lambda_2 > 0$，只有怪引子 S 仍存在。

当 $r > r_{\mathrm{H}}$ 时，情形相当复杂。

首先，当 r 很大时，精确地说，当 $313 < r < \infty$ 时，存在着稳定的周期性轨道。当 r 降到小于 313 时，这一周期性轨道开始不稳定，却出现了周期加倍的稳定轨道。若以 x 表示在 $X > 0$ 处绕了一周的轨道，以 y 表示在 $X < 0$ 处绕了一周的轨道，也就是说，当 $313 < r < \infty$ 时有 x 或 y 这样的周期性轨道，而在 $r < 313$ 时出现了 (xy) 这样的稳定的周期性轨道。当 r 再下降到 r_2(r_2 略大于 222) 时，轨道 (xy) 开始不稳定，却出现了稳定的轨道 $(xyxy)$。当 r 继续下降到 r_3(r_3 大于 216.2)，轨道 $(xy)^2$ 开始不稳定，却出现了轨道 $(xy)^4$。当 r 再度下降时，这样的周期加倍会继续下去，直到 $r = r_\infty$，根据计算，$r_\infty = 214.364$。

这种周期加倍现象还出现的另外两段 r 值处 (可称为周期加倍窗口)：

$$145 < r < 166 \quad 和 \quad 99.524 < r < 100.795$$

计算所得的结果如下：

$154.4 < r < 166.07$：有稳定的 x^2y^2 轨道，这一轨道是对称的。

$148.2 < r < 154.4$：对称的 x^2y^2 轨道开始不稳定，出现稳定的不对称的 x^2y^2 轨道。

$r < 148.2$：不对称的 x^2y^2 轨道开始不稳定，出现 $\left(x^2y^2\right)^2$ 的稳定轨道。

$r_\infty \approx 145.0.$

在另一个周期加倍窗口上，当 $99.98 < r < 100.795$ 时有稳定的 x^2y 轨道，相继地有 $\left(x^2y\right)^2$，$\left(x^2y\right)^4$，$\cdots$ 的稳定轨道替代出现。出现的点在 $r_2 = 99.98, r_3 = 99.629, r_4 =$

99.547, $\cdots$ ，而 $r_\infty = 99.524$.

这种周期加倍现象与费根鲍姆在区间映射问题方面所得的结果完全相符，而且这里也可得到费根鲍姆给出的普适常数：

$$\lim_{n\to\infty}\frac{r_{n-1}-r_n}{r_n-r_{n+1}}=\delta=4.6692016091029909\cdots \tag{4.69}$$

在这些窗口以外，情形比较不明确。在 $r=166.3$ 和 $r=100.8$ 附近似乎有所谓间歇性的浑沌出现。在另外的区域内则有所谓嘈杂的周期性现象。看来，在这些周期加倍窗口之上会有间歇性的浑沌，而在这些窗口之下有嘈杂的周期性现象。

根据我们的一贯认识，r 越大，湍流强度就越大，而当 $r\to\infty$ 时洛伦兹方程居然有稳定的周期解，它代表极有规则的流动。因此，显然洛伦兹方程作为 Rayleigh-Bernard 问题的近似描述在 r 甚大时颇有问题。所以，由此导得的浑沌现象是否与湍流有关也有问题。可是，分析洛伦兹方程的确揭示了这一新的现象，进而开拓了一个内容丰富的新领域。而且，流体力学实验中也发现了上述一些现象，诸如周期加倍、间隙性、浑沌等等。因而，上述研究显然为流体力学以及许多其他学科开辟了新方向，提出了新问题，至于是否与湍流直接有关反而成了比较次要的问题了 [1,2]。

4.6 平面不可压缩的纳维–斯托克斯方程五模类洛伦兹系统的截取过程及其动力学行为

本节对平面正方形区域上不可压缩的纳维–斯托克斯方程进行傅里叶展开后截断得到五模类洛伦兹方程组. 讨论该方程组定常解及其稳定性，证明该方程组吸引子的存在性，并对其全局稳定性进行分析和讨论。

4.6.1 引言

1963 年，美国气象学家洛伦兹在研究大气对流时，首次给出了著名的洛伦兹方程 [11,12]. 所采用的方法是对纳维–斯托克斯方程和热传导方程进行傅里叶级数展开，截取级数的前三项，得到三模的洛伦兹系统。20 世纪后期，弗兰切斯基尼又在此方向上进一步扩展，多次和其他学者合作，将平面正方形区域 $T^2=[0,2\pi]\times[0,2\pi]$ 上不可压缩的纳维–斯托克斯方程

$$\begin{cases}\dfrac{\partial u}{\partial t}+(\boldsymbol{u}\cdot\boldsymbol{\nabla})u=-\boldsymbol{\nabla}p+f+v\Delta u\\ \mathrm{div}\boldsymbol{u}=0\\ \displaystyle\int_{T^2}u\mathrm{d}X=0\end{cases} \tag{4.70}$$

(其中，u 为速度函数，f 为外力场函数，p 为流体之间的压力，ν 为动力粘性系数) 进行傅里叶展开并截取其中的有限项，得出五模和七模或者任意模的非线性微分方程组 [7]，讨论当雷诺数变化时方程组解的动力学行为。1988 年，弗兰切斯基尼，英格里斯 (G. Inglese) 和泰巴尔迪 (C. Tebaldi) 在 *Commun. Mech. Phys* 上发表了 3 维空间上的有关纳维–斯托克斯方程五模截断的文章 [10]；1991 年，弗兰切斯基尼和扎纳西 (R. Zanasi) 在 3 维空间上对此方程傅里叶展开，进行七模截断后得到 14 个非线性微分方程组成的方程组，随后又对这个复杂的方程组进行了详细的讨论 [8]。本节采用了不同于博德里基尼 (C. Boldrighini) 和弗兰切斯基尼的截断模式，得出一个新的五模模型. 给出模型的推导过程，讨论该五模模型的定常解及其稳定性。证明该模型吸引子的存在性，并讨论其全局稳定性，从而从理论上保证数值模拟的有效性。并数值模拟分歧和吸引子的发生过程。

4.6.2 五模类洛伦兹方程组的截取

下面对平面区域 $[0,2\pi]\times[0,2\pi]$ 上纳维–斯托克斯方程进行傅里叶展开，即对速度函数 u，外力场函数 f，流体之间的压力 p 进行如下傅里叶展开：

$$u(X,t)=\sum_{K\neq 0}\mathrm{e}^{\mathrm{i}K\cdot X}r_K\frac{K^{\perp}}{|K|} \tag{4.71}$$

$$f(X,t)=\sum_{K\neq 0}\mathrm{e}^{\mathrm{i}K\cdot X}f_K\frac{K^{\perp}}{|K|} \tag{4.72}$$

$$p(X,t)=\sum_{K\neq 0}\mathrm{e}^{\mathrm{i}K\cdot X}p_K(t) \tag{4.73}$$

其中 $K=(h_1,h_2)$ 是波向量，$K^{\perp}=(h_2,-h_1), r_K=r_K(t)$ 为时间 t 的函数。

将式 (4.71)~式 (4.73) 代入方程 (4.70)，经过一系列运算得到如下形式的微分方程组 [6]：

$$\dot{r_K}=-\mathrm{i}\sum_{\substack{K_1+K_2+K=0\\K_1,K_2\in L}}\frac{K_1^{\perp}\cdot K_2^{(}K_2^2-K_1^2)}{2|K||K_1||K_2|}\bar{r_{K_1}}\bar{r_{K_2}}-\nu|K|^2r_K+f_K(K\in L) \tag{4.74}$$

其中，L 为波向量集合，并且满足：若 $K\in L$，则 $-K\in L$。

取 $L=\{\pm K_1,\pm K_2,\pm K_3,\pm K_4,\pm K_5\}$，其中

$$K_1=(1\ \ 1),\quad K_2=(1\ \ 0),\quad K_3=(2\ \ 1),\quad K_4=(1\ \ -2),\quad K_5=(0\ \ 3)$$

$$-K_1=(-1\ \ -1),\quad -K_2=(-1\ \ 0),\quad -K_3=(-2\ \ -1),\quad -K_4=(-1\ \ 2),$$

$$-K_5\,(0\ \ -3)$$

在 $\nu=1$ 时，分别令 K 为 K_1,K_2,K_3,K_4,K_5，代入到方程组 (4.74) 经大量计算得到如下微分方程组：

$$
\begin{cases}
\dot{r}_{K_1} = -2r_{K_1} - \dfrac{2}{\sqrt{10}}\mathrm{i}\bar{r}_{K_2}\bar{r}_{-K_3} + \dfrac{2}{\sqrt{10}}\mathrm{i}\bar{r}_{-K_4}\bar{r}_{-K_5} + f_1 \\
\dot{r}_{K_2} = -r_{K_2} + \dfrac{3}{2\sqrt{10}}\mathrm{i}\bar{r}_{K_1}\bar{r}_{-K_3} + f_2 \\
\dot{r}_{K_3} = -5r_{K_3} + \dfrac{1}{2\sqrt{10}}\mathrm{i}\bar{r}_{-K_1}\bar{r}_{-K_2} + f_3 \\
\dot{r}_{K_4} = -5r_{K_4} - \dfrac{7}{2\sqrt{10}}\mathrm{i}\bar{r}_{-K_1}\bar{r}_{K_5} + f_4 \\
\dot{r}_{K_5} = -9r_{K_5} + \dfrac{3}{2\sqrt{10}}\mathrm{i}\bar{r}_{-K_1}\bar{r}_{K_4} + f_5
\end{cases}
\tag{4.75}
$$

令 $r_K = -\bar{r}_{-K}$(实值条件)，并作代换 $r_{k_1} = \sqrt{10}\mathrm{i}x_1, r_{K_2} = \sqrt{10}x_2, r_{K_3} = \sqrt{10}x_3, r_{K_4} = \sqrt{10}x_4, r_{K_5} = \sqrt{10}x_5$，对方程组 (4.75) 只施加外力 f_4，且使雷诺数 $Re = \sum_{k=1}^{5}|f_k| = |f_4|$，则方程组 (4.75) 转化为

$$
\begin{cases}
\dot{x}_1 = -2x_1 + 2x_2x_3 + 2x_4x_5 & (1) \\
\dot{x}_2 = -x_2 - \dfrac{3}{2}x_1x_3 & (2) \\
\dot{x}_3 = -5x_3 - \dfrac{1}{2}x_1x_2 & (3) \\
\dot{x}_4 = -5x_4 - \dfrac{7}{2}x_1x_5 + Re & (4) \\
\dot{x}_5 = -9x_5 + \dfrac{3}{2}x_1x_4 & (5)
\end{cases}
\tag{4.76}
$$

这里，$x_i = x_i(t)(i = 1,2,3,4,5)$ 是谱展开系数。

截取的五模非线性微分方程组的形式和洛伦兹方程组相似，故称其为类洛伦兹方程组。同时改变 x_2, x_3 的正负号，方程组保持不变，说明系统 (4.76) 有如下对称关系：

$$(x_1,\ -x_2,\ -x_3,\ x_4,\ x_5) \Leftrightarrow (x_1,\ x_2,\ x_3,\ x_4,\ x_5).$$

4.6.3　平衡点及稳定性分析

非线性微分方程组的稳定性讨论主要是在平衡点的邻域把非线性微分方程线性化，然后利用线性微分方程的解在平衡点的性质再作出判断，这样做是出于非线性微分方程很少有解析解，也难于分析，而线性微分方程则易于求解和分析，并且由线性微分方程又可以得到非线性微分方程平衡点的性质及解在其邻域的行为，以上也就是李雅普诺夫第一方法 [3]。由于系统 (4.76) 在平衡点处雅可比矩阵与时间 t 无关，易见李雅普诺夫矩阵的特征指数指的是雅可比矩阵的特征值的实部 [2,3]，

它是刻画吸引子性质的重要指标，对混沌吸引子尤为重要. 下面对类洛伦兹方程组 (4.76) 线性化，然后根据各个平衡点的李雅普诺夫矩阵的特征指数的变化来讨论平衡点的稳定性。

$$令F(x,Re)=F\left(x_1,x_2,x_3,x_4,x_5,Re\right)=\begin{pmatrix} -2x_1+2x_2x_3+2x_4x_5 \\ -x_2-\dfrac{3}{2}x_1x_3 \\ -5x_3-\dfrac{1}{2}x_1x_2 \\ -5x_4-\dfrac{7}{2}x_1x_5+Re \\ -9x_5+\dfrac{3}{2}x_1x_4 \end{pmatrix} \tag{4.77}$$

对 $F(x,Re)$ 关于 x 求导数得到如下李雅普诺夫矩阵:

$$D_xF(x,Re)=\begin{bmatrix} -2 & 2x_3 & 2x_2 & 2x_5 & 2x_4 \\ -\dfrac{3}{2}x_3 & -1 & -\dfrac{3}{2}x_1 & 0 & 0 \\ -\dfrac{1}{2}x_2 & -\dfrac{1}{2}x_1 & -5 & 0 & 0 \\ -\dfrac{7}{2}x_5 & 0 & 0 & -5 & -\dfrac{7}{2}x_1 \\ \dfrac{3}{2}x_4 & 0 & 0 & \dfrac{3}{2}x_1 & -9 \end{bmatrix} \tag{4.78}$$

下面根据 $F(x,Re)=0$，经大量繁杂运算首先求出方程组 (4.76) 的平衡点，然后由李雅普诺夫矩阵的特征指数的变化情况讨论各平衡点的稳定性。

(i) 当 $0\leqslant Re<R_1=5\sqrt{6}$ 时，方程组 (4.76) 仅有一平衡点

(1) $\left(\ 0,\ \ 0,\ \ 0,\ \ \dfrac{Re}{5},\ \ 0\ \right)$

把其代入式 (4.78) 得 $F(x,Re)$ 在此平衡点的李雅普诺夫矩阵如下:

$$D_xF(x,Re)|_{\left(0,\ 0,\ 0,\ \frac{Re}{5},\ 0\right)}=\begin{bmatrix} -2 & 0 & 0 & 0 & \dfrac{2}{5}Re \\ 0 & -1 & 0 & 0 & 0 \\ 0 & 0 & -5 & 0 & 0 \\ 0 & 0 & 0 & -5 & 0 \\ \dfrac{3}{10}Re & 0 & 0 & 0 & -9 \end{bmatrix} \tag{4.79}$$

对应的特征方程为

$$(\lambda+1)(\lambda+5)^2\left[\lambda^2+11\lambda+18-\frac{3}{25}Re^2\right]=0 \tag{4.80}$$

当 $0\leqslant Re<R_1=5\sqrt{6}$ 时，特征值均为负实数, 所以平衡点 (1) 稳定, 数值计算表明它是稳定的全局平凡吸引子。

(ii) 当 $R_1<Re\leqslant R_2=\dfrac{80\sqrt{6}}{9}$ 时，方程组 (4.76) 有三个平衡点，其中包括平衡点 (1)及如下两点：

$$(2)\left(\ \pm\sqrt{60/7\sqrt{6}}\sqrt{\frac{Re}{5}-\sqrt{6}},\quad 0,\quad 0,\quad \sqrt{6},\quad \pm\sqrt{10/7\sqrt{6}}\sqrt{\frac{Re}{5}-\sqrt{6}}\ \right)$$

由于此时特征方程 (4.80) 有一个特征值为正，此时平衡点 (1) 变得不稳定。两个新平衡点 (2) 处的李雅普诺夫矩阵的特征方程为

$$\left(\lambda^2+6\lambda+5+\frac{45}{7}-\frac{9}{7\sqrt{6}}Re\right)\left[\lambda^3+16\lambda^2+\frac{11}{\sqrt{6}}\lambda Re+72\left(\frac{Re}{\sqrt{6}}-5\right)\right]=0 \tag{4.81}$$

根据式 (4.81) 经运算可知，当 $R_1<Re\leqslant R_2=\dfrac{80\sqrt{6}}{9}$ 时，两个新平衡点 (2) 处的李雅普诺夫矩阵的特征指数均为负，故平衡点 (2) 是稳定的。而且数值计算表明它们是稳定的全局平凡吸引子。当 $Re>R_2=\dfrac{80\sqrt{6}}{9}$ 时，平衡点 (2) 开始不稳定。

(iii) 当 $Re>R_2$ 时，方程组 (4.76) 有七个平衡点，其中包括前面三个平衡点 (1)、(2) 和分量为如下的四个新平衡点：

$$(3)\begin{cases}\gamma_1=\varepsilon\sqrt{20/3}\quad \varepsilon=\pm1\\ \gamma_2=\sigma\sqrt{27/5\times16^2Re^2-10}\quad \sigma=\pm1\\ \gamma_3=-\dfrac{1}{10}\varepsilon\sigma\sqrt{20/3}\sqrt{27/5\times16^2Re^2-10}\\ \gamma_4=\dfrac{9}{5\times16}Re\\ \gamma_5=\dfrac{3}{160}\varepsilon\sqrt{20/3}Re\end{cases}$$

此时前三个平衡点 (1)、(2) 总是不稳定的，数值计算表明当 $Re<R_3=53.24\cdots$ 时四个新平衡点 (3) 是稳定的。当 $Re\geqslant R_3$ 时，平衡点 (3) 开始不稳定。

4.6.4　吸引子存在性和全局稳定性分析

一般而言，非线性系统所遵循复杂的规律是无法通过简单的推导和初等的计算得到的。“系统在经过一段时间后，将会出现哪种‘永久的状态’?”这样的实际问

题所对应的数学问题就是研究动力系统的长期行为。耗散动力系统的混沌行为是由于存在着一个复杂的吸引子而引起的，而这个吸引子就是系统的所有轨道当时间趋于无穷时收敛到的集合，它的复杂结构就是导致我们观察到的混沌现象的原因。因此，研究吸引子的存在性和数值模拟就成为一个重要的问题。下面我们就来证明系统 (4.76) 的吸引子存在性.

取 $H=R^5, u(t)=(x_1,x_2,x_3,x_4,x_5)$, 对纳维–斯托克斯方程的五模类洛伦兹方程组 (4.76) 作如下运算：

$$(1)\times x_1+(2)\times x_2+(3)\times x_3+(4)\times x_4+(5)\times x_5\text{得}$$

$$\dot{x}_1x_1+2x_1^2+\dot{x}_2x_2+x_2^2+\dot{x}_3x_3+5x_3^2+\dot{x}_4x_4+5x_4^2+\dot{x}_5x_5+9x_5^2=x_4Re$$

因此有

$$\frac{1}{2}\frac{\mathrm{d}}{\mathrm{d}t}(x_1^2+x_2^2+x_3^2+x_4^2+x_5^2)+(2x_1^2+x_2^2+5x_3^2+5x_4^2+9x_5^2)=x_4Re$$

令 $|u(t)|^2=x_1^2+x_2^2+x_3^2+x_4^2+x_5^2$, 利用 Young 不等式 [13] 得

$$\frac{1}{2}\frac{\mathrm{d}}{\mathrm{d}t}(x_1^2+x_2^2+x_3^2+x_4^2+x_5^2)+(2x_1^2+x_2^2+5x_3^2+5x_4^2+9x_5^2)=x_4Re\leqslant\frac{Re^2}{4}+x_4^2$$

所以 $\frac{\mathrm{d}}{\mathrm{d}t}|u|^2+2|u|^2\leqslant\frac{Re^2}{2}$。由 Gronwall 不等式 [13] 得 $|u|^2\leqslant|u(0)|^2\mathrm{e}^{-2t}+\frac{Re^2}{4}\left(1-\mathrm{e}^{-2t}\right)$，因此有 $\lim\limits_{t\to\infty}\sup|u(t)|^2\leqslant\frac{Re^2}{4}$，故有 $\lim\limits_{t\to\infty}\sup|u(t)|\leqslant\frac{Re}{2}=\rho_0$。记 $\sum=B(0,\rho)$，其中 $\rho\geqslant\rho_0$ 充分大，则 $\sum=B(0,\rho)$ 是泛函不变集和吸引集 [13]，因此系统 (4.76) 存在全局吸引子 [13].

非线性系统具有全局稳定性时，其轨线所收敛的单连通闭区域称为系统的捕捉区。只要能证明捕捉区的存在，不论其中的定常解是否稳定，系统均具有全局稳定性。而研究系统的全局稳定性主要借助于李雅普诺夫第二方法 [2,3]。李雅普诺夫第二方法的基本思想是构造一个 V 函数, 然后利用它的性质和这个 V 函数沿系统 (4.76) 的轨线方向的全导数的性质以确定式 (4.76) 平衡点的稳定性, 从而确定系统的捕捉区。

对类洛伦兹系统 (4.76) 取李雅普诺夫函数为

$$V(x_1,x_2,x_3,x_4,x_5)=x_1^2+x_2^2+x_3^2+x_4^2+x_5^2>0$$

令 $V(x_1,x_2,x_3,x_4,x_5)=k$，显然，当 k 是一正常数时，上式表示 H 上的一球面，记为 E。求 V 的导数：

$$\begin{aligned}\frac{\mathrm{d}V}{\mathrm{d}t} &= 2x_1\dot{x}_1 + 2x_2\dot{x}_2 + 2x_3\dot{x}_3 + 2x_4\dot{x}_4 + 2x_5\dot{x}_5 (\text{利用 (4.76) 式}) \\ &= -2(2x_1^2 + x_2^2 + 5x_3^2 + 5x_4^2 + 9x_5^2 - x_4 Re) \\ &= -2\left[2x_1^2 + x_2^2 + 5x_3^2 + 5\left(x_4 - \frac{Re}{10}\right)^2 + 9x_5^2 - \frac{Re^2}{100}\right] \end{aligned} \tag{4.82}$$

显然，$2x_1^2 + x_2^2 + 5x_3^2 + 5\left(x_4 - \frac{Re}{10}\right)^2 + 9x_5^2 = \frac{Re^2}{100}$ 表示 H 中一椭球面，记此椭球面为 C，由式 (4.82) 得

$$\frac{\mathrm{d}V}{\mathrm{d}t}\begin{cases} < 0, & \text{在 } C \text{ 域外} \\ = 0, & \text{在 } C \text{ 上} \\ > 0, & \text{在 } C \end{cases}$$

于是, 若把 k 取得充分大，E 即可包围 C。这样，从式 (4.82) 可知，在 C 外面，$\frac{\mathrm{d}V}{\mathrm{d}t} < 0, V\frac{\mathrm{d}V}{\mathrm{d}t} < 0$。由李雅普诺夫定理 [3] 的分析得知，$E$ 外式 (4.76) 的解轨线都将进入 E 内。可见，E 就是类洛伦兹系统 (4.76) 的捕捉区。虽然这时类洛伦兹系统平衡点 (1)、(2)、(3) 都不稳定，但系统仍具有全局稳定性：系统最终要收缩到捕捉区内，而区内又无收点，因此系统只能在区内不停的振荡。于是轨线最终要在捕捉区内形成一个不变集合，这就是所谓的奇怪吸引子。当系统作混沌运动时，其相空间轨线往往受到折叠作用，这就使吸引子具有十分复杂而独特的性质和结构。人们称混沌运动这种具有独特性质和结构的吸引子为奇怪吸引子。它是整体稳定性和局部不稳定性一对矛盾的结合体。

参 考 文 献

[1] 谢定裕，周显初，戴世强. 流体力学. 天津：南开大学出版社，1987

[2] 谢应齐，曹杰. 非线性动力学数学方法. 北京：气象出版社，2001

[3] 刘秉正，彭建华. 非线性动力学. 北京：高等教育出版社，2004

[4] 魏诺. 非线性科学基础与应用. 北京：科学出版社，2004

[5] 刘宗华. 混沌动力学基础及其应用. 北京：高等教育出版社，2006

[6] Boldrighini C, Franceschini V. A five-dimensional truncation of the plane incompressible Navier-Stokes equations. Communications in Mathematical Physics，1979，64: 159-170

[7] Franceschini V，Tebaldi C. A seven-modes truncation of the plane incompressible Navier-Stokes equations. Journal of Statistical physics, 1981，25(3)：397-417

[8] Franceschini V, Zanasi R. Three-dimensional Navier-stokes equations trancated on a torus. Nonlinearity，1992，4：189-209

[9] Franceschini V, Tebaldi C. Breaking and disappearance of tori. Commun. Math. Phys，1984, 94：317-329

[10] Franceschini V，Inglese G, Tebaldi C. A five-mode truncation of the Navier-Stokes equations on a three-dimensional torus. Commun. Mech. Phys., 1988, 64：35-40

[11] Lorenz E N. Deterministic nonperiodic flow. Journal of the Atmospheric Sciences, 1963, 20: 130-141

[12] Hilborn R C. Chaos and Nonlinear Dynamics. Oxford: Oxford Univ. Press, 1994

[13] 李开泰，马逸尘. 数理方程 HILBERT 空间方法 (下). 西安: 西安交通大学出版社, 1992

[14] 郝柏林. 混沌、奇怪吸引子、湍流及其它——关于确定论系统中的内在随机性. 物理学进展, 1983, 3(3): 329-416

[15] 黄润生编著. 混沌及其应用. 武汉: 武汉大学出版社, 2000

[16] Temam R. Infinite Dimensional Dynamics in Mechanics and Physics. Springer-Verlag, 1988

[17] Hale K. Asymptotic behavior of dissipative system. Amer. Math. Soc., 1988

[18] 刘曾荣, 徐振源, 谢惠民. 无穷维动力系统中的惯性流形和吸引子. 力学进展, 1991, 21(4): 421-429

第 5 章　几个无穷维混沌系统的低模分析及其数值仿真

5.1 节和 5.2 节利用第 4 章的低模分析方法讨论了两个无穷维动力系统的混沌行为和数值仿真问题，5.3 节给出了相应的数值算法和 MATLAB 程序。

5.1　库埃特–泰勒流三模系统的混沌行为及其数值仿真

研究了旋流式库埃特–泰勒流三模态类洛伦兹系统的动力学行为及其数值仿真问题。给出了此系统平衡点存在的条件, 证明了其吸引子的存在性, 给出了吸引子的 Hausdorff 维数上界的估计, 数值模拟了系统分歧和混沌等的动力学行为发生的全过程，基于分岔图与最大李雅普诺夫指数谱和庞加莱截面以及功率谱和返回映射等仿真结果揭示了此系统混沌行为的普适特征。

5.1.1　引言

国内外众多学者对同轴圆柱间旋转流动库埃特–泰勒流问题的复杂动力学行为进行了大量深入的研究, 相关文献非常丰富 (如文献 [1]~[8]), 这种流动存在着多种演化到湍流的方式, 提供了从层流到湍流过渡非常好的例子。目前的研究主要是利用分歧理论来解释和分析实验中观察到的流动发展到湍流前的各种涡流及其相互演化的过程, 以及从层流过渡到湍流的方式及仿真等, 而对流动发展到湍流之后混沌吸引子的存在性及仿真等问题目前很少有文献涉及。由以往的实验研究可知, 随雷诺数的增大, 这种流动最终总要演化成湍流的, 也就是说混沌总是要发生的, 所以探讨其混沌吸引子的存在性问题不但在理论上有价值, 而且在实践上也有直接意义。文献 [1] 将洛伦兹截断法用于库埃特–泰勒流问题, 给出一些理论结果, 或许是模态过于简单而且任意, 文献 [1] 并没有发现混沌现象。文献 [2] 运用特征谱方法截取了一个三模系统, 讨论了系统的动力学行为。本节研究了与此三模系统类似的新三模系统, 给出了系统平衡点存在的条件, 讨论了其奇怪吸引子的存在性, 给出其 Hausdorff 维数上界的估计, 数值模拟了系统阵发混沌、倒分叉和滞后现象等动力学行为发生的全过程, 数值仿真了系统的分岔图、最大李雅普诺夫指数、庞加莱截面、功率谱以及返回映射等, 从而揭示了此系统混沌行为的普适特征。

5.1.2 三模态系统的平衡点及其吸引子的存在性

考虑如下三模态系统:

$$\begin{cases} \dot{x} = -\sigma(x-y) + cxz/r \\ \dot{y} = -xz + arx - y \\ \dot{z} = xy - bz \end{cases} \tag{5.1}$$

其中, 状态变量 x, y, z 均为时间 t 的函数, a, b, c 为常系数, $r > 0$ 为实参数, 这里我们省略了此系统的截取过程。显然 $S_0 = (0,0,0)$ 是其平衡点, 关于 S_0 的稳定性问题有下面的结论。

定理 5.1 当 $r < \dfrac{\sigma}{a\sigma}$ 时,系统 (5.1) 的零平衡点 $S_0 = (0,0,0)$ 稳定; 当 $r = \dfrac{\sigma}{a\sigma}$ 时此系统的零平衡点 S_0 为临界点; 当 $r > \dfrac{\sigma}{a\sigma}$ 此系统的零平衡点 S_0 不稳定。

证明 系统 (5.1) 在零平衡点 $S_0 = (0,0,0)$ 处的特征多项式为

$$\begin{vmatrix} \lambda+\sigma & -\sigma & 0 \\ -ar & \lambda+1 & 0 \\ 0 & 0 & \lambda+b \end{vmatrix} = 0 \tag{5.2}$$

设三个根分别为 $\lambda_1, \lambda_2, \lambda_3$, 则 $\lambda_1 = -b$, λ_2, λ_3 满足:

$$\lambda^2 + (1+\sigma)\lambda + (\sigma - a\sigma r) = 0$$

由韦达定理及常微分定性理论定理得证。

下面讨论系统 (5.1) 非零平衡点 S_+, S_- 的存在性,通过计算得系统 (5.1) 的非零平衡点表示为 $S_+ = (x_+, y_+, z)$, $S_- = (x_-, y_-, z)$。这里 $x_\pm = \pm\sqrt{\dfrac{b\sigma(1-ar)}{ac-\sigma}}$, $y_\pm = \dfrac{abrx_\pm}{x^2+b}$, $z = \dfrac{x_\pm y_\pm}{b}$, 其中 $x^2 = \dfrac{b\sigma(1-ar)}{ac-\sigma}$, x_+, x_- 表示非零平衡点的 x 坐标。因此只有 x_+^2 或 x_-^2 大于零时才有意义, 故 $\dfrac{b\sigma(1-ar)}{ac-\sigma} > 0$ 是非零平衡点 S_+, S_- 存在的条件。

关于吸引子的存在性有下面的结论。

定理 5.2 若 $z < \dfrac{r}{c}(\sigma+b+1)$, 三模态系统 (5.1) 吸引子存在。

证明 对系统 (5.1) 作运算得

$$\frac{\partial \dot{x}}{\partial x} + \frac{\partial \dot{y}}{\partial y} + \frac{\partial \dot{z}}{\partial z} = -(\sigma+b+1) + \frac{c}{r}z$$

当 $-(\sigma+b+1) + \dfrac{c}{r}z < 0$ 时, 系统是耗散的, 故存在吸引子, 即 $z < \dfrac{r}{c}(\sigma+b+1)$ 是吸引子存在的条件。

5.1.3　吸引子维数估计

1. Hausdorff 维数

设 H 是希尔伯特空间，$Y \subset H$ 是 H 的一个子集。I 是指标集。给定 $d \in R_+, \epsilon > 0$。$\inf \sum_{i \in I} r_i^d$ 记为 $\mu_H(Y, d, \epsilon)$,r_i 指覆盖 Y 的 H 中的一组开球半径, 且 $r_i \leqslant \epsilon (\forall i \in I)$。

$$\mu_H(Y, d) \triangleq \lim_{\epsilon \to 0} \mu_H(Y, d, \epsilon) = \sup_{\epsilon > 0} \mu_H(Y, d, \epsilon)$$

称 $\mu_H(Y, d)$ 为 Y 中 d 维测度 (Hausdorff measure)。

对于 $d_0 \in [0, \infty)$ 使 $\forall d > d_0, \mu_H(Y, d) = 0$ 而 $\forall d < d_0, \mu_H(Y, d) = +\infty$，称 d_0 为 Y 的 Hausdorff 维数。记为 $d_H(Y)$[9]。

记 $||\cdot||, |\cdot|_X$ 分别表示 H 和 X 中的范数，如下结论取自文献 [9]。

定理 5.3　设 H 是希尔伯特空间，$X \subset H$ 是紧集，S 是 X 到 H 的连续映射，使 $SX \subset X$。假定 $\forall u \in X, \exists L(u) \in \mathcal{L}(H)$

$$\sup_{\forall u, v \in X, 0 < |u - v|_X < \epsilon} \frac{||Su - Sv - L(u)(v - u)||}{||u - v||} \to 0, \quad \epsilon \to 0$$

且 $\sup_{\forall u \in X} ||L(u)||_{\mathcal{L}(\mathcal{H})} < +\infty, \sup_{\forall u \in X} \omega_d(L(u)) < 1$, 对于某个 $d > 0$ 满足以上条件的集合 X 的 Hausdorff 维数不大于 d。

注: 这里的 ω_d 及下面要用到的 $\omega_m(L), \varLambda^m H, (\cdot, \cdot)_{\varLambda^m H}$ 等的定义参见文献 [9]。

2. 维数估计

由于系统 (5.1) 比著名的洛伦兹方程多一个非线性项 cxz/r, 所以其吸引子的 Hausdorff 维数估计问题与文献 [9] 的结论类似，但其证明要相对复杂些，具体有如下结论。

定理 5.4　三模态方程 (5.1) 吸引子的 Hausdorff 维数 $d_H \leqslant 2 + s$, $s \in (0, 1)$。

证明　(5.1) 式可以记为抽象形式:

$$u' = F(u) = F(x, y, z) = -\begin{pmatrix} \sigma x - \sigma y - \dfrac{c}{r} xz \\ -arx + y + xz \\ bz - xy \end{pmatrix}$$

设 $U = \xi(t) \in H = R^3$, 则

$$\begin{cases} \dfrac{\mathrm{d}U}{\mathrm{d}t} = F'(u) \cdot U \\ U(0) = \xi \end{cases} \tag{5.3}$$

$$-F'(u) \cdot U = \boldsymbol{A}_1 U + \boldsymbol{A}_2 U + \boldsymbol{B}(u) U$$

$$\boldsymbol{A}_1=\begin{pmatrix}\sigma&0&0\\0&1&0\\0&0&b\end{pmatrix},\quad \boldsymbol{A}_2=\begin{pmatrix}0&-\sigma&0\\-ar&0&0\\0&0&0\end{pmatrix},\quad \boldsymbol{B}(u)=\begin{pmatrix}-\frac{c}{r}z&0&-\frac{c}{r}x\\z&0&x\\-y&-x&0\end{pmatrix}$$

考虑初值问题 (5.3), 对于初值 $\xi_1,\xi_2,\xi_3\in R^3$ 的解 $U=(U_1,U_2,U_3)$。在任意时刻 $t>0,U_i(t)=L(t,u_0)\xi_i,u_0$ 是系统 (5.1) 的初值, $L(t,u_0)$ 是 R^3 中的线性算子。

$$L(t,u_0):U(0)=\xi(\in R^3)\rightarrow U(t)(\in R^3)$$

在 $\Lambda^m H(m=2,3)$ 中考虑:

$$\frac{\mathrm{d}}{\mathrm{d}t}|U_1\Lambda U_2\Lambda U_3|=|U_1\Lambda U_2\Lambda U_3|TrF'(u)$$
$$\frac{\mathrm{d}}{\mathrm{d}t}|U_1\Lambda U_2|=|U_1\Lambda U_2|Tr(F'(u)\cdot Q)$$

这里，$Q=Q_2(t,u_0;\xi_1,\xi_2)$ 是 R^3 到 $\overline{\mathrm{Span}\{U_1,U_2\}}$ 的正交投影。Tr 是提曼在文献 [9] 中引入的。

$$|U_1\Lambda U_2\Lambda U_3(t)|=|\xi_1\Lambda\xi_2\Lambda\xi_3|\exp[-(\sigma+b+1-\frac{c}{r}z)t]$$

$$\omega_3(L(t,u_0))=\sup_{\xi_i\in H,|\xi_i|=1,i=1,2,3}|U_1\Lambda U_2\Lambda U_3(t)|$$

记 $\sigma+b+1-\frac{c}{r}z=\varepsilon$, 由定理 5.2 得 $\varepsilon>0$。所以, $\omega_3(L(t,u_0))\leqslant\exp\left[-\left(\sigma+b+1-\frac{c}{r}z\right)t\right]=\exp(-\varepsilon t)$。

这里以 $\Lambda_i,\mu_i(i=1,2,3)$ 分别记一致李雅普诺夫数和一致李雅普诺夫指数[9]。则

$$\Lambda_1\Lambda_2\Lambda_3=\lim_{t\to\infty}\overline{\omega_3(t)}^{1/t}=\exp(-\varepsilon t)$$
$$\mu_1+\mu_2+\mu_3=-\varepsilon$$

同理可得

$$|U_1\Lambda U_2|=|\xi_1\Lambda\xi_2|\exp\int_0^t Tr(F'(u(\tau))\cdot Q(\tau))\mathrm{d}\tau$$

如果 $|\xi_1\Lambda\xi_2|\neq0$, 那么 $|U_1\Lambda U_2|\neq0,\forall t>0$。设 $\varphi_i=(x_i,y_i,z_i),i=1,2,3$ 是 R^3 中的一组标准正交基, 则 $|\varphi_i|=\sqrt{x_i^2+y_i^2+z_i^2}=1(i=1,2,3)$。

$$\begin{aligned}&Tr(A_1+A_2)\cdot Q\\&=\sum_{i=1}^{2}((A_1+A_2)\varphi_i,\varphi_i)=\sigma x_1^2+y_1^2+bz_1^2+\sigma x_2^2+y_2^2+bz_2^2-(\sigma+ar)(x_1y_1+x_2y_2)\end{aligned}$$

令 $m=\max(1,b,\sigma)$, 则有 $Tr(\boldsymbol{A}_1+\boldsymbol{A}_2)\cdot Q\leqslant 2m+|\sigma+ar|$, 所以

$$Tr(\boldsymbol{A}_1+\boldsymbol{A}_2)\cdot Q\geqslant -2m-|\sigma+ar|$$

由

$$\begin{aligned}Tr(\boldsymbol{B}(u)\cdot Q)&=\sum_{i=1}^{2}(\boldsymbol{B}(u)\varphi_i)\varphi_i\\&=-\frac{c}{r}\sum_{i=1}^{2}x_i(zx_i+xz_i)+\sum_{i=1}^{2}y_i(zx_i+xz_i)-\sum_{i=1}^{2}z_i(yx_i+xy_i)\end{aligned}$$

则有

$$\begin{aligned}&|Tr(\boldsymbol{B}(u)\cdot Q)|\\\leqslant&\frac{|c|}{r}\sum_{i=1}^{2}|x_i|(|zx_i|+|xz_i|)+\sum_{i=1}^{2}|y_i|(|zx_i|+|xz_i|)+\sum_{i=1}^{2}|z_i|(|yx_i|+|xy_i|)\\\leqslant&\frac{|c|}{r}|u(t)|^2+\frac{|c|}{r}\frac{1}{2}(|\varphi_1|^2+|\varphi_2|^2)+2|u(t)|^2+|\varphi_1|^2+|\varphi_2|^2\\\leqslant&\frac{|c|}{r}|u(t)|^2+\frac{|c|}{r}+2|u(t)|^2+2=\left(\frac{|c|}{r}+2\right)|u(t)|^2+\frac{|c|}{r}+2\ .\end{aligned}$$

所以有$Tr(\boldsymbol{B}(u)\cdot Q)\geqslant-\left(\frac{|c|}{r}+2\right)|u(t)|^2-\frac{|c|}{r}-2\geqslant-\left(\frac{|c|}{r}+2\right)\rho_0^2-\frac{|c|}{r}-2$, 其中 ρ_0 是系统的吸收半径。所以

$$Tr((\boldsymbol{A}_1+\boldsymbol{A}_2+\boldsymbol{B}(u))\cdot Q)\geqslant-\left(\frac{|c|}{r}+2\right)\rho_0^2-\frac{|c|}{r}-2-2m-|\sigma+ar|$$

令$k_2=\left(\frac{|c|}{r}+2\right)\rho_0^2+\frac{|c|}{r}+2+2m+|\sigma+ar|$, 则

$$Tr((\boldsymbol{A}_1+\boldsymbol{A}_2+\boldsymbol{B}(u))\cdot Q)\geqslant-k_2\geqslant-k_2-\delta(0<\delta\ll 1)$$

所以, $|U_1\mathit{\Lambda}U_2|\leqslant|\xi_1\mathit{\Lambda}\xi_2|\exp((k_2+\delta)t)$。故 $\omega_2(L(t,u_0))\leqslant\exp((k_2+\delta)t),\quad t\geqslant t_1(\delta)$。

$$\overline{\omega_2(t)}\leqslant\exp((k_2+\delta)t),\quad \Lambda_1\Lambda_2\leqslant\exp(k_2),\quad \mu_1+\mu_2<k_2$$

令 $k(\delta)=-s\varepsilon+(1-s)(k_2+\delta)$, 则有

$$\begin{aligned}\omega_d(L(t,u_0))&\leqslant\omega_2(L(t,u_0))^{1-s}\omega_3(L(t,u_0))^s\leqslant\exp((k_2+\delta)t)^{1-s}\exp(-\varepsilon t)^s\\&=\exp[(1-s)(k_2+\delta)t-s\varepsilon t]=\exp(k(\delta)t)\end{aligned}$$

若 $k(\delta)<0$ 得

$$\omega_d(t) = \sup_{u_0 \in X} \omega_d(L(t, u_0)) \leqslant \exp(k(\delta)t) < 1$$

设 $d_H = 2 + s, 0 < s < 1, t \geqslant t_1(\delta)$, 则 $d_H = 2 + s$。

至此, 我们得出系统 (5.1) 吸引子的 Hausdorff 维数估计。

5.1.4 数值仿真

取 $\sigma = 10, a = 2, b = 8/3, c = 0.002$, 我们对系统 (5.1) 的动力学行为进行了数值仿真。

(1) 当 $r < 11.685\cdots$ 时, 非零平衡点 S_+, S_- 是稳定的, 数值计算表明它们是全局吸引子 (见图 5.1, 图 5.2)。

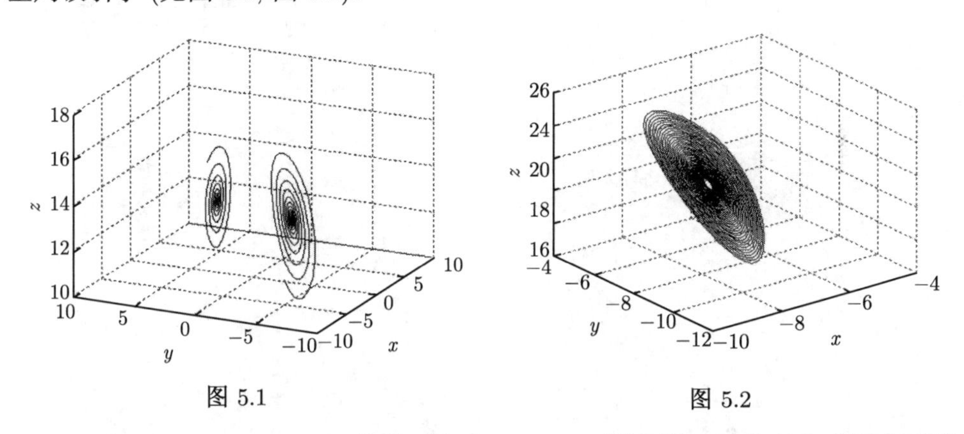

图 5.1　　图 5.2

(2) 当 $r \geqslant 11.685\cdots$ 时, 非零平衡点 S_+, S_- 开始不稳定，此时生成两个不稳定的极限环 (见图 5.3, 图 5.4 为其中一个极限环及附近解轨线图)，随着 r 的增大产生双环解轨线，并且轨线条数随 r 的增大而逐渐增多 (见图 5.5~ 图 5.8), 最终 (r=17.85$\cdots$) 生成了奇怪吸引子 (见图 5.9, 图 5.10), 这是一种阵发性混沌。

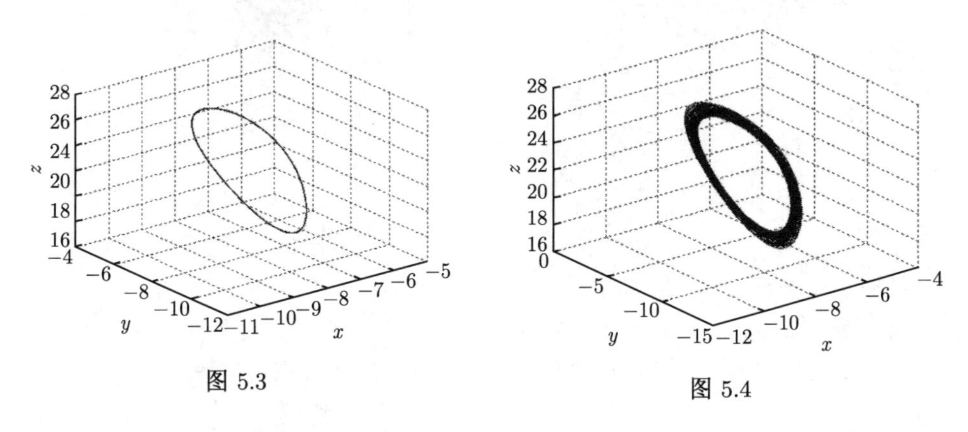

图 5.3　　图 5.4

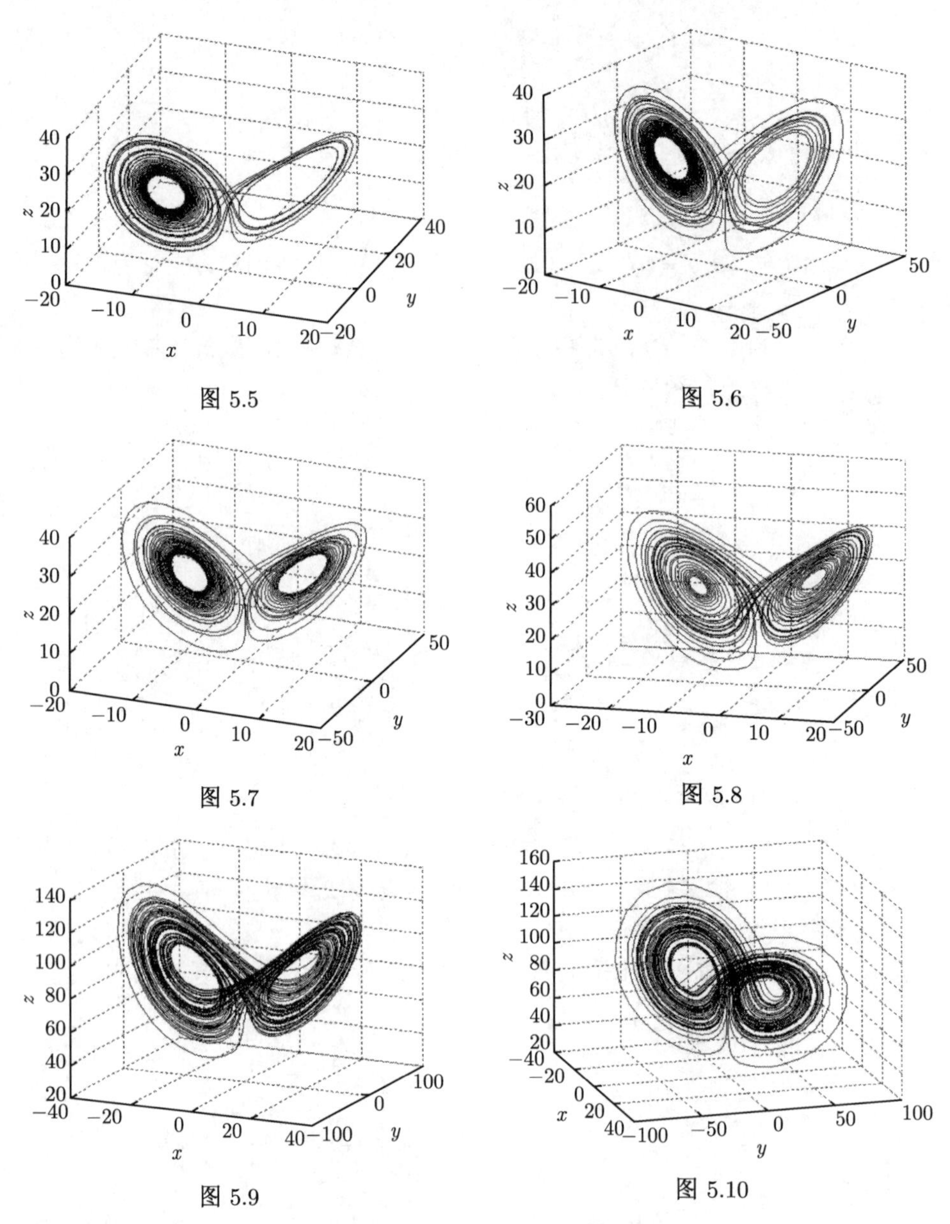

图 5.5

图 5.6

图 5.7

图 5.8

图 5.9

图 5.10

(3) 当 $55.82\cdots \leqslant r < 108.40\cdots$ 时, 系统发生了滞后现象, 各种拟周期吸引子和混沌吸引子交替出现 (见图 5.11~ 图 5.24)。

(4) 当 $67.213\cdots \leqslant r < 77.279\cdots$ 时, 奇怪吸引子开始逐渐收缩形成极限环, 这是一个倒分叉过程, 并且数值结果表明分叉点满足费根鲍姆常数 (见图 5.11~ 图 5.16)。

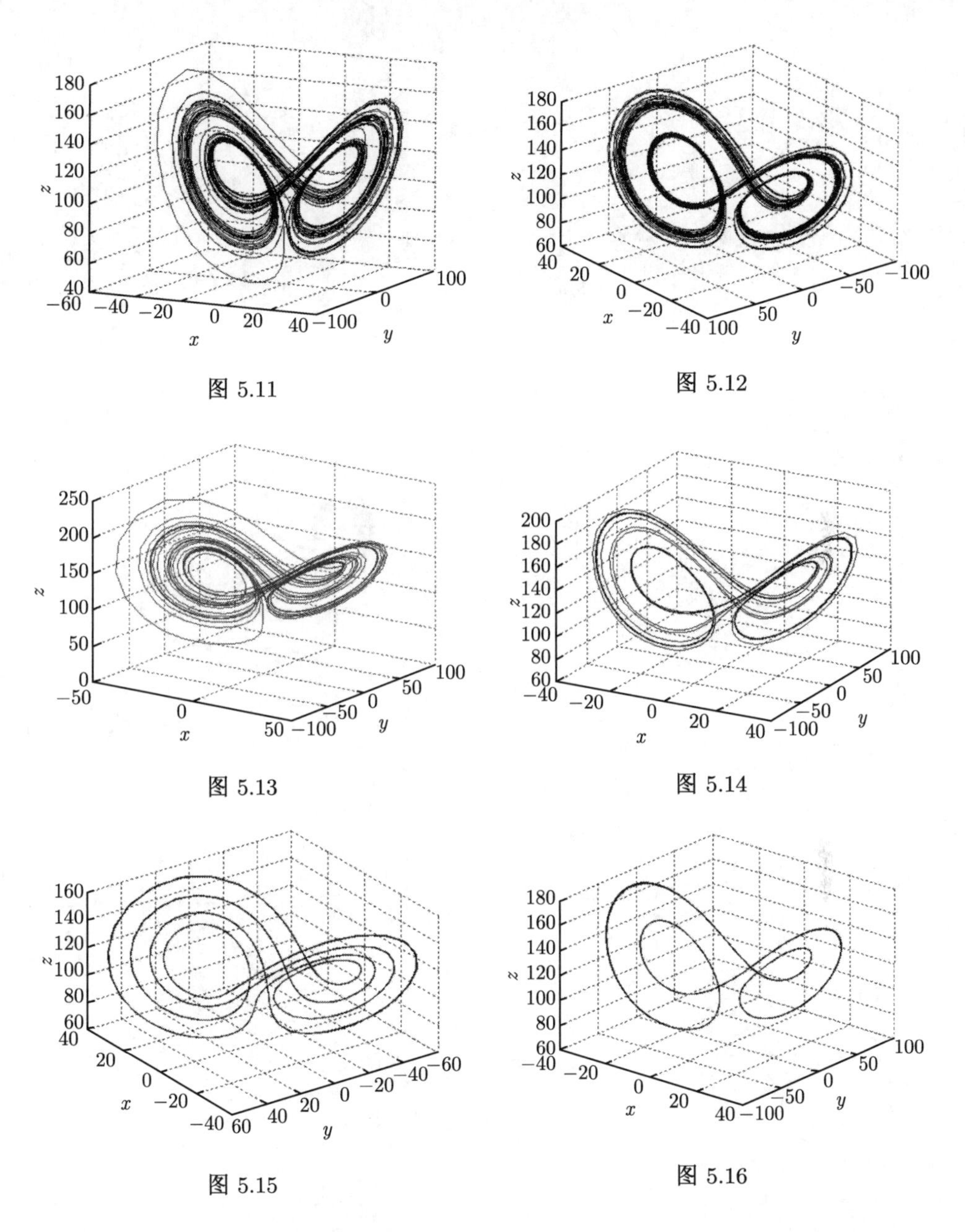

图 5.11

图 5.12

图 5.13

图 5.14

图 5.15

图 5.16

(5) 当 $77.28\cdots \leqslant r < 108.41\cdots$ 时, 系统发生滞后现象，极限环、拟周期轨道和奇怪吸引子并存 (见图 5.17~ 图 5.24)。

(6) 当 $r \geqslant 108.42\cdots$ 时, 奇怪吸引子又开始逐渐收缩形成环面, 仍然是一个倒分叉过程, 并且也满足费根鲍姆常数 (见图 5.25~ 图 5.28)。

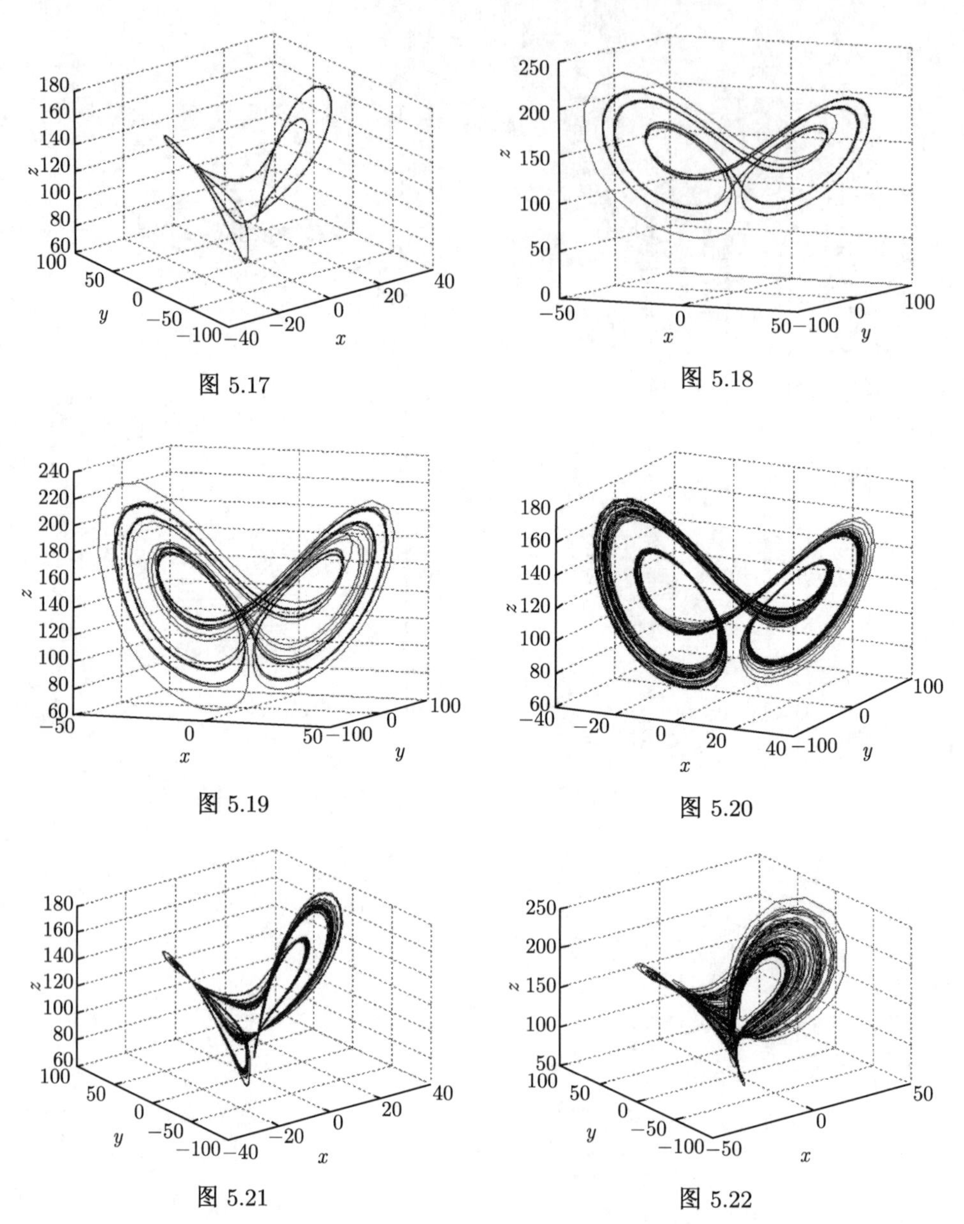

图 5.17

图 5.18

图 5.19

图 5.20

图 5.21

图 5.22

(7) 图 5.29 给出了系统 (2.1) 的 x 分歧图, 图 5.30 为对应的最大李雅普诺夫指数图象, (r=34)。图 5.31~ 图 5.33 为系统 (5.1) 的庞加莱截面, 功率谱和返回映射 (r=34), 从中均显示了系统的混沌特征。

(8) 当 $r \geqslant 599.01\cdots$ 时, 双环面又开始逐渐演变成单环面, 此时两个定态应该是稳定的 (见图 5.34~ 图 5.40 是一个定态的相图)。

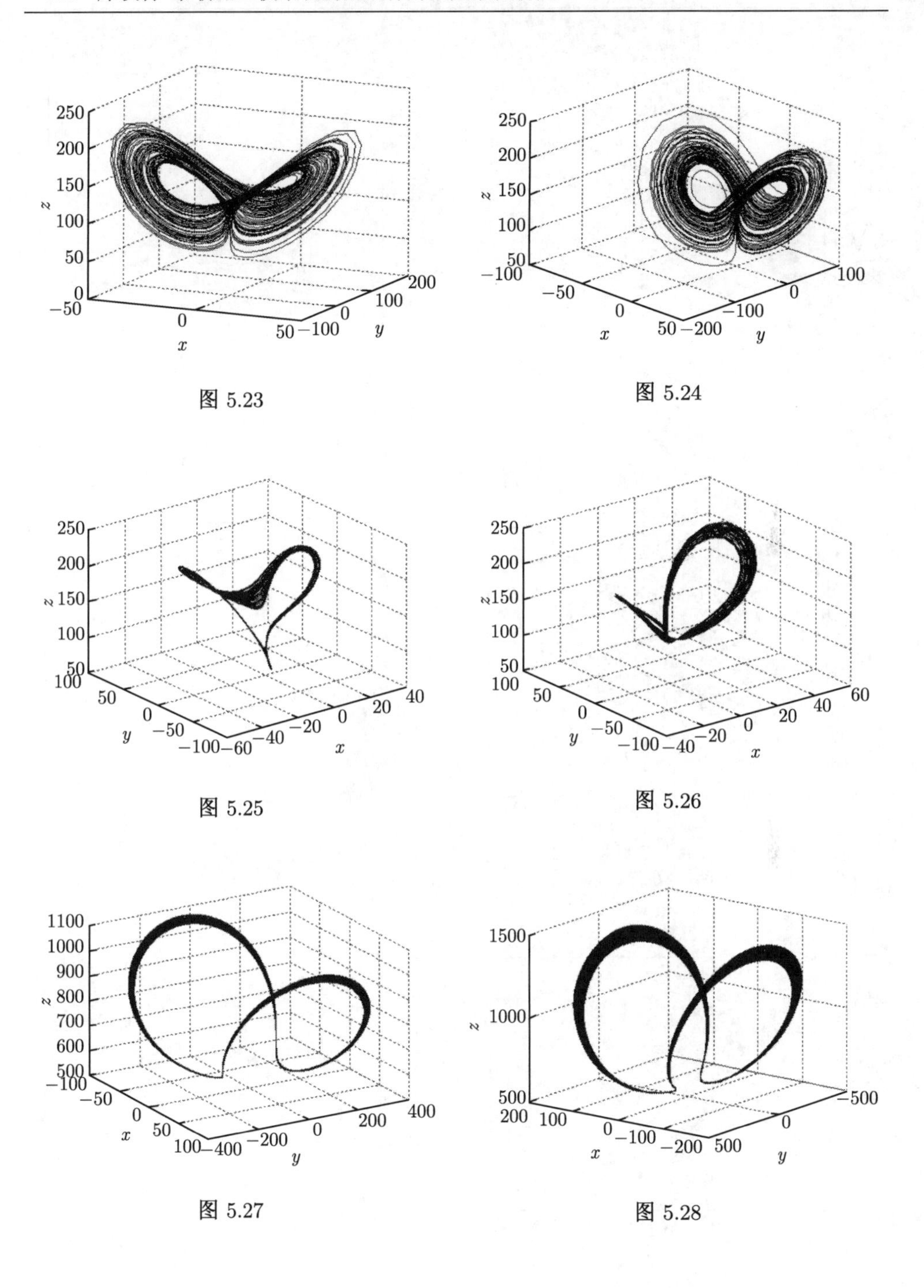

图 5.23

图 5.24

图 5.25

图 5.26

图 5.27

图 5.28

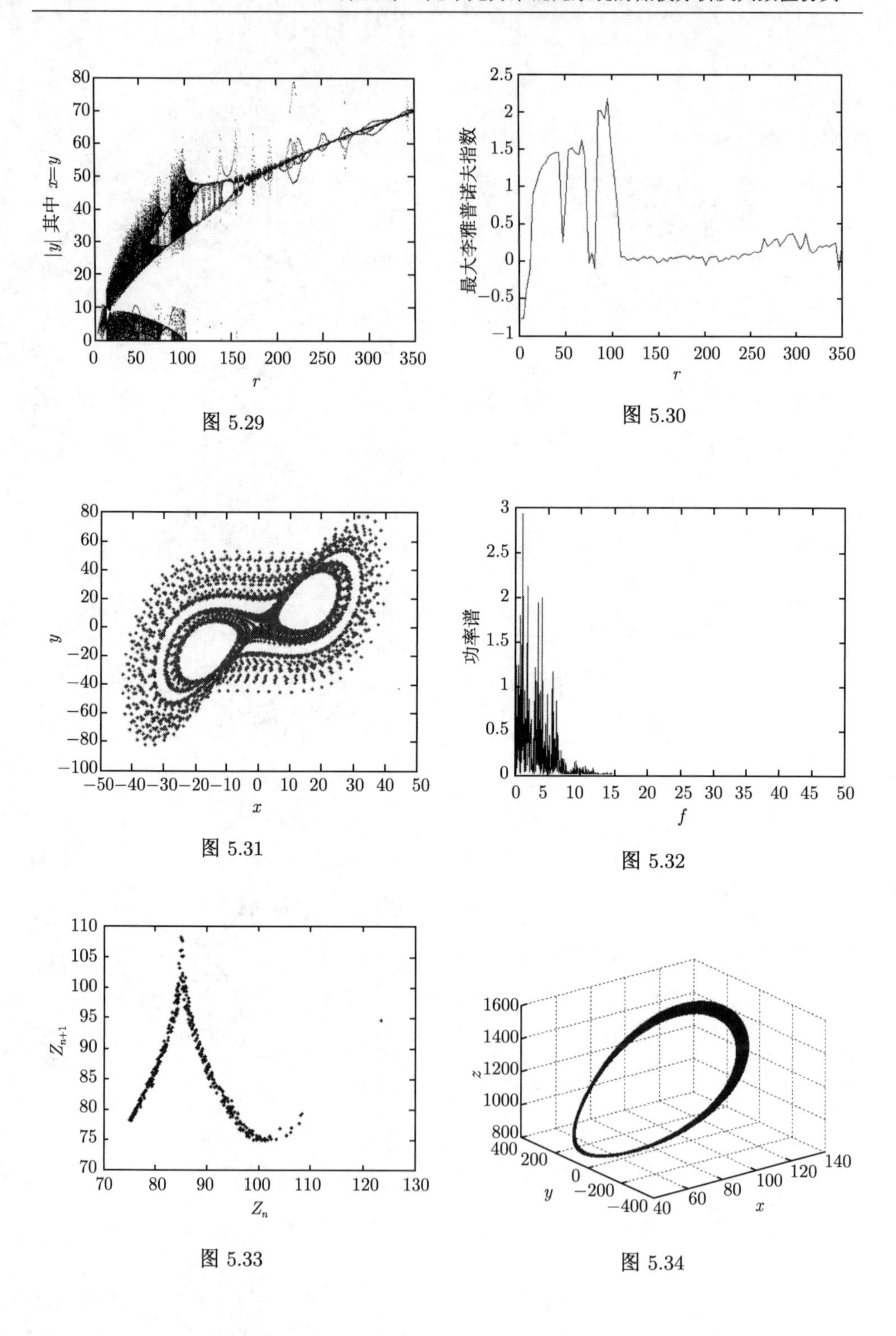

图 5.29

图 5.30

图 5.31

图 5.32

图 5.33

图 5.34

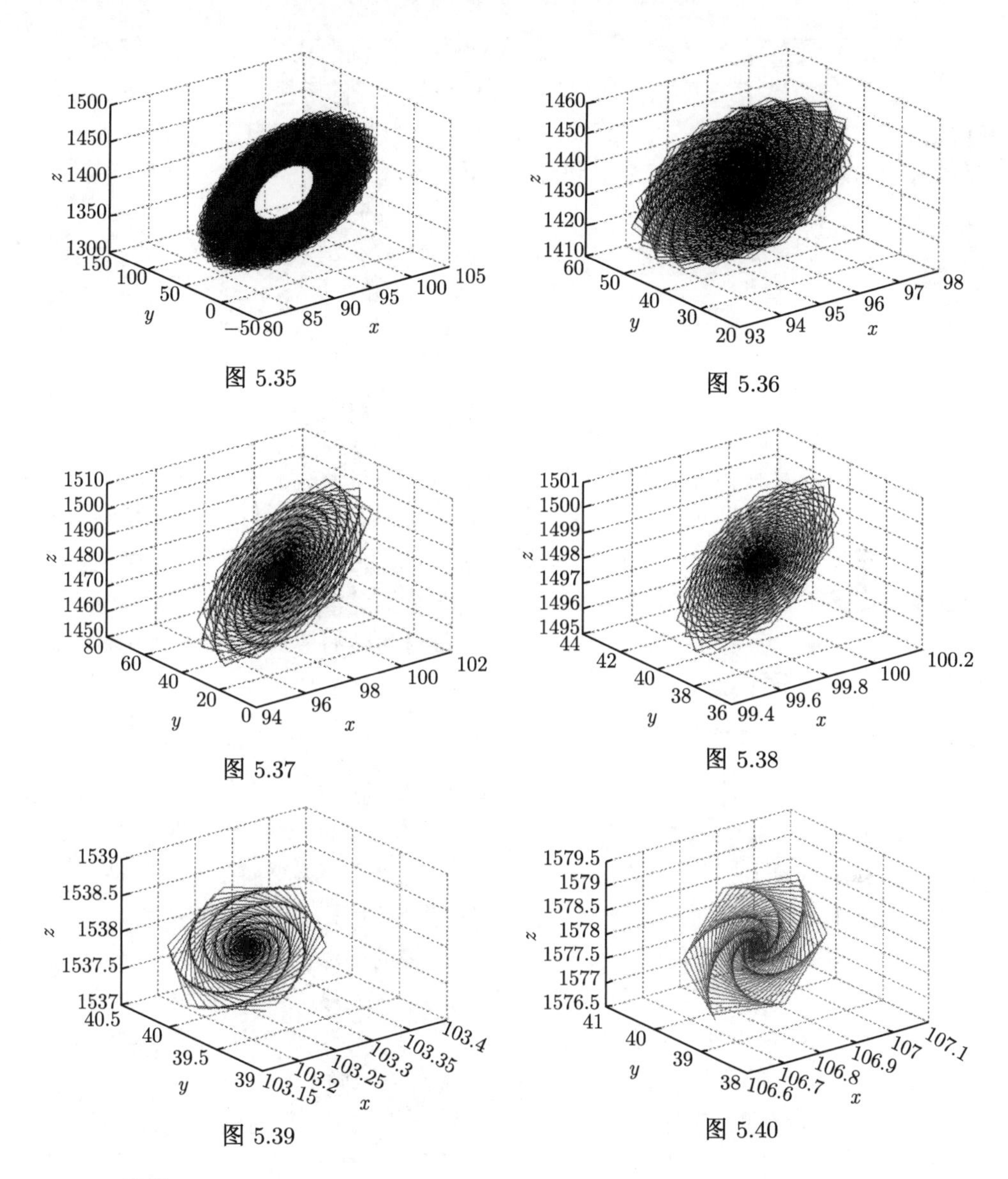

图 5.35

图 5.36

图 5.37

图 5.38

图 5.39

图 5.40

5.1.5　总结

本节探讨了同轴圆柱间旋转流动库埃特–泰勒流三模系统的动力学行为和数值仿真问题，首先对此三模方程组进行了稳定性分析，然后讨论了此方程组全局吸引子的存在性，给出了其吸引子的 Hausdorff 维数上界的估计，数值模拟了系统分歧和混沌等的动力学行为发生的全过程。基于分岔图与最大李雅普诺夫指数谱和庞加莱截面以及功率谱和返回映射等仿真结果揭示了此系统混沌行为的普适特征。库埃特–泰勒流的湍流行为是由于雷诺数 r 的增大系统稳定的不动点和周期轨道持续丧失稳定性而逐渐产生的，本文的数值结果从一个侧面反映了库埃特–泰勒流湍流行为的某些特征，此三模系统通向混沌的道路与著名的洛伦兹方程基本相同，但在高雷诺数下系统的状态与洛伦兹方程截然不同，洛伦兹方程在高雷诺数下是稳定的周期状态，而此三模系统最终状态是稳定的定态。

5.2 不可压缩磁流体动力学类洛伦兹系统的动力学行为及其数值仿真

本节研究了平面正方形区域上不可压缩磁流体动力学方程组的动力学行为及其数值仿真问题。利用模式截断的方法，获得了一个全新的类洛伦兹方程组，给出了该方程组定常解及其稳定性的讨论, 证明了该方程组吸引子的存在性, 并对其全局稳定性进行了分析和讨论, 数值模拟了雷诺数在一定范围内变化时类洛伦兹方程组的动力学行为，分析了系统通过分岔过渡到混沌所展现的动力学行为。数值模拟结果揭示出该系统可通过准周期分岔途径和阵发性到达混沌, 分析了磁性对系统动力学行为的影响。运用分岔图、李雅普诺夫指数谱和庞加莱截面, 返回映射和功率谱等揭示了系统混沌行为的普适特征。

5.2.1 引言

美国气象学家洛伦兹在研究两平行板间热对流问题的开创性工作开启了模式截断方法处理反映流体流动的偏微分方程的先河[10,11]。20 世纪后期弗兰切斯基尼等学者又在此方向上进一步扩展，多次和其他学者合作，将平面正方形区域 $T^2 = [0, 2\pi] \times [0, 2\pi]$ 上不可压缩的纳维–斯托克斯方程的速度 u，外力 f 和压力 p 进行傅里叶展开并截取其中的有限项，获得了五模和七模的类洛伦兹方程组[12−16]。1988 年弗兰切斯基尼，英格里斯和泰巴尔迪在*Commun. Mech. Phys.*上发表了 3 维空间上的有关纳维–斯托克斯方程五模截断的文章[17]；1991 年弗兰切斯基尼和扎纳西在三维空间对此方程傅里叶展开，进行七模截断后得到 14 个非线性微分方程组成的方程组[18]。本节我们考虑磁流体动力学 (简称 MHD) 方程的模式截断问题，把平面正方形区域上的磁流体动力学方程展成傅里叶级数形式，获得了全新的五模类洛伦兹方程组。理论分析并数值模拟了当参数值变化时这个新混沌系统的动力学行为, 包括基本的动力学性质、分岔和通向混沌的道路等。我们的意图就是探讨流体的磁性对系统动力学行为的影响，而且对新混沌系统吸引子的存在性和全局稳定性进行了分析和讨论, 这些理论可以应用于其他类似的模型。

我们考虑 $T^2 = [0, 2\pi] \times [0, 2\pi]$ 的磁流体动力学方程[19]：

$$
\begin{cases}
\dfrac{\partial \boldsymbol{u}}{\partial t}+(\boldsymbol{u}\cdot\boldsymbol{\nabla})u-\lambda\Delta u+\boldsymbol{\nabla}p+s\boldsymbol{\nabla}\left(\dfrac{1}{2}\boldsymbol{B}^2\right)-s(\boldsymbol{B}\cdot\boldsymbol{\nabla})\boldsymbol{B}=f\\
\dfrac{\partial \boldsymbol{B}}{\partial t}+(\boldsymbol{u}\cdot\boldsymbol{\nabla})\boldsymbol{B}-(\boldsymbol{B}\cdot\boldsymbol{\nabla})u+\lambda_m\mathbf{rot}(\mathbf{rot}\boldsymbol{B})=0\\
\mathrm{div}\boldsymbol{u}=0\\
\mathrm{div}\boldsymbol{B}=0\\
\displaystyle\int_{T^2}u\mathrm{d}x=0\\
\displaystyle\int_{T^2}\boldsymbol{B}\mathrm{d}x=0
\end{cases}
\tag{5.4}
$$

其中，$\boldsymbol{u}$ 为速度场函数; $\boldsymbol{B}$ 为磁场磁感应强度; p 为液体压强; $\lambda=\dfrac{1}{Re}$, Re 为流动雷诺数; $\lambda_m=\dfrac{1}{R_m}$, R_m 为磁雷诺数; $s=\dfrac{M^2}{Re\cdot R_m}=\lambda\cdot\lambda_m\cdot M^2$, M 为 Hartman 数，f 代表流体的 (周期) 外力。

5.2.2 新五模类洛伦兹方程组

我们把 u,B,p,f 展成如下傅里叶级数形式:

$$\boldsymbol{u}(X,t)=\sum_{K\neq 0}\mathrm{e}^{\mathrm{i}\boldsymbol{K}\cdot X}r_K\frac{K^{\perp}}{|K|}\tag{5.5}$$

$$\boldsymbol{B}(X,t)=\sum_{K\neq 0}\mathrm{e}^{\mathrm{i}\boldsymbol{K}\cdot X}b_K\frac{K^{\perp}}{|K|}\tag{5.6}$$

$$f(X,t)=\sum_{K\neq 0}\mathrm{e}^{\mathrm{i}\boldsymbol{K}\cdot X}f_K\frac{K^{\perp}}{|K|}\tag{5.7}$$

$$p(X,t)=\sum_{K\neq 0}\mathrm{e}^{\mathrm{i}\boldsymbol{K}\cdot X}p_K(t)\tag{5.8}$$

其中，$\boldsymbol{K}=(h_1,h_2)$ 是具有整数分量的波向量, $K^{\perp}=(h_2,-h_1)$, $r_K=r_K(t),b_K=b_K(t),f_K=f_K(t),p_K=p_K(t)$ 均为时间 t 的函数。将式 (5.5)~ 式 (5.8) 代入到方程组 (5.4), 经过一系列运算得到如下 MHD 方程组的截断方程组:

$$
\begin{cases}
\dot{r}_K=-\lambda\,|K|^2\,r_K-\mathrm{i}\displaystyle\sum_{K\in L,K_1+K_2+K=0}\frac{K_1^{\perp}\cdot K_2(K_2^2-K_1^2)}{2\,|K||K_1||K_2|}\overline{r}_{K_1}\overline{r}_{K_2}\\
\qquad +s\cdot\mathrm{i}\displaystyle\sum_{K\in L,K_1+K_2+K=0}\frac{K_1^{\perp}\cdot K_2(K_2^2-K_1^2)}{2\,|K||K_1||K_2|}\overline{b}_{K_1}\overline{b}_{K_2}+f_K\\
\dot{b}_K=-\lambda_m\,|K|^2\,b_K-\mathrm{i}\displaystyle\sum_{K\in L,K_1+K_2+K=0}\frac{K_1^{\perp}\cdot K_2\,|K|}{2\,|K_1||K_2|}(\overline{r}_{K_1}\overline{b}_{K_2}-\overline{b}_{K_1}\overline{r}_{K_2})
\end{cases}
\tag{5.9}
$$

其中，$\boldsymbol{L}$ 为波向量集合, 并且满足若 $\boldsymbol{K} \in L$, 则 $-\boldsymbol{K} \in \boldsymbol{L}$。取 $L = \{\pm K_1, \pm K_2, \pm K_3, \pm K_4, \pm K_5\}$, 其中 $K_1 = (1,-1), K_2 = (3,0), K_3 = (-1,2), K_4 = (2,1), K_5 = (0,1)$。在 $\lambda = \lambda_m = s = 1$ 时, 分别令 $\boldsymbol{K}$ 为 K_1, K_2, K_3, K_4, K_5，利用实条件 $r_K = -\bar{r}_{-K}$ 作代换:

$$
\begin{aligned}
&r_{K_1} = 2\sqrt{10}\mathrm{i}x_1,\ r_{K_2} = -2\sqrt{10}\mathrm{i}x_2,\ r_{K_3} = 2\sqrt{10}x_3,\ r_{K_4} = -2\sqrt{10}\mathrm{i}x_4,\ r_{K_5} = 2\sqrt{10}x_5,\\
&b_{K_1} = 2\sqrt{10}\mathrm{i}x_6,\ b_{K_2} = 2\sqrt{10}\mathrm{i}x_7,\ b_{K_3} = 2\sqrt{10}x_8,\ b_{K_4} = 2\sqrt{10}\mathrm{i}x_9,\ b_{K_5} = 2\sqrt{10}x_{10}
\end{aligned}
\tag{5.10}
$$

对得到的方程组只施加外力 f_4, 即使雷诺数 $Re = | f_{K4} |$, 令 $\lambda = \lambda_m = s = 1$, 代入方程组 (5.9) 经大量计算得到如下类洛伦兹方程组:

$$
\begin{cases}
\dot{x}_1 = -2x_1 + 4x_3x_5 - 4x_2x_4 - 4x_8x_{10} + 4x_7x_9 & (1)\\
\dot{x}_2 = -9x_2 - 3x_1x_4 - 3x_6x_9 & (2)\\
\dot{x}_3 = -5x_3 - x_1x_5 + x_6x_{10} & (3)\\
\dot{x}_4 = -5x_4 + 7x_1x_2 + 7x_6x_7 + Re & (4)\\
\dot{x}_5 = -x_5 - 3x_1x_3 + 3x_6x_8 & (5)\\
\dot{x}_6 = -2x_6 - 2x_3x_{10} + 2x_5x_8 + 2x_4x_7 - 2x_2x_9 & (6)\\
\dot{x}_7 = -9x_7 - 9x_1x_9 - 9x_4x_6 & (7)\\
\dot{x}_8 = -5x_8 + 5x_1x_{10} - 5x_5x_6 & (8)\\
\dot{x}_9 = -5x_9 + 5x_1x_7 + 5x_2x_6 & (9)\\
\dot{x}_{10} = -x_{10} - x_1x_8 + x_3x_6 & (10)
\end{cases}
\tag{5.11}
$$

这里，$x_i = x_i(t)(i = 1, 2, \cdots, 10)$ 为谱展开系数。与文献 [3] 中的五维模型比较, 系统 (5.11) 的方程 (6)~(10) 源于磁场, 并且系统 (5.11) 具有下列对称性质

$$
\begin{aligned}
&(x_1, -x_2, -x_3, -x_4, -x_5, x_6, -x_7, -x_8, -x_9, -x_{10})\\
&\Leftrightarrow\ (x_1, x_2, x_3, x_4, x_5, x_6, x_7, x_8, x_9, x_{10})
\end{aligned}
$$

5.2.3　定常解及其稳定性

令

$$
F(x, Re) = \begin{pmatrix}
-2x_1 + 4x_3x_5 - 4x_2x_4 - 4x_8x_{10} + 4x_7x_9\\
-9x_2 - 3x_1x_4 - 3x_6x_9\\
-5x_3 - x_1x_5 + x_6x_{10}\\
-5x_4 + 7x_1x_2 + 7x_6x_7 + Re\\
-x_5 - 3x_1x_3 + 3x_6x_8\\
-2x_6 - 2x_3x_{10} + 2x_5x_8 + 2x_4x_7 - 2x_2x_9\\
-9x_7 - 9x_1x_9 - 9x_4x_6\\
-5x_8 + 5x_1x_{10} - 5x_5x_6\\
-5x_9 + 5x_1x_7 + 5x_2x_6\\
-x_{10} - x_1x_8 + x_3x_6
\end{pmatrix}
\tag{5.12}
$$

经计算我们获得 $F(x, Re)$ 的下列导数：

$$D_xF(x,Re)=\begin{bmatrix} -2 & -4x_4 & 4x_5 & -4x_2 & 4x_3 & 0 & 4x_9 & -4x_{10} & 4x_7 & -4x_8 \\ -3x_4 & -9 & 0 & -3x_1 & 0 & -3x_9 & 0 & 0 & -3x_6 & 0 \\ -x_5 & 0 & -5 & 0 & -x_1 & x_{10} & 0 & 0 & 0 & x_6 \\ 7x_2 & 7x_1 & 0 & -5 & 0 & 7x_7 & 7x_6 & 0 & 0 & 0 \\ -3x_3 & 0 & -3x_1 & 0 & -1 & 3x_8 & 0 & 3x_6 & 0 & 0 \\ 0 & -2x_9 & -2x_{10} & 2x_7 & 2x_8 & -2 & 2x_4 & 2x_5 & -2x_2 & -2x_3 \\ -9x_9 & 0 & 0 & -9x_6 & 0 & -9x_4 & -9 & 0 & -9x_1 & 0 \\ 5x_{10} & 0 & 0 & 0 & -5x_6 & -5x_5 & 0 & -5 & 0 & 5x_1 \\ 5x_7 & 5x_6 & 0 & 0 & 0 & 5x_2 & 5x_1 & 0 & -5 & 0 \\ -x_8 & 0 & x_6 & 0 & 0 & x_3 & 0 & -x_1 & 0 & -1 \end{bmatrix} \tag{5.13}$$

令 $F(x, Re) = 0$, 经大量运算可以求出系统 (5.11) 的定常解 (平衡点), 下面给出定常解，并讨论其稳定性：

(1) 对于 $0 \leqslant Re \leqslant R_1 = \frac{5}{2}\sqrt{6}$, 系统 (5.11) 只有唯一的定常解。

(i) $X_1 = \left(0, 0, 0, \frac{Re}{5}, 0, 0, 0, 0, 0, 0\right)$。

将其代入式 (5.13) 我们得到此平衡点处的雅可比矩阵：

$$\begin{bmatrix} -2 & -\frac{4}{5}Re & 0 & 0 & 0 & 0 & 0 & 0 & 0 & 0 \\ -\frac{3}{5}Re & -9 & 0 & 0 & 0 & 0 & 0 & 0 & 0 & 0 \\ 0 & 0 & -5 & 0 & 0 & 0 & 0 & 0 & 0 & 0 \\ 0 & 0 & 0 & -5 & 0 & 0 & 0 & 0 & 0 & 0 \\ 0 & 0 & 0 & 0 & -1 & 0 & 0 & 0 & 0 & 0 \\ 0 & 0 & 0 & 0 & 0 & -2 & \frac{2}{5}Re & 0 & 0 & 0 \\ 0 & 0 & 0 & 0 & 0 & -\frac{9}{5}Re & -9 & 0 & 0 & 0 \\ 0 & 0 & 0 & 0 & 0 & 0 & 0 & -5 & 0 & 0 \\ 0 & 0 & 0 & 0 & 0 & 0 & 0 & 0 & -5 & 0 \\ 0 & 0 & 0 & 0 & 0 & 0 & 0 & 0 & 0 & -1 \end{bmatrix} \tag{5.14}$$

对应的特征方程为

$$(\lambda+1)^2(\lambda+5)^4\left(\lambda^2+11\lambda+18-\frac{12}{25}Re^2\right)\left(\lambda^2+11\lambda+18+\frac{18}{25}Re^2\right)=0 \tag{5.15}$$

当 $0 \leqslant Re < R_1 = \frac{5}{2}\sqrt{6}$ 时，矩阵 (5.14) 所有特征值均为负实部，所以平衡点 X_1

稳定, 数值计算表明，它是稳定的全局吸引子。

(2) 当 $R_1 < Re \leqslant R_2 = \dfrac{40}{9}\sqrt{6}$ 时, 系统 (5.11) 有 3 个平衡点。此时 X_1 变得不稳定, 在临界点 R_1 处 X_1 经树枝分岔产生如下 2 个新平衡点:

$$\text{(ii)}\quad X_{2,3} = \left(\mp\sqrt{\frac{\sqrt{6}\left(Re - \dfrac{5}{2}\sqrt{6}\right)}{7}},\ \pm\sqrt{\frac{Re - \dfrac{5}{2}\sqrt{6}}{7\sqrt{6}}},\ 0,\ \sqrt{\frac{3}{2}},\ 0,\ 0,\ 0,\ 0,\ 0,\ 0 \right)$$

由于在此两点处雅可比矩阵所有特征值均为负实部，所以 $X_{2,3}$ 是稳定的，数值结果表明，任意选定的初值都被它们吸引，所以它们是全局吸引子。当 $Re > R_2$ 时, 它们变得不稳定。

(3) 当 $Re > R_2$, 系统 (5.11) 有 7 个平衡点: 原来的 X_1, $X_{2,3}$, 和 $X_{4\sim7}$:

$$\text{(iii)}\quad X_{4\sim7} = \left(\varepsilon\sqrt{\frac{5}{3}},\ \sigma\frac{9}{240}\sqrt{\frac{5}{3}}Re,\ \varepsilon\sigma\frac{1}{5}\sqrt{\frac{25}{6}\left(\frac{27}{3200}Re^2 - 1\right)},\ \ \frac{9}{80}Re,\right.$$
$$\left.\varepsilon\sqrt{\frac{5}{2}\left(\frac{27}{3200}Re - 1\right)}, 0,\ 0,\ 0,\ 0,\ 0\right)$$
$$\varepsilon = \pm 1,\quad \sigma = \mp 1$$

此时前三个平衡点总是不稳定的。当 $Re < R_3 = 26.215\cdots$ 时，4 个新平衡点是稳定的，数值计算表明，它们吸引任意初值。当 $Re \geqslant R_3$ 时，由于一对复共轭特征值穿过虚轴 4 个新平衡点开始不稳定，在临界点 R_3 处环绕平衡点 $X_{4\sim7}$ 经由霍普夫分岔产生 4 个不稳定的周期轨道，在第 5 段我们将给出详细的讨论。

5.2.4 吸引子的存在性和全局稳定性分析

1. 吸引子的存在性

下面我们证明系统 (5.11) 吸引子的存在性，设 $H = R^{10}, u(t) = (x_1, \ldots, x_{10})$, 作下列运算:

$$\begin{aligned}&(1)\times x_1 + (2)\times x_2 + (3)\times x_3 + (4)\times x_4 + (5)\times x_5\\&+(6)\times x_6 + (7)\times x_7 + (8)\times x_8 + (9)\times x_9 + (10)\times x_{10}\end{aligned}$$

得到

$$\begin{aligned}&\dot{x}_1x_1 + 2x_1^2 + \dot{x}_2x_2 + 9x_2^2 + \dot{x}_3x_3 + 5x_3^2 + \dot{x}_4x_4 + 5x_4^2 + \dot{x}_5x_5 + x_5^2 + \dot{x}_6x_6 + 2x_6^2\\&+\dot{x}_7x_7 + 9x_7^2 + \dot{x}_8x_8 + 5x_8^2 + \dot{x}_9x_9 + 5x_9^2 + \dot{x}_{10}x_{10} + x_{10}^2 = x_4Re\end{aligned}$$

即

$$\begin{aligned}&\frac{1}{2}\frac{\mathrm{d}}{\mathrm{d}t}\left(\sum_{i=1}^{10}x_i^2\right)+(2x_1^2+9x_2^2+5x_3^2+5x_4^2+x_5^2+2x_6^2+9x_7^2+5x_8^2+5x_9^2+x_{10}^2)\\&=x_4Re\end{aligned}$$

假设 $|u(t)|^2=\sum_{i=1}^{10}x_i^2$, 由 Young 不等式[19,20] 得

$$\begin{aligned}&\frac{1}{2}\frac{\mathrm{d}}{\mathrm{d}t}\left(\sum_{i=1}^{10}x_i^2\right)+(2x_1^2+9x_2^2+5x_3^2+5x_4^2+x_5^2+2x_6^2+9x_7^2+5x_8^2+5x_9^2+x_{10}^2)\\&=x_4Re\leqslant\frac{Re^2}{4}+x_4^2\end{aligned}$$

那么 $\frac{\mathrm{d}}{\mathrm{d}t}|u|^2+2|u|^2\leqslant\frac{Re^2}{2}$。利用 Gronwall 不等式[19,20] 得

$$|u|^2\leqslant|u(0)|^2\,\mathrm{e}^{-2t}+\frac{Re^2}{4}(1-\mathrm{e}^{-2t})$$

则

$$\limsup_{t\to\infty}|u(t)|^2\leqslant\frac{Re^2}{4}$$

因此有

$$\limsup_{t\to\infty}|u(t)|\leqslant\frac{Re}{2}=\rho_0$$

其中，$\rho\geqslant\rho_0$ 充分大，则 $\sum=B(0,\rho)$ 是泛函不变集和吸引集，因此系统 (5.11) 存在全局吸引子[19,20]。

2. 全局稳定性

为讨论系统 (5.11) 的全局稳定性, 构造李雅普诺夫函数为

$$V(x_1,x_2,x_3,x_4,x_5,x_6,x_7,x_8,x_9,x_{10})=\sum_{i=1}^{10}x_i^2>0 \tag{5.16}$$

令 $V(x_1,x_2,x_3,x_4,x_5,x_6,x_7,x_8,x_9,x_{10})=k$, 很明显, 当 k 是一正常数时，上式表示 H 上的一球面，记为 E。求 V 的导数，并利用式 (5.11) 得

$$\begin{aligned}\frac{\mathrm{d}V}{\mathrm{d}t}&=2\sum_{i=1}^{10}x_i\dot{x}_i\\&=-2(2x_1^2+9x_2^2+5x_3^2+5x_4^2+x_5^2+2x_6^2+9x_7^2+5x_8^2+5x_9^2+x_{10}^2-x_4Re)\end{aligned}$$

$$
\begin{aligned}
&= -2\left[2x_1^2 + 9x_2^2 + 5x_3^2 + 5\left(x_4 - \frac{Re}{10}\right)^2 + x_5^2\right. \\
&\quad \left. +2x_6^2 + 9x_7^2 + 5x_8^2 + 5x_9^2 + x_{10}^2 - \frac{Re^2}{20}\right]
\end{aligned} \tag{5.17}
$$

显然, $2x_1^2 + 9x_2^2 + 5x_3^2 + 5\left(x_4 - \frac{Re}{10}\right)^2 + x_5^2 + 2x_6^2 + 9x_7^2 + 5x_8^2 + 5x_9^2 + x_{10}^2 = \frac{Re^2}{20}$ 表示 H 中一椭球面，记此椭球面为 C, 由式 (5.17) 得

$$
\frac{\mathrm{d}V}{\mathrm{d}t}\begin{cases} < 0, \text{在 } C \text{ 外} \\ = 0, \text{在 } C \text{ 上} \\ > 0, \text{在 } C \text{ 内} \end{cases}
$$

于是, 若把 k 取得充分大, E 即可包围 C。这样, 由上可知, 在 C 外面,$\frac{\mathrm{d}V}{\mathrm{d}t} < 0$, $V\frac{\mathrm{d}V}{\mathrm{d}t} < 0$, 由李雅普诺夫定理[20,21] 得知，$E$ 外系统 (5.11) 的解轨线都将进入 E 内。可见 E 就是类洛伦兹系统 (5.11) 的捕捉区。虽然这时系统平衡点 $(X_i, i = 1, \cdots, 7)$ 都不稳定，但系统仍具有全局稳定性。系统最终要收缩到捕捉区内，而区内又无收点，因此系统的轨线只能在区内不停的振荡。于是轨线最终要在捕捉区内形成一个不变集合，这就是所谓的奇怪吸引子。

3. 全局指数吸引集和正向不变集

下面我们讨论系统 (5.11) 的全局指数吸引集和正向不变集。首先, 我们给出一些基本定义, 令

$$
X(t) = (x_1, x_2, x_3, x_4, x_5, x_6, x_7, x_8, x_9, x_{10})
$$

并且假设 $X(t, t_0, X_0)$ 表示满足初始条件 $X(t_0, t_0, X_0) = X_0$ 系统 (5.11) 的解, 在不会混淆的情况下，该解我们简记为 $X(t)$。

定义 5.1　如果存在常数 $L > 0$ 使得对于 $V(X_0) > L$, $V(X(t)) > L$, 都有 $\lim_{t\to+\infty} V(X) \leqslant L$, 那么我们称 $\Omega = \{X \mid V(X(t)) \leqslant L\}$ 是系统 (5.11) 的一个全局吸引集。

如果对任意的 $X_0 \in \Omega$ 和任意的 $t > t_0$, 都有 $X(t, t_0, X_0) \in \Omega$, 则称 $\Omega = \{X \mid V(X(t)) \leqslant L\}$ 为正向不变集。

如果存在常数 $L > 0$, $M > 0$ 对任意的 $X_0 \in R^{10}$，使得 $V(X_0) > L$, $V(X(t)) > L$, 有下列的指数估计不等式: $V(X(t)) - L \leqslant (V(X_0) - L)\mathrm{e}^{-M(t-t_0)}$, 那么我们称 $\Omega = \{X \mid V(X(t)) \leqslant L\}$ 是系统 (5.11) 的一个全局指数吸引集。

定理 5.5 令

$$V(X)=\sum_{i=1}^{10}x_i^2>0,\quad L=\frac{Re^2}{9}$$

当 $V(X_0)\geqslant L$, $V(X(t))\geqslant L$ 时, 系统 (5.11) 有全局指数吸引集和正向不变集的估计式 $V(X(t))-L\leqslant(V(X_0)-L)\mathrm{e}^{-(t-t_0)}$, 从而 $\overline{\lim\limits_{t\to+\infty}}V(X(t))\leqslant L$。也就是说 $\Omega=\{X\mid V(X(t))\leqslant L\}$ 是系统 (5.11) 的全局指数吸引集和正向不变集。

证明 计算沿系统 (5.11) 的正半轨线 $V(X)$ 关于时间的导数, 有

$$\begin{aligned}\frac{\mathrm{d}V}{\mathrm{d}t}&=2\sum_{i=1}^{10}x_i\dot{x}_i\\&=-2(2x_1^2+9x_2^2+5x_3^2+5x_4^2+x_5^2+2x_6^2+9x_7^2+5x_8^2+5x_9^2+x_{10}^2-x_4Re)\\&=-V+F(X)\end{aligned}\tag{5.18}$$

其中,

$$F(X)=-3x_1^2-17x_2^2-9x_3^2-9x_4^2-x_5^2-3x_6^2-17x_7^2-9x_8^2-9x_9^2-x_{10}^2+2x_4Re$$

计算 $F(X)$ 关于 X 的拉格朗日极值, 因为 F 为二次函数, 其局部极大值为全局极大值。令

$$\frac{\partial F}{\partial x_i}=0,\quad i=1,\cdots,10$$

得极值点 $P_0=\left(0,0,0,\dfrac{Re}{9},0,0,0,0,0,0\right)$, 再求 $F(X)$ 在 P_0 点的二阶导数:

$$\frac{\partial^2F}{\partial x_i^2}<0,\quad i=1,\cdots,10$$

并且

$$\frac{\partial^2F}{\partial x_i\partial x_j}=0,\quad i\neq j$$

$$\sup_{X\in R^3}F(X)=F(X)\mid_{P_0}=\frac{Re^2}{9}=L$$

由式 (5.18), 我们有 $\dfrac{\mathrm{d}V}{\mathrm{d}t}\leqslant-V+L$, 从而, 当 $V(X_0)\geqslant L, V(X(t))\geqslant L$ 时, 有全局指数估计式 $V(X(t))-L\leqslant(V(X_0)-L)\mathrm{e}^{-(t-t_0)}$, 对上式两边取上极限, 有 $V(X(t))-L\leqslant(V(X_0)-L)\mathrm{e}^{-(t-t_0)}$, 那么 $\overline{\lim\limits_{t\to+\infty}}V(X(t))\leqslant L$。因此 $\Omega=\{X\mid V(X(t))\leqslant L\}$ 是系统 (5.11) 的全局指数吸引集和正向不变集。

5.2.5　数值仿真及分析

随着雷诺数 Re 的增大，系统 (5.11) 的稳定性会发生变化，将出现 Hopf 分岔和混沌等非线性现象。下面就来详细数值模拟系统 (5.11) 分岔和混沌发生的全过程。

1) 对于 $Re < R_3 = 26.215\cdots$, 系统 (5.11) 定常解 $X_{4\sim7}$ 是稳定的, 数值模拟显示任意选定的初值均被它们吸引, 它们为全局吸引子 (见图 5.41~ 图 5.45)。或许是数值仿真的局限性我们仅能画出两个稳定解的轨线图, 下面其他的仿真图也是类似的。

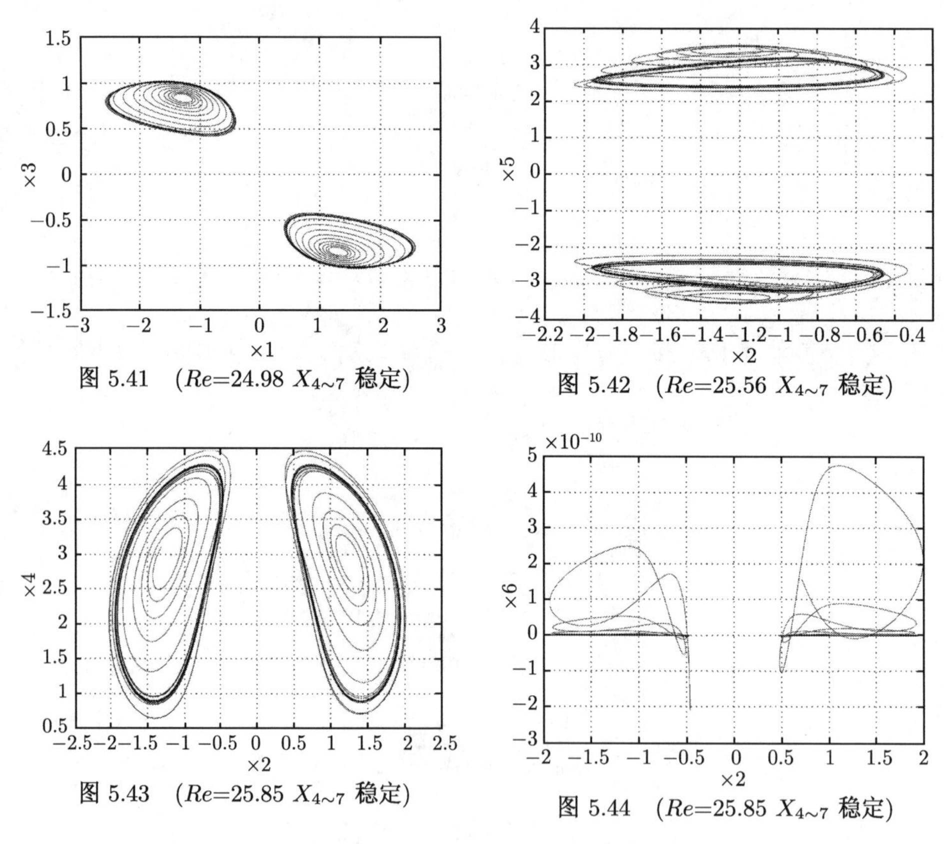

图 5.41　(Re=24.98 $X_{4\sim7}$ 稳定)

图 5.42　(Re=25.56 $X_{4\sim7}$ 稳定)

图 5.43　(Re=25.85 $X_{4\sim7}$ 稳定)

图 5.44　(Re=25.85 $X_{4\sim7}$ 稳定)

2) 当 $Re = R_3 = 26.215\cdots$ 时，由于 $X_{4\sim7}$ 处系统的雅可比矩阵有一对共轭特征值穿过虚轴使得经先前分岔产生的 4 个稳定的定常解 $X_{4\sim7}$ 变得不稳定, 它们经由霍普夫分岔产生不稳定的周期轨道 ξ_n^i $(i = 1, 2, 3, 4)$(图 5.46, 图 5.47)。ξ_n^i $(i = 1, 2, 3, 4)$ 在形状上与前面的非常类似, 随着参数 Re 的增加, 轨道数也增加, 系统处于逆周期状态。在相空间中另一个区域，一对周期轨道产生了 (一条稳定，一条不稳定)，滞后现象 (吸引子共存) 出现了 (图 5.48~ 图 5.50)。

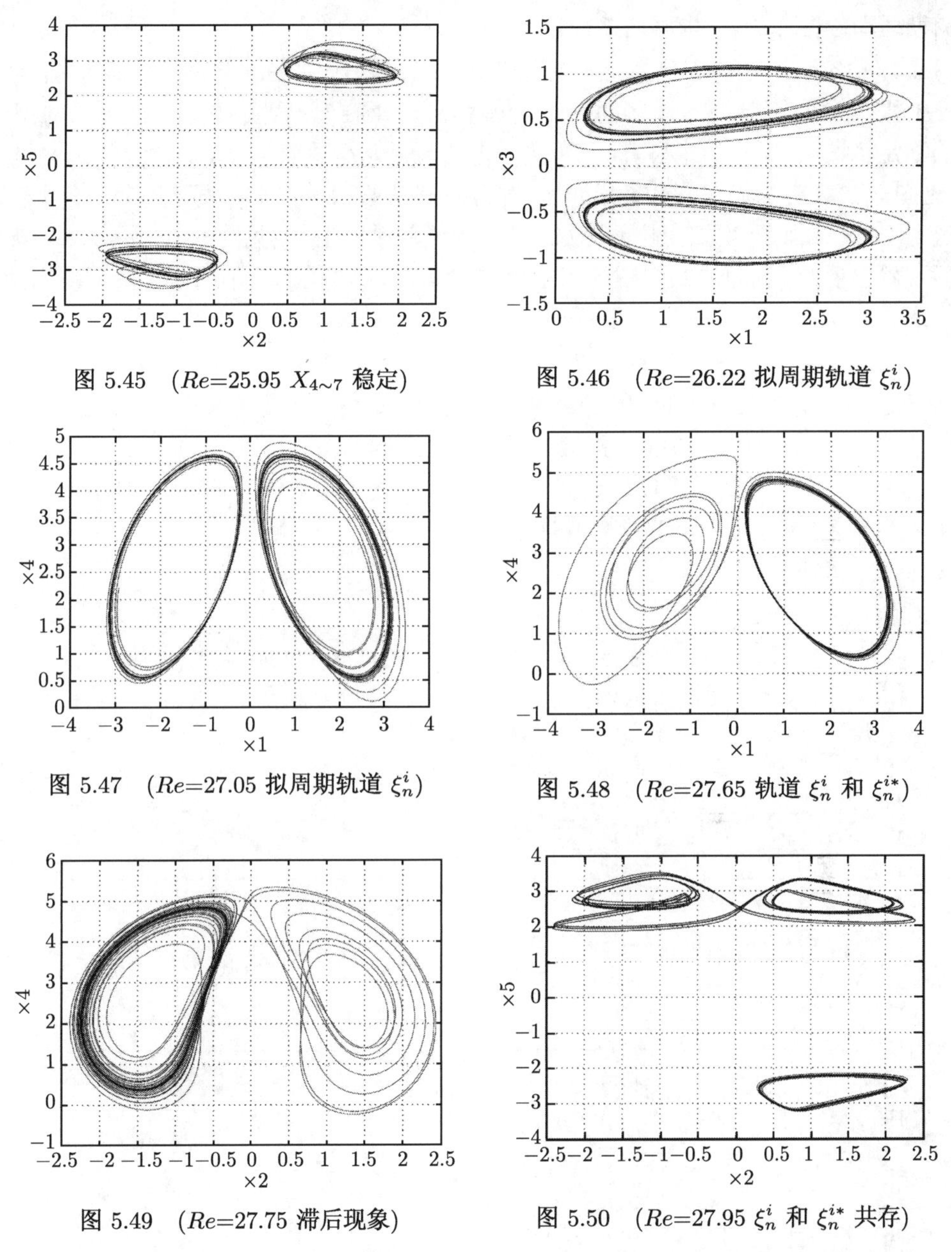

图 5.45 (Re=25.95 $X_{4\sim7}$ 稳定)

图 5.46 (Re=26.22 拟周期轨道 ξ_n^i)

图 5.47 (Re=27.05 拟周期轨道 ξ_n^i)

图 5.48 (Re=27.65 轨道 ξ_n^i 和 ξ_n^{i*})

图 5.49 (Re=27.75 滞后现象)

图 5.50 (Re=27.95 ξ_n^i 和 ξ_n^{i*} 共存)

3) 正如上面所讨论的，当 $Re = R_4 = 27.651\cdots$ 时一种新的周期轨道出现了，前面四个轨道的每一个分岔进入一个新轨道 ξ_0^{i*} $(i = 1, 2)$，新轨道缠绕 $X_{4\sim7}$ 中的两个平衡点，而不是像前面仅绕一个平衡点，更精确的讲，有两个轨道缠绕 X_4 和 X_6，而另外两个轨道缠绕 X_5 和 X_7 (一条稳定，一条不稳定)，随着雷诺数 Re 的增大，经拟周期分岔导致的另外的轨道序列出现了 (见图 5.48～ 图 5.50)，这种拟周期运动遵循茹厄勒–塔肯斯路径。

4) 稳定轨道 $\xi_n^{i*}(i=1,2)$ 的吸引域随着 Re 的增大 (在很小的区间范围内) 迅速扩张，当 Re 位于这个小区间内时，滞后现象 (不唯一) 开始发生。一些初值被新的稳定轨道 $\xi_n^{i*}(i=1,2)$ 吸引，另外的一些被周期倍分叉轨道 $\xi_n^{i}(i=1,2,3,4)$ 吸引 (见图 5.48~ 图 5.50)。很快新轨道 $\xi_n^{i*}(i=1,2)$ 的吸引域似乎吞没了周期倍分叉轨道 $\xi_n^{i}(i=1,2,3,4)$ 所要定位的区域，暂态混沌似乎发生了 (见图 5.51，图 5.52)，滞后现象出现了 (见图 5.49~ 图 5.52)。图 5.53~ 图 5.55 描述了不同雷诺数下的周期轨道。图 5.56~ 图 5.61 给出了新轨道 $\xi_n^{i*}(i=1,2)$ 在混沌区内一些相图。

5) 当 $Re=R_5=28.534\cdots$ 时轨道 $\xi_n^{i}(i=1,2,3,4)$ 消失, 由拟周期分岔产生的轨道 $\xi_n^{i*}(i=1,2)$ 随 Re 的增大继续失去稳定性，最终产生混沌吸引集 (见图 5.59~ 图 5.61)。当 $Re=34.151\cdots$ 混沌吸引子收缩成极限环 (见图 5.62~ 图 5.85)。从 $Re=94.852\cdots$ 开始极限环逐渐演化成拟周期状态。图 5.86~ 图 5.98 显示了系统 (5.11) 在高雷诺数 Re 下的拟周期状态。

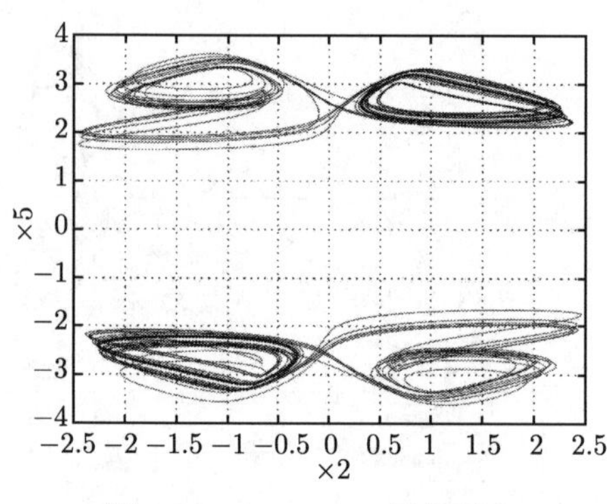

图 5.51 (Re=28.0 暂态混沌)

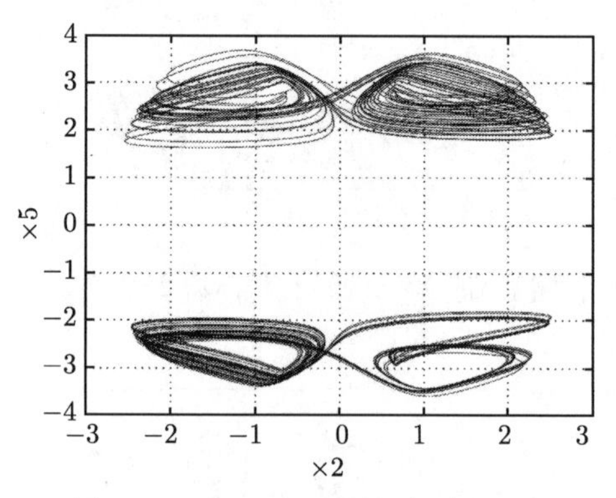

图 5.52 (Re=28.65 轨道 ξ_n^{i} 和 ξ_n^{i*})

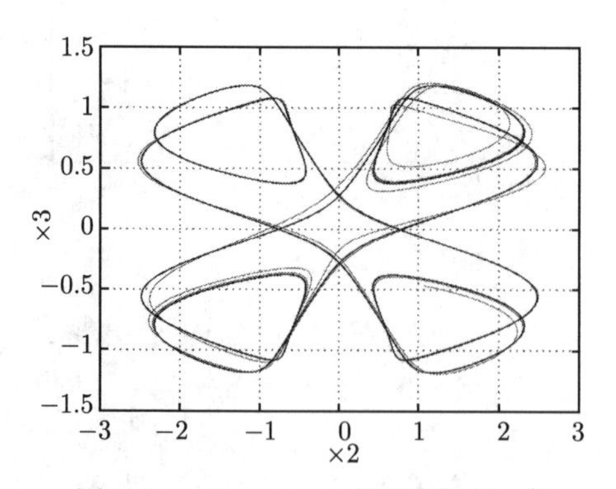

图 5.53 (Re=29.35 拟周期轨道 ξ_n^{i*})

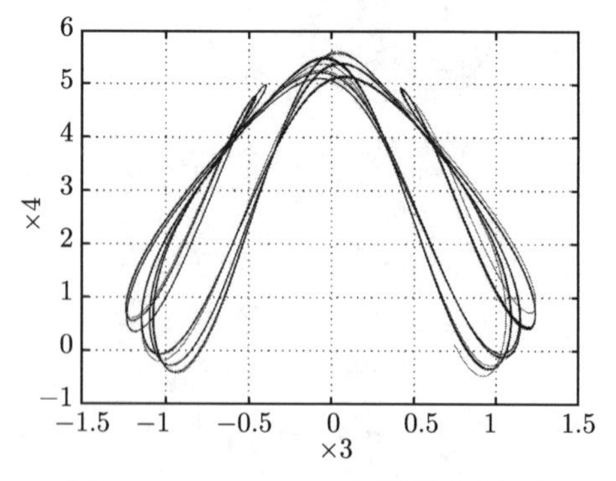

图 5.54 (Re=30.45 拟周期轨道 ξ_n^{i*})

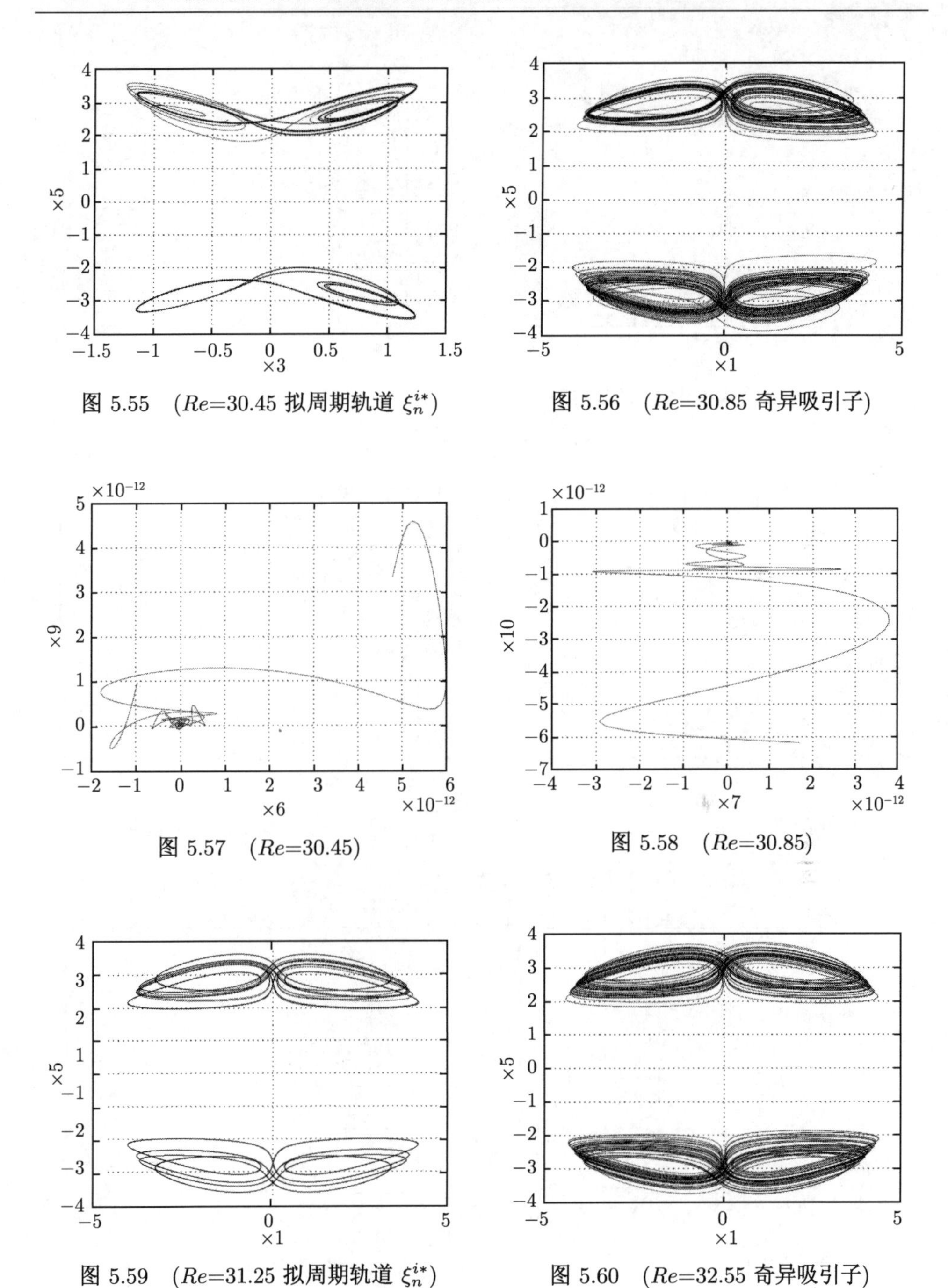

图 5.55 (Re=30.45 拟周期轨道 ξ_n^{i*})

图 5.56 (Re=30.85 奇异吸引子)

图 5.57 (Re=30.45)

图 5.58 (Re=30.85)

图 5.59 (Re=31.25 拟周期轨道 ξ_n^{i*})

图 5.60 (Re=32.55 奇异吸引子)

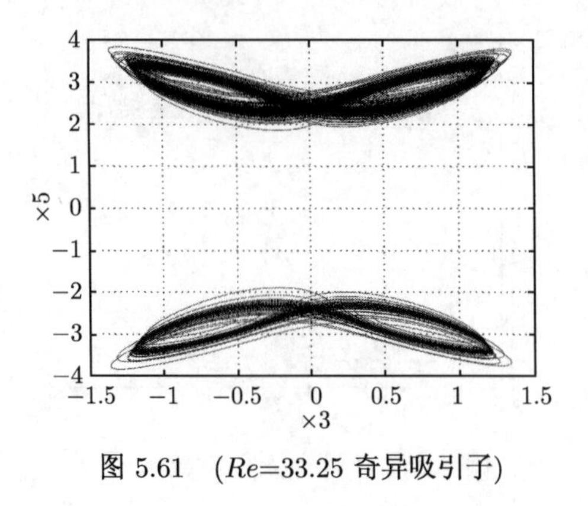

图 5.61 (Re=33.25 奇异吸引子)

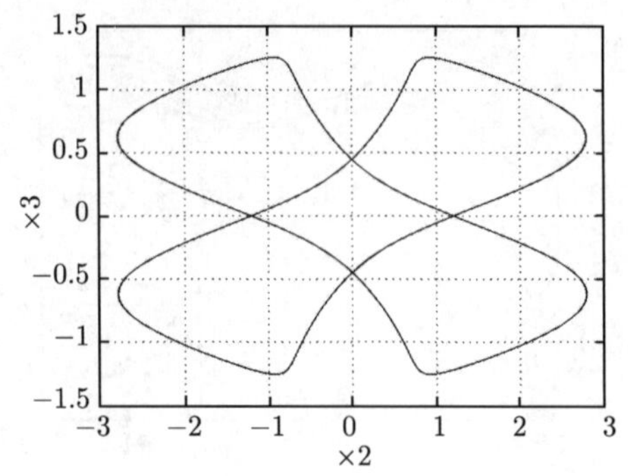

图 5.62 (Re=34.15 极限环)

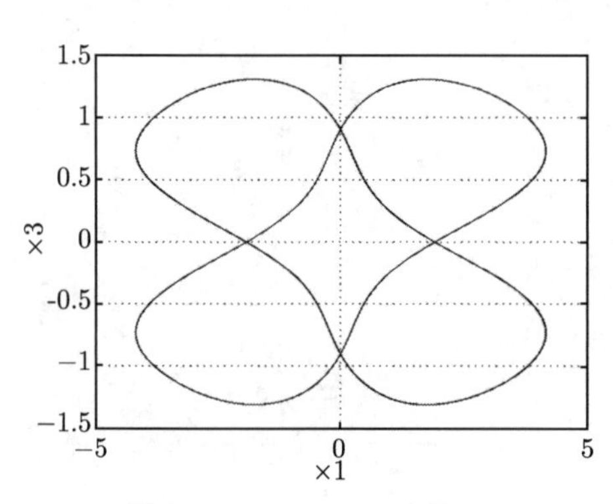

图 5.63 (Re=35.35 极限环)

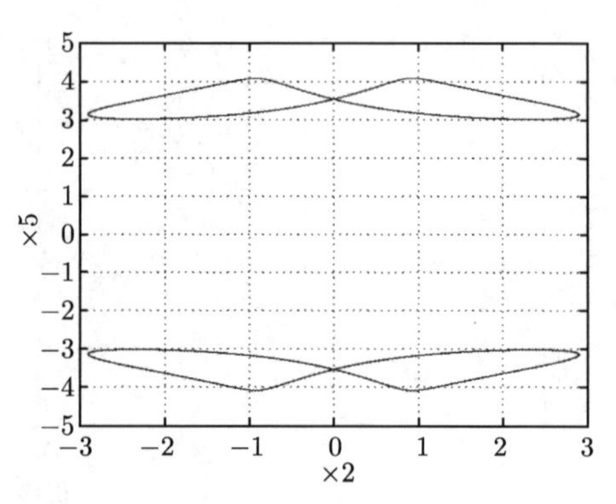

图 5.64 (Re=37.85 极限环)

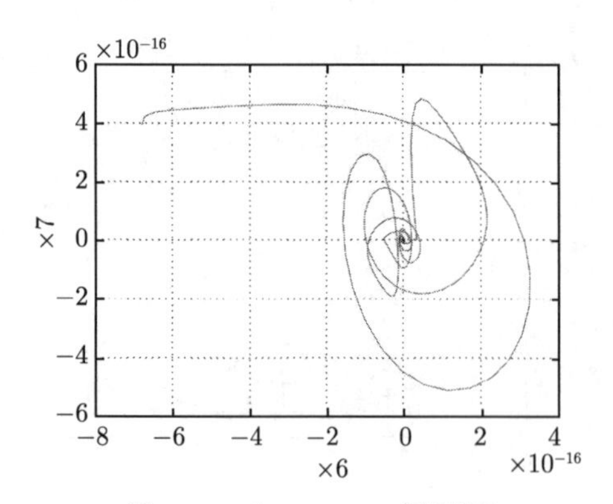

图 5.65 (Re=39.75 极限环)

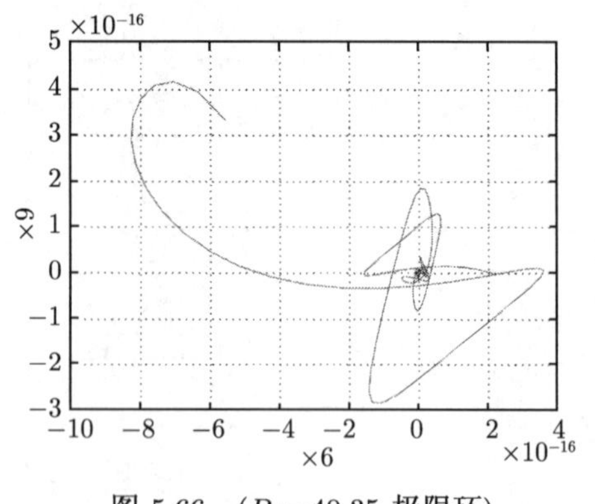

图 5.66 (Re=40.35 极限环)

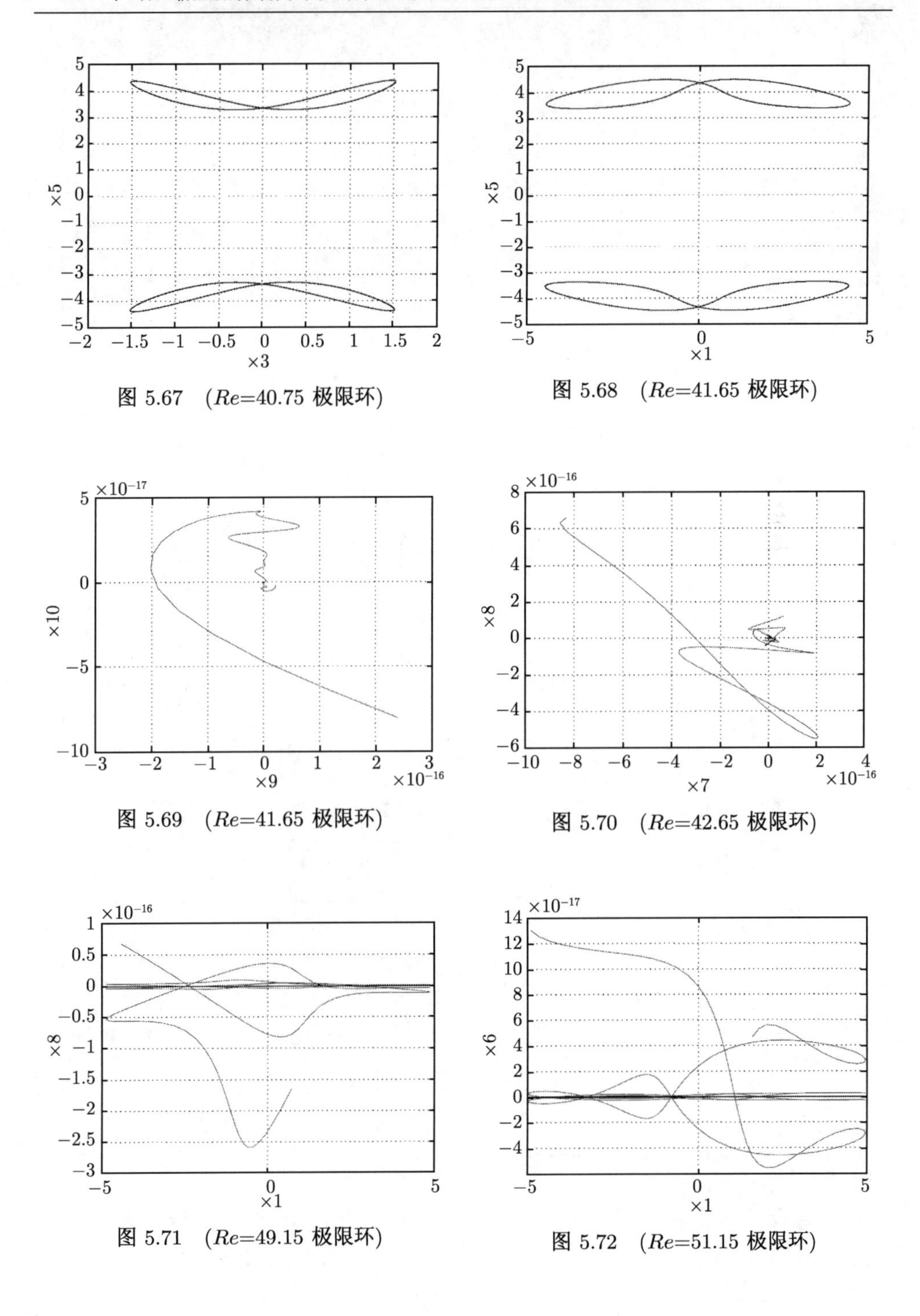

图 5.67 (Re=40.75 极限环)

图 5.68 (Re=41.65 极限环)

图 5.69 (Re=41.65 极限环)

图 5.70 (Re=42.65 极限环)

图 5.71 (Re=49.15 极限环)

图 5.72 (Re=51.15 极限环)

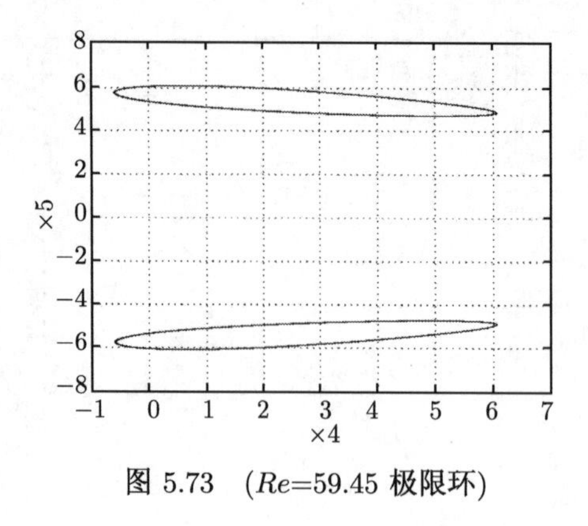

图 5.73　(Re=59.45 极限环)

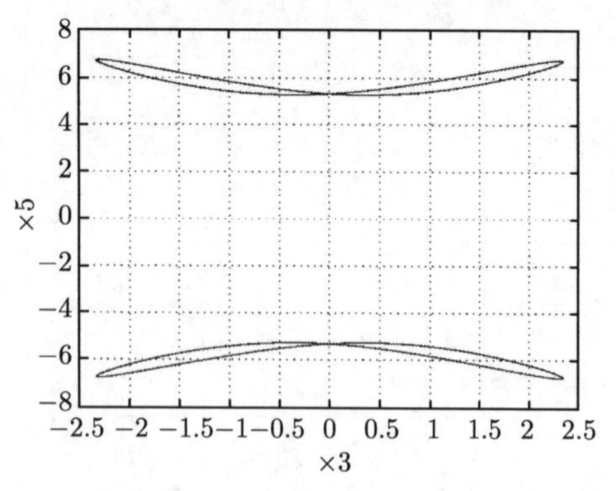

图 5.74　(Re=67.95 极限环)

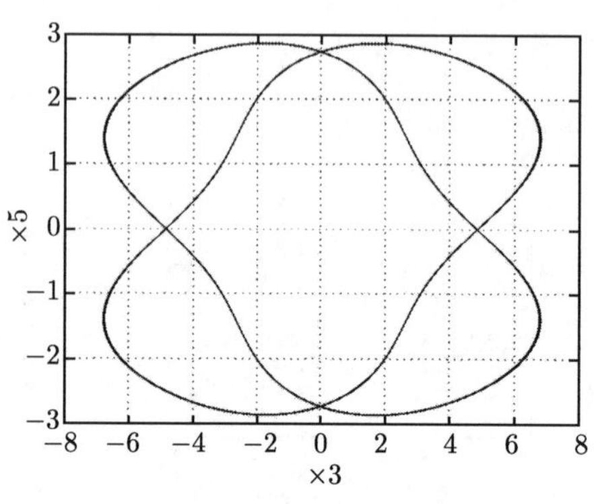

图 5.75　(Re=88.25 极限环)

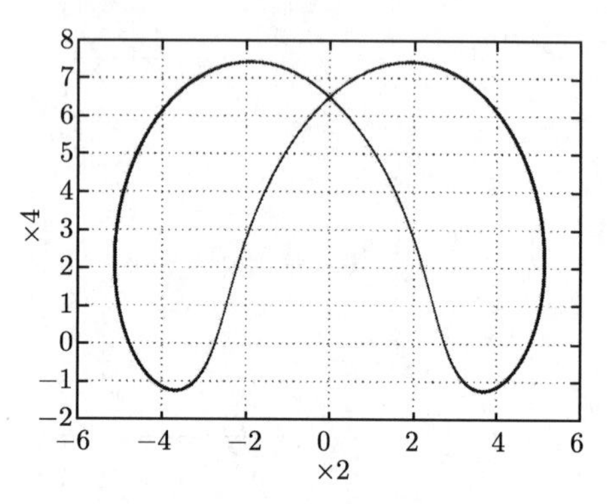

图 5.76　(Re=94.85 拟周期状态)

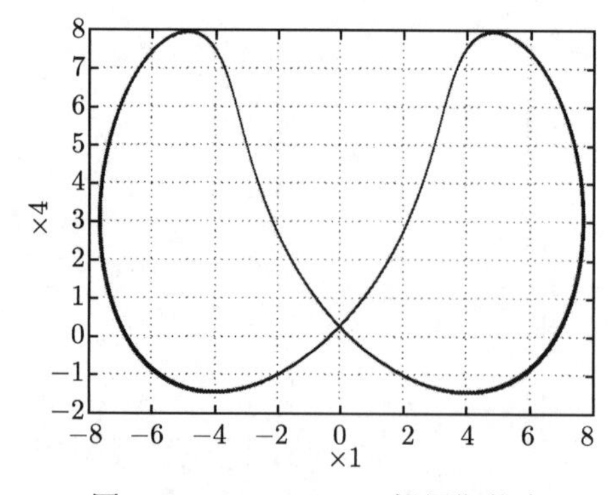

图 5.77　(Re=108.35 拟周期状态)

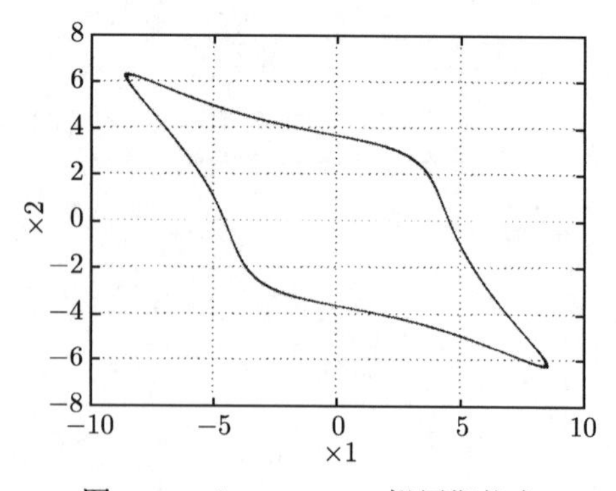

图 5.78　(Re=128.65 拟周期状态)

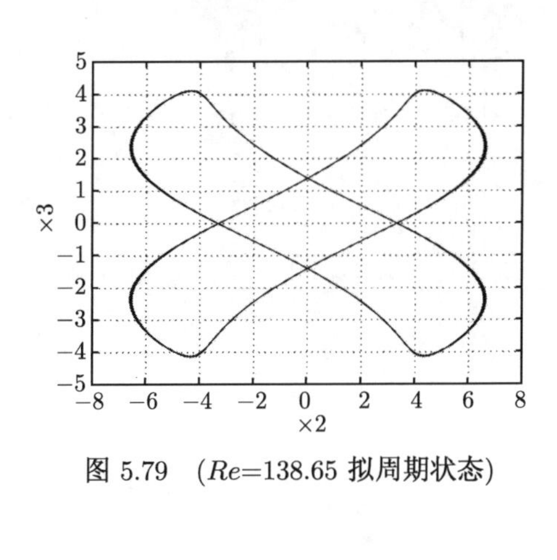

图 5.79 (Re=138.65 拟周期状态)

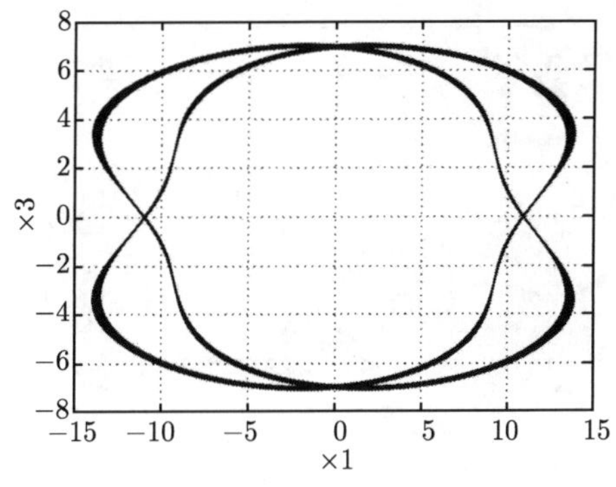

图 5.80 (Re=258.65 拟周期状态)

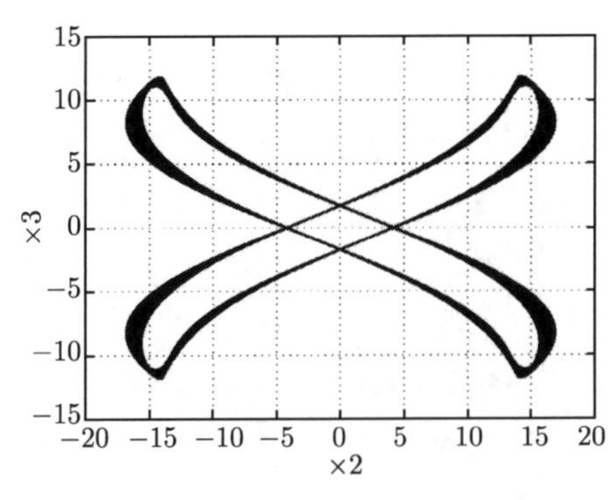

图 5.81 (Re=468.25 拟周期状态)

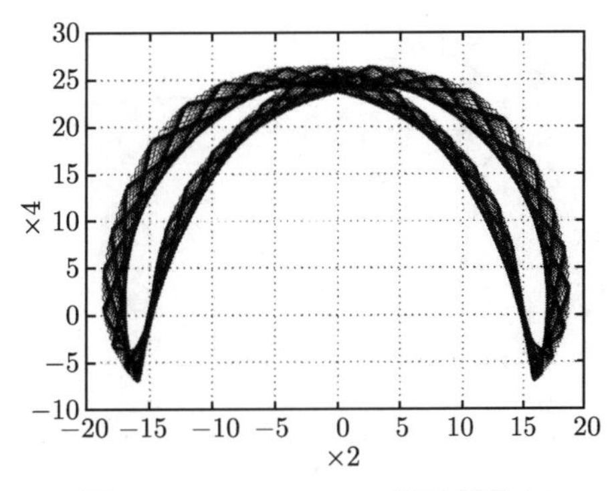

图 5.82 (Re=528.55 拟周期状态)

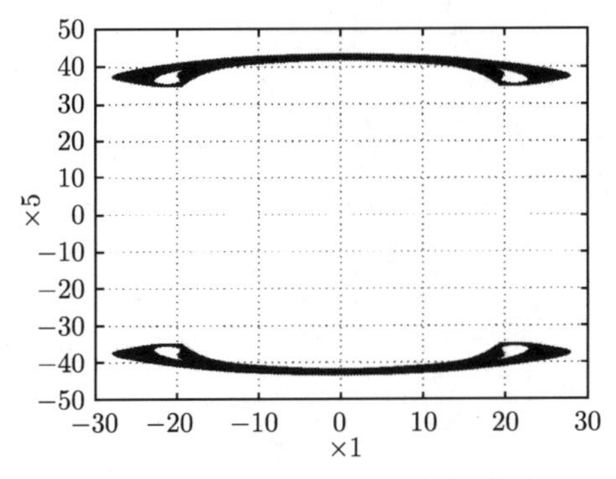

图 5.83 (Re=678.35 拟周期状态)

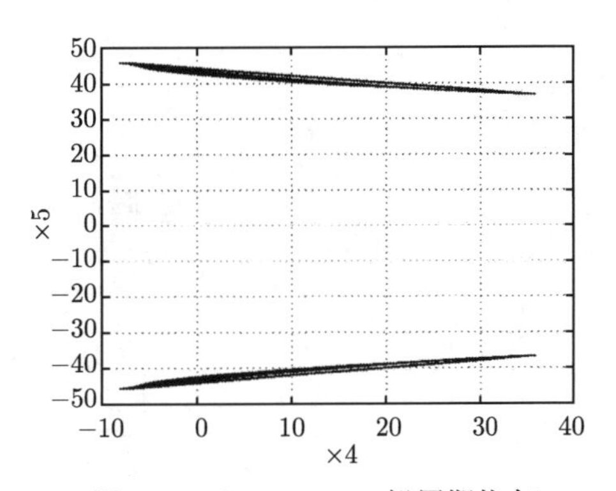

图 5.84 (Re=738.15 拟周期状态)

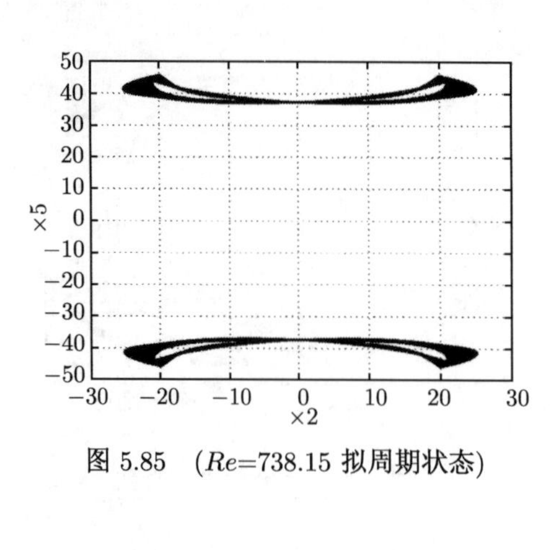

图 5.85　(Re=738.15 拟周期状态)

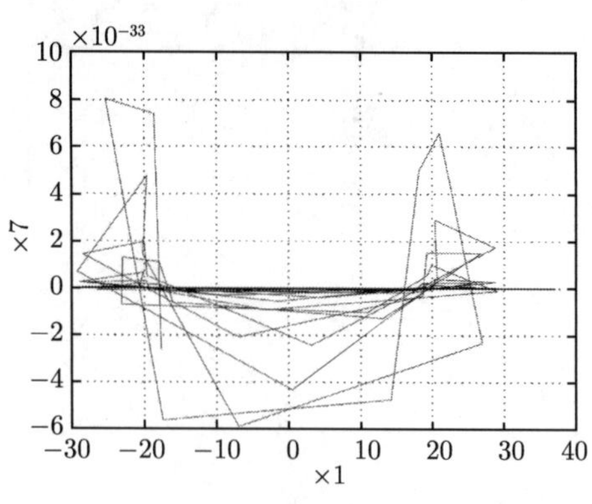

图 5.86　(Re=768.65 拟周期状态)

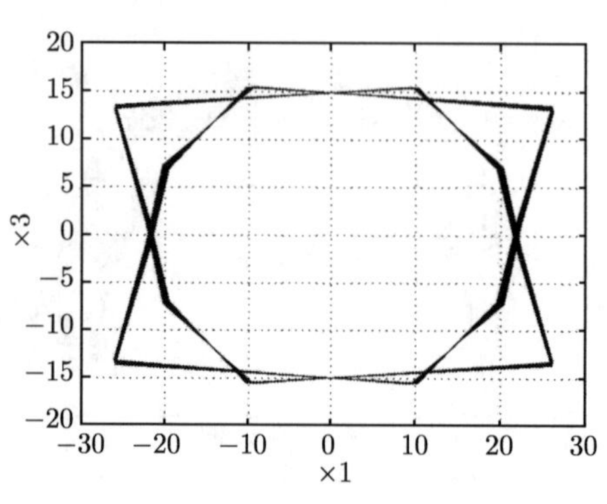

图 5.87　(Re=788.25 拟周期状态)

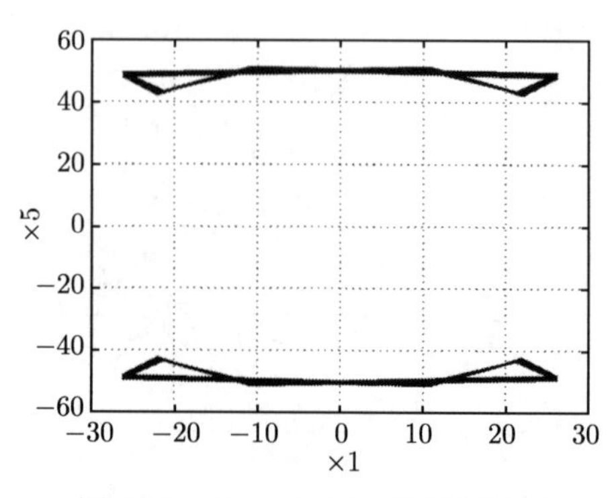

图 5.88　(Re=798.65 拟周期状态)

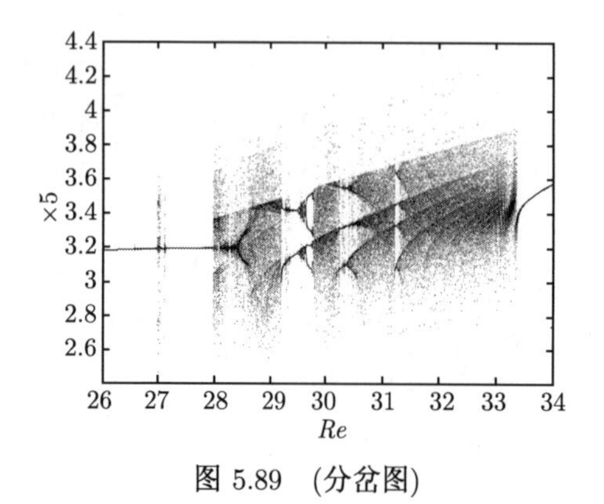

图 5.89　(分岔图)

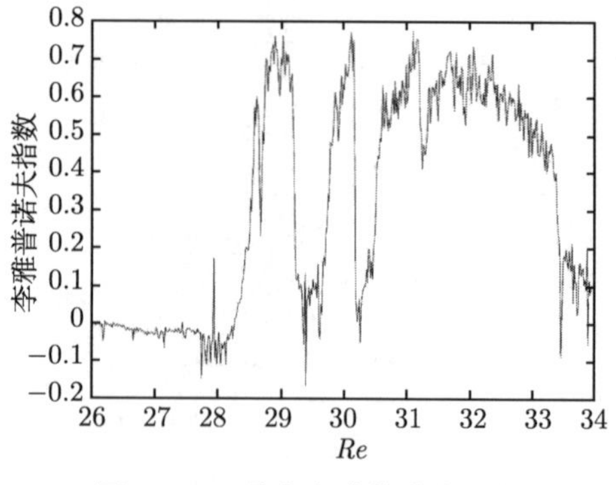

图 5.90　(最大李雅普诺夫指数)

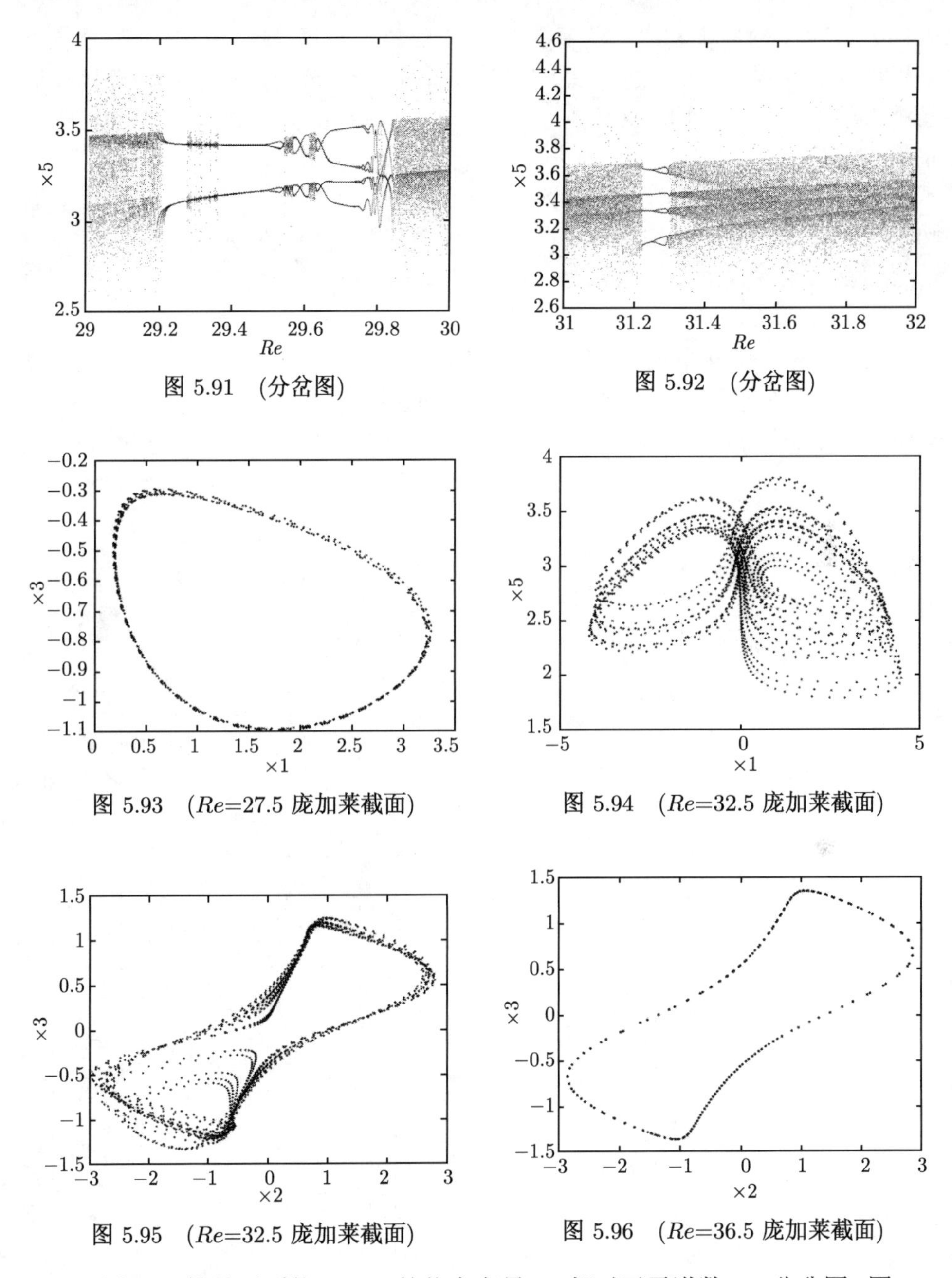

图 5.91 (分岔图)

图 5.92 (分岔图)

图 5.93 (Re=27.5 庞加莱截面)

图 5.94 (Re=32.5 庞加莱截面)

图 5.95 (Re=32.5 庞加莱截面)

图 5.96 (Re=36.5 庞加莱截面)

6) 图 5.89 描绘了系统 (5.11) 的状态变量 x_5 相对于雷诺数 Re 分岔图，图 5.90 是对应的最大李雅普诺夫指数。从图中可以看出，最大李雅普诺夫指数大于 0 的区域与分岔图显示的混沌区域是一致的。图 5.101 和图 5.102 显示了分岔图 5.89 的局部精细结构。从分岔图 5.89，图 5.101，图 5.102 我们能看出系统 (5.11) 转变到混沌整个过程，暂态混沌似乎发生在 $Re = 27.954\cdots$。当 $Re = 29.356\cdots$ 系统进入周期状态，从 $Re = 29.513\cdots$ 系统进入拟周期状态，遵循茹厄勒–塔肯斯路径最终到达混沌 (图 5.53~ 图 5.56)。在 $Re = 30.253\cdots$ 和 $Re = 31.221\cdots$ 时也有类似的情况发生。

7) 图 5.93~ 图 5.98 给出了系统 (5.11) 在一些雷诺数 Re 下的庞加莱截面，图 5.99~ 图 5.102 展示了系统 (5.11) 在不同雷诺数 Re 下的返回映射，图 5.103~ 图 5.106 描绘了系统 (5.11) 在 $Re = 29.51$, $Re = 31.69$, $Re = 36.51$ 和 $Re = 736.5$ 下的功率谱，它们均表明了系统的混沌特征。

8) 从分岔图 5.89 中我们发现混沌区包含明显的周期窗口，在某些雷诺数奇怪吸引子和极限环交替出现。通过精细计算我们获得如下细节：在 $Re = 29.35\cdots$ 奇怪吸引子收缩成对称的极限环 (图 5.53~ 图 5.55)，当 $Re = 31.25\cdots$ 时由拟周期分岔产生的轨道 $\xi_n^{i*}(i = 1, 2)$ 快速连续演化，最终产生混沌吸引集 (图 5.59~ 图 5.61)。

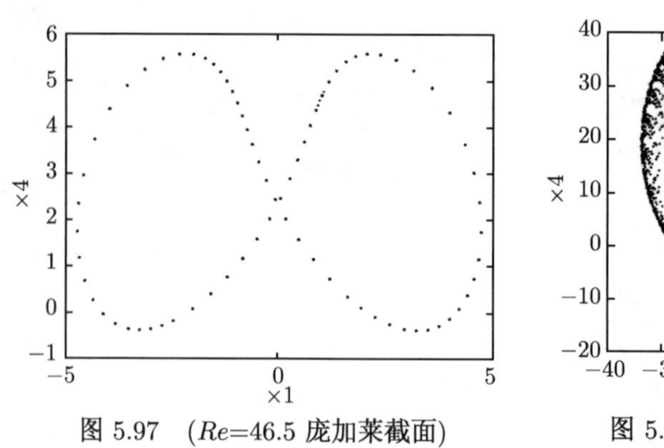

图 5.97　(Re=46.5 庞加莱截面)

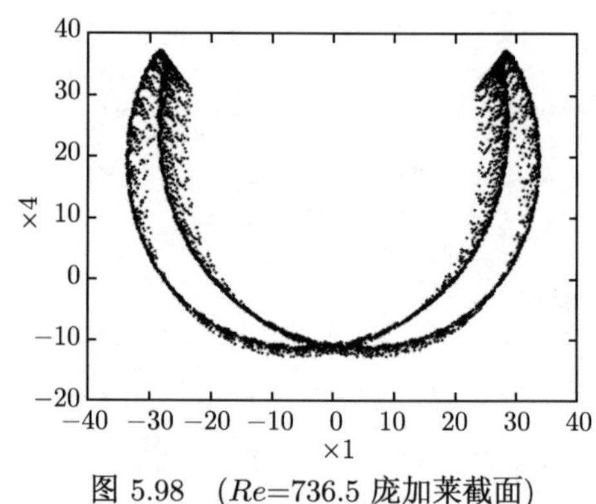

图 5.98　(Re=736.5 庞加莱截面)

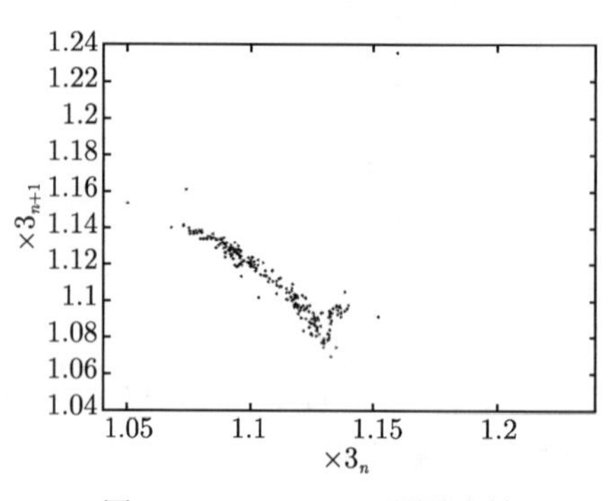

图 5.99　(Re=29.5 返回映射)

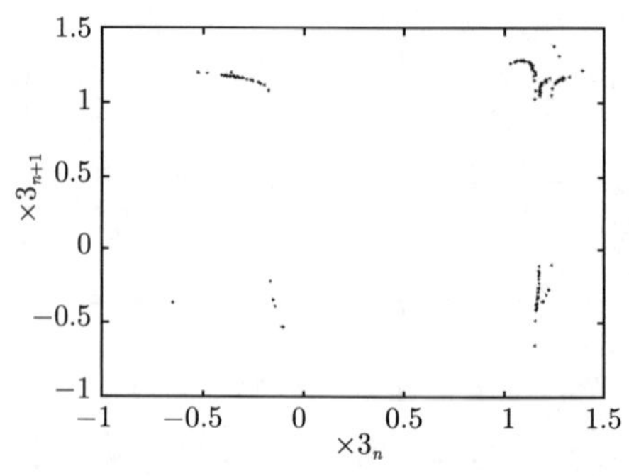

图 5.100　(Re=31.675 返回映射)

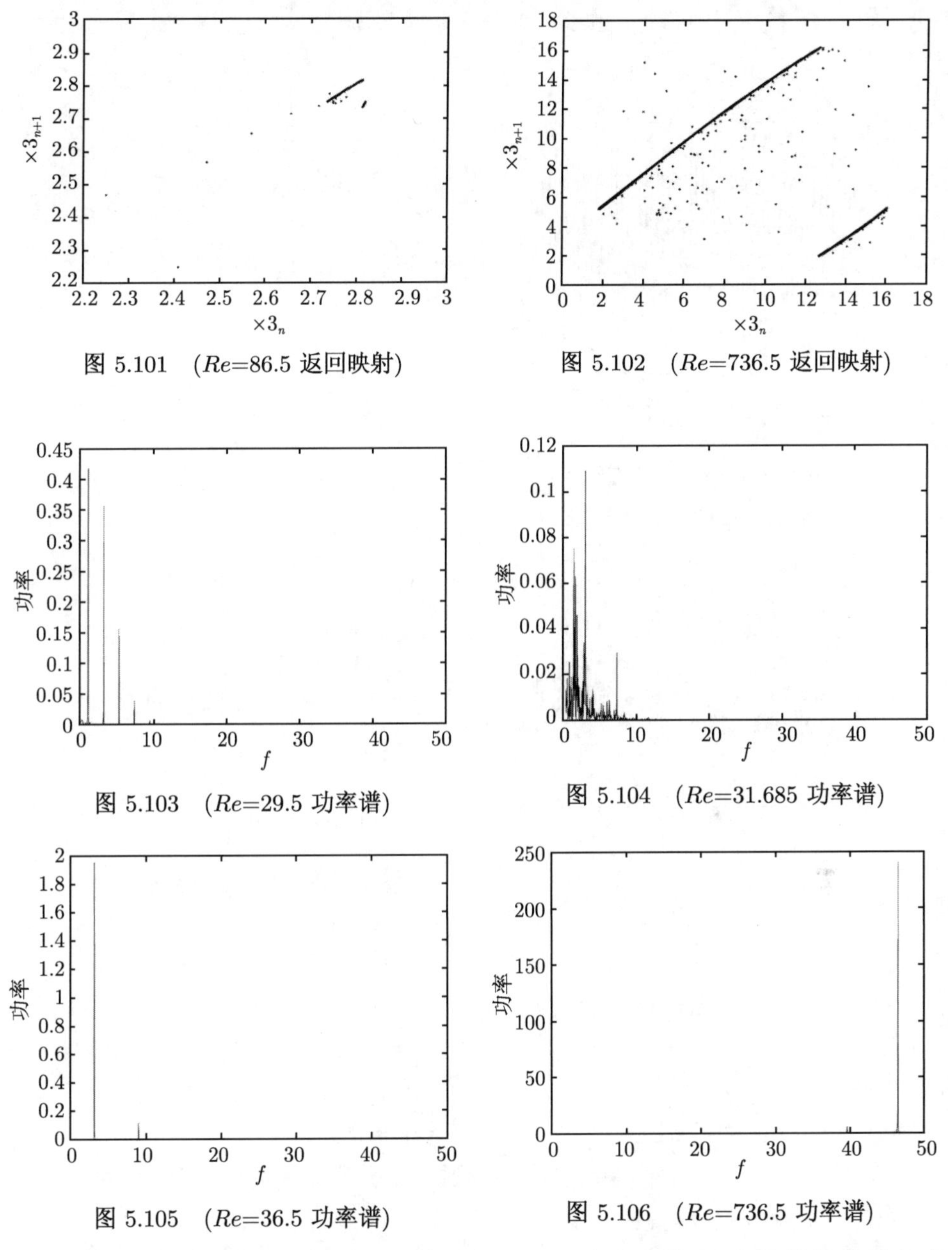

图 5.101 (Re=86.5 返回映射)

图 5.102 (Re=736.5 返回映射)

图 5.103 (Re=29.5 功率谱)

图 5.104 (Re=31.685 功率谱)

图 5.105 (Re=36.5 功率谱)

图 5.106 (Re=736.5 功率谱)

9) 图 5.107∼ 图 5.110 给出了系统 (5.11) 的一些状态轨线, 这些数值结果表明: 在雷诺数 Re 较大的情况下磁场分量趋于 0，并且渐近稳定。当时间 t 大于某个临界值 t_0(与雷诺数 Re 有关) 时, 系统 (5.11) 的轨线都会落在磁场分量的超平面 $x_i = 0$ $(i = 6, 7, 8, 9, 10)$ 上, 随着雷诺数 Re 增加, 时间临界值 t_0 逐渐减小, 随着雷诺数 Re 增加, 磁场分量渐近趋于 0, 在我们的截断模型 (5.11) 中参数 Re 代表外力, 因此, 随着外力的增加, 磁场对系统的影响逐渐减小 (如图 5.108, 图 5.110 所示)。

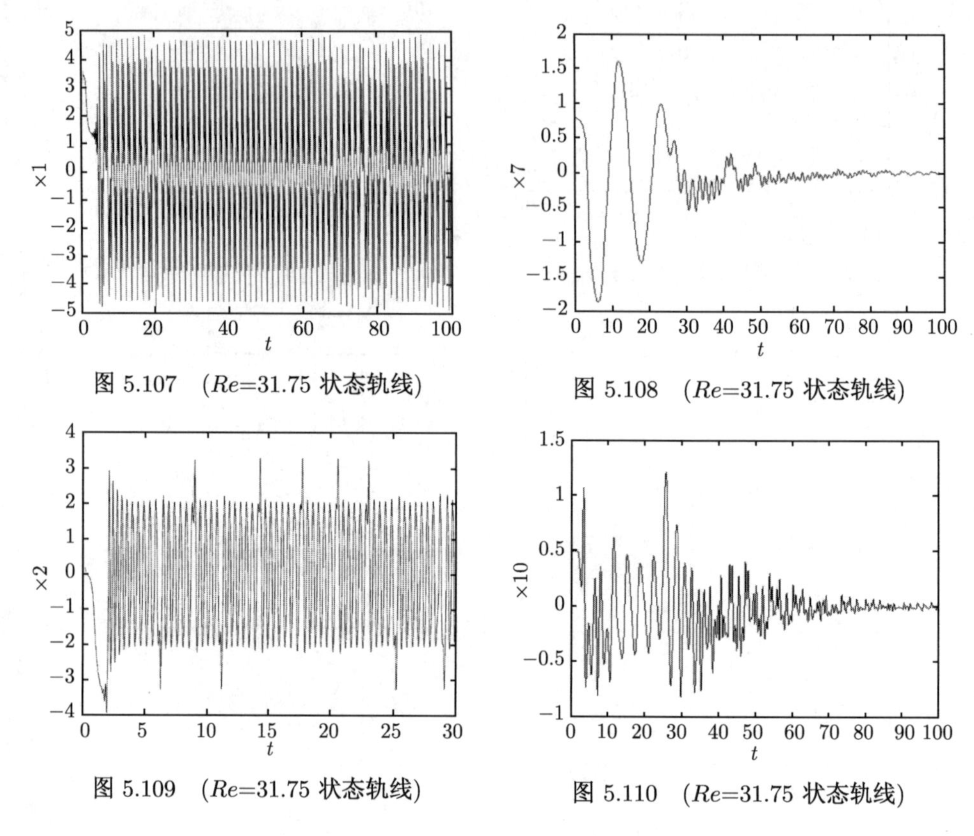

图 5.107　(Re=31.75 状态轨线)

图 5.108　(Re=31.75 状态轨线)

图 5.109　(Re=31.75 状态轨线)

图 5.110　(Re=31.75 状态轨线)

5.2.6　结论

由于我们的五模磁流体系统动力学现象较为复杂，因而有必要给出系统的总结，首先重新定义 Re 的几个临界值，$r_1' = R_3 = 26.215, r_2' = 27.651, r_3' = 28.534, r_4' = 33.252, r_5' = 34.151, r_6' = 94.852$, 总结以上的数值模拟结果得到:

(a) 当 $0 < Re \leqslant r_1'$ 时, 系统 (5.11) 只有一个平衡点;

(b) 当 $r_2' < Re \leqslant r_4'$ 时, 系统 (5.11) 通过无穷分岔序列产生四个对称的无穷序列周期倍分岔轨道 $\xi_n^i (i = 1, 2, 3, 4)$;

(c) 当 $r_3' < Re \leqslant r_4'$ 时, 进一步的无限序列分岔引起了两个对称的结构更复杂的无穷序列周期倍分岔轨道 $\xi_n^{i*} (i = 1, 2)$, 系统产生滞后现象 (周期倍分岔轨道 ξ_n^i 与 ξ_n^{i*} 共存);

(d) 当 $r_3' < Re \leqslant r_4'$ 时, 轨道 $\xi_n^i (i = 1, 2, 3, 4)$ 消失, 轨道 $\xi_n^{i*} (i = 1, 2)$ 变得越来越不稳定, 经由拟周期分岔到达混沌, 类似于文献 [10] 中洛伦兹系统具有两个对称

奇怪吸引子的混沌运动 (湍流) 发生了;

(e) 当 $r_5' < Re \leqslant r_6'$ 时, 奇怪吸引子收缩成对称的极限环, 系统呈现周期状态;

(f) 当 $Re \geqslant r_6'$ 时, 系统进入拟周期状态, 模型展现了拟周期行为。由于所有的数值结果执行到 $Re = 8000$, 一直显示拟周期行为, 我们认为拟周期可能保持到 Re 趋于无穷大, 并且在高雷诺数 Re 的情形下没有稳定的吸引周期轨道存在, 这是与文献 [12] 中五模系统的显著差别, 即由于磁性的影响我们的磁流体五模动力系统没有复制文献 [12] 中五模系统的本质特征。

本节给出并研究了平面正方形区域上磁流体新五模类洛伦兹系统，研究和数值模拟了此新混沌系统的基本动力学性质、分岔、通向混沌的道路等动力学行为，我们发现了拟周期分岔到达混沌、阵发混沌、周期窗口和滞后现象等。借助于最大李雅谱诺夫指数、庞加莱截面、返回映射和功率谱显示了系统的混沌特征。而且全局吸引子的存在性证明和全局稳定性分析在相关文献中没有涉及, 而且我们的讨论方法对其他类似的相关文献中的模型也是适用的。

5.3 非线性系统的数值仿真算法与 MATLAB 程序

5.3.1 常微分方程数值解法与龙格–库塔算法简介

一阶微分方程的初值问题为

$$\begin{cases} \dfrac{\mathrm{d}y}{\mathrm{d}x} = f(x,y) \\ y(x_0) = y_0 \end{cases} \tag{5.19}$$

寻求微分方程初值问题 (5.19) 的数值解，就是求解函数 $y = f(x)$ 在一系列离散点 $x_i(i = 1,2,\cdots,n)$ (称为结点) 上精确值 $y(x_1), y(x_2), \cdots, y(x_n)$ 的近似值 $y_1, y_2, \cdots, y_n$。用数值解法求解微分方程初值问题时，一般按以下步骤:

(1) 引入点列 $x_i(i = 1,2,\cdots,n)$，其中 $x_i = x_{i-1} + h_i(i = 1,2,\cdots,n)$ 称为步长，为了便于使用计算机进行编程计算，一般取步长为定值，即 $h_i = h, x_i = x_0 + ih, i = 0,1,2,\cdots$;

(2) 寻求微分方程的数值求解方法，即寻求 y_{i-1} 计算出 $y_i(i = 1,2,\cdots,n)$ 的递推公式;

(3) 利用 (2) 中的格式逐步求出近似解 $y_1, y_2, \cdots, y_n$。

常用的数值算法包括 Euler 法、改进的 Euler 法、梯形法、龙格–库塔 (Runge-Kutta) 法等，下面简单介绍龙格–库塔方法，其一般形式是

$$y_{i+1} = y_i + h\varphi(x_i, y_i, h) \tag{5.20}$$

其中，函数 $\varphi(x,y,h)$ 具有下列形式

$$\begin{cases}\varphi(x,y,h)=\displaystyle\sum_{r=1}^{p}\lambda_r k_r\\ k_1=f(x,y)\\ k_r=f(x+a_r h, y+h\displaystyle\sum_{s=1}^{r-1}b_{rs}k_s),\quad r=2,\cdots,p\end{cases}\tag{5.21}$$

其中，λ_r, a_r, b_{rs} 等均为常数，$p\geqslant 1$ 为整数。

龙格–库塔方法 [22,23] 是一种在工程上应用广泛的高精度单步算法，用于数值求解微分方程。该算法实现原理如下所述。

利用一阶精度的拉格朗日中值定理对于微分方程：

$$\begin{cases}\dfrac{\mathrm{d}y}{\mathrm{d}x}=f(x,y)\\ y(i+1)=y(i)+h*K_1\\ K_1=f(x_i,y_i)\end{cases}\tag{5.22}$$

当用点 x_i 处的斜率近似值 K_1 与右端点 x_{i+1} 处的斜率 K_2 的算术平均值作为平均斜率 K^* 的近似值，那么就会得到二阶精度的改进拉格朗日中值定理：

$$\begin{cases}y(i+1)=y(i)+h*(K_1+K_2)/2\\ K_1=f(x_i,y_i)\\ K_2=f(x(i)+h,y(i)+h*K_1)\end{cases}\tag{5.23}$$

依此类推，如果在区间 $[x_i,x_{i+1}]$ 内多预估几个点上的斜率值 $K_1,K_2,\cdots,K_m$，并用其加权平均数作为平均斜率 K^* 的近似值，显然能构造出具有很高精度的高阶计算公式。经数学推导、求解，可以得出四阶龙格–库塔公式，也就是在工程中应用广泛的经典龙格–库塔算法：

$$\begin{cases}y(i+1)=y(i)+h*(K_1+2*K_2+2*K_3+K_4)/6\\ K_1=f(x(i),y(i))\\ K_2=f(x(i)+h/2,y(i)+h*K_1/2)\\ K_3=f(x(i)+h/2,y(i)+h*K_2/2)\\ K_4=f(x(i)+h,y(i)+h*K_3)\end{cases}\tag{5.24}$$

一般龙格–库塔法是指四阶而言的，我们可以推导出常用的标准四阶龙格–库塔法公式。龙格–库塔法的优点在于计算过程中可以改变步长，不必计算高阶导数，收敛、稳定并且具有高精度。龙格–库塔方法是以德国数学家龙格 (C. Runge) 及库

塔 (M. W. Kutta) 来命名的，后经不断的改进和发展，至今还被作为高精度的单步法广泛使用。每个龙格–库塔方法都由一个合适的泰勒方法推导而来，其在每步中进行若干函数求值，并消去复杂的高阶导数计算，使得其最终全局误差为 $o(h^5)$。这种方法可用于任意 N 阶构造，最常用的是 $N=4$ 的龙格–库塔方法，它适用于一般的应用程序，因为它准确、稳定、易于编程。许多专家声称，没有必要使用更高阶的方法，因为精度的提高将与计算量的增加相抵消 [22,23]。并且可以使用更小的步长来获得更高的精度。标准 $N=4$ 阶龙格–库塔方法的描述如下：

从初始点 (t_0, y_0) 出发，利用

$$y_{k+1} = y_k + \frac{h}{2} * (f_1 + 2 * f_2 + 2 * f_3 + f_4) \tag{5.25}$$

生成近似值序列，其中

$$\begin{cases} f_1 = f(t_k, y_k) \\ f_2 = f\left(t_k + \dfrac{h}{2}, y_k + \dfrac{h}{2} * f_1\right) \\ f_3 = f\left(t_k + \dfrac{h}{2}, y_k + \dfrac{h}{2} * f_2\right) \\ f_4 = f(t_k + h, y_k + h * f_3) \end{cases} \tag{5.26}$$

运用龙格–库塔方法数值计算编程或用 MATLAB 数学软件 ODE 工具箱求解混沌系统的常微分方程组，从而实现对混沌系统动力学行为的数值模拟[22,23]。

5.3.2 MATLAB 数学软件简介

MATLAB[24,25] 是美国 MathWorks 公司出品的商业数学软件，用于算法开发、数据可视化、数据分析以及数值计算的高级技术计算语言和交互式环境，主要包括 MATLAB 和 Simulink 两大部分。

MATLAB 是 matrix 与 laboratory 两个词的组合，意为矩阵工厂 (矩阵实验室)。是由美国 MathWorks 公司发布的主要面对科学计算、可视化以及交互式程序设计的高科技计算环境。它将数值分析、矩阵计算、科学数据可视化以及非线性动态系统的建模和仿真等诸多强大功能集成在一个易于使用的视窗环境中，为科学研究、工程设计以及必须进行有效数值计算的众多科学领域提供了一种全面的解决方案，并在很大程度上摆脱了传统非交互式程序设计语言 (如 C, FORTRAN) 的编辑模式，代表了当今国际科学计算软件的先进水平。

MATLAB 和 Mathematica、Maple 并称为三大数学软件。它在数学类科技应用软件中在数值计算方面首屈一指。MATLAB 可以进行矩阵运算、绘制函数和数据、实现算法、创建用户界面、连接其他编程语言的程序等，主要应用于工程计

算、控制设计、信号处理与通讯、图像处理、信号检测、金融建模设计与分析等领域。MATLAB 的基本数据单位是矩阵，它的指令表达式与数学、工程中常用的形式十分相似，故用 MATLAB 来解算问题要比用 C，FORTRAN 等语言完成相同的事情简捷得多，并且 MATLAB 也吸收了像 Maple 等软件的优点，使 MATLAB 成为一个强大的数学软件[24,25]。在新的版本中也加入了对 C，FORTRAN，C++，JAVA 的支持。

MATLAB 的特点：

(1) 此高级语言可用于技术计算；

(2) 此开发环境可对代码，文件和数据进行管理；

(3) 交互式工具可以按迭代的方式探查设计及求解问题；

(4) 数学函数可用于线性代数、统计、傅里叶分析、筛选、优化及数值积分等；

(5) 二维和三维图形函数可用于可视化数据；

(6) 各种工具可用于构建自定义的图形用户界面；

(7) 各种函数可将基于 MATLAB 的算法与外部应用程序和语言 (如 C, C++ Fortran, Java, COM 以及 Microsoft Excel) 集成[22,23]。

5.3.3　同轴圆柱间旋转流动库埃特–泰勒流三模态类洛伦兹系统混沌行为的 MATLAB 仿真程序

1. 吸引子程序

```
clear;clc;
global r
r=34.5;
h=0.01;t=0;
ntp=500;x=rand;
y=rand;
z=rand;
rr=[x,y,z]'; for pp=1:4000+ntp
k1=h*tctll3equ(t,rr);
k2=h*tctll3equ(t+h/2,rr+k1/2);
k3=h*tctll3equ(t+h/2,rr+k1/4+k2/4);
k4=h*tctll3equ(t+h,rr-k2+2*k3);
rr=rr+(k1+4*k3+k4)/6; t=t+h;

    if pp>ntp
RR(:,pp-ntp)=rr;
```

```
end
if rem(pp,1000)==0
sign1=pp
end
end

    plot3(RR(1,:),RR(2,:),RR(3,:),'k');hold on;
grid on;
xlabel('x');ylabel('y');zlabel('z');
Title('Lorenz attractors');
```

三模方程程序:

```
function dx=tctll3equ(t,x);
global r
dx=[-10*x(1)+10*x(2)+0.002*x(1)*x(3)/r;
-x(1)*x(3)+2*r*x(1)-x(2);
x(1)*x(2)-(8/3)*x(3)];
```

2. 分岔图程序

```
    function Lorenz-bifur-r
Z=[];
for r=linspace(0.1,350,1000);
(T,Y)=ode45('tctll3fc',[0,1],[1;1;1;10;2;8/3;0.002;r]);
```

注: 这里的 (T,Y) 应为 [T,Y], 否则 LaTex 编译不通, 以下同 (T,Y)=ode45
('tctll3fc',[0,50],Y(length(Y),:));

```
Y(:,1)=Y(:,2)-Y(:,1);
for k=2:length(Y)
f=k-1;
if Y(k,1)< 0
if Y(f,1)> 0
y=Y(k,2)-Y(k,1)*(Y(f,2)-Y(k,2))/(Y(f,1)-Y(k,1));
Z=[Z r+abs(y)*i];
end
else
if Y(f,1)< 0
```

```
y=Y(k,2)-Y(k,1)*(Y(f,2)-Y(k,2))/(Y(f,1)-Y(k,1));
Z=[Z r+abs(y)*i];
end
end
end
end
plot(Z,'bla .','markersize',1)
title('Bifurcation diagram')
xlabel('r'),ylabel('—y— where x=y')

    function dy = tctll3fc(t,y)
dy=zeros(8,1);
dy(1)=-y(4)*(y(1)-y(2))+y(7)*y(1)*y(3)/y(8);
dy(2)=y(1)*(y(5)*y(8)-y(3))-y(2);
dy(3)=y(1)*y(2)-y(6)*y(3);
dy(4)=0;
dy(5)=0;
dy(6)=0;
dy(7)=0;
dy(8)=0;
```

3. 最大雅普诺夫指数程序

```
Z=[];
d0=1e-8;
P=[];
for Re=linspace(0.1,350,100)
Re
lsum=0;
le=0;
x=1;y=1;z=1;
x1=1;y1=1;z1=1+d0;
for i=1:1000
(T1,Y1)=ode45('tctll3ly',1,[x;y;z;2;8/3;0.002;10;Re]);
(T2,Y2)=ode45('tctll3ly',1,[x1;y1;z1;2;8/3;0.002;10;Re]);
n1=length(Y1);n2=length(Y2);
```

```
x=Y1(n1,1);y=Y1(n1,2);z=Y1(n1,3);
x1=Y2(n2,1);y1=Y2(n2,2);z1=Y2(n2,3);
d1=sqrt((x - x1)^2 + (y - y1)^2 + (z - z1)^2);
x1=x+(d0/d1)*(x1-x);
y1=y+(d0/d1)*(y1-y);
z1=z+(d0/d1)*(z1-z);
if i¿500
lsum=lsum+log(d1/d0);
end
end
le=lsum/(i-500);
if i==1000
Z=[Z,le];
P=[P,Re];
end
end
plot(P,Z,'bla -');
title(' 最大 lyapunov 指数')
xlabel('parameter Re'),ylabel('lyapunov exponents')

    function dx = tctll3(t,x)
dx=zeros(8,1);
dx(1,1) =-x(7)*(x(1)-x(2))+x(6)*x(1)*x(3)/x(8);
dx(2,1) = -x(1)*x(3)+x(4)*x(8)*x(1)-x(2);
dx(3,1) =x(1)*x(2)-x(5)*x(3);
dx(4,1)=0;
dx(5,1)=0;
dx(6,1)=0;
dx(7,1)=0;
dx(8,1)=0;
```

4. 庞加莱截面程序

```
Z=[];
(T,Y)=ode45('tctll3pjm',[0,5000],[0.1;0.2;0.3;2;8/3;0.002;10;34]);
for k=1:length(Y)
```

```
if abs(Y(k,1))<1e-2
Z=[Z Y(k,1)+i*Y(k,3)];
end
end
plot(Z,'bla .','markersize',3)
title('3 模 ctl 系统的 Poincare 映像 y=0')
xlabel('x'),ylabel('z')
    function dx = tctll3(t,x)
dx=zeros(8,1);
dx(1,1) =-x(7)*(x(1)-x(2))+x(6)*x(1)*x(3)/x(8);
dx(2,1) = -x(1)*x(3)+x(4)*x(8)*x(1)-x(2);
dx(3,1) =x(1)*x(2)-x(5)*x(3);
dx(4,1)=0;
dx(5,1)=0;
dx(6,1)=0;
dx(7,1)=0;
dx(8,1)=0;
```

5. **返回映射程序**

```
x0=[1 2 0];
tspan = 0:0.01:800;
(t,y)= ode45(@tctll3,tspan,x0);
dzdt = diff(y(:,3));
count = 1;
for i=1:20000-1
if( dzdt(i)*dzdt(i+1) < 0 dzdt(i)¿0 )
z(count) = y(i,3);
count = count+1;
end
end
for j=1:count-2
plot(z(j),z(j+1),'k', 'Marker','.');
hold on
end
title('The Lorenz Map','FontSize',10)
```

```
xlabel('z_n','FontSize',20)
ylabel('z_{n+1}','FontSize',20)
    function dx=tctll3(t,x);
    dx=[-10*x(1)+10*x(2)+0.002*x(1)*x(3)/34;
-x(1)*x(3)+2*34*x(1)-x(2);
x(1)*x(2)-(8/3)*x(3)];
```

6. 功率谱程序

```
(t,u)=ode45('tctll3',[0:2*pi/20:100],[0.1 0.2 0],[]);
figure(1)
Y=fft(u(:,1));
Y(1)=[];
n=length(Y);
power=abs(Y(1:n/2)).^2/(length(Y).^2);
freq=100*(1:n/2)/length(Y);
plot(freq,power,'k')
xlabel('f'),ylabel('power')
```

参考文献

[1] Chen F S, Hsien D Y. A model study of stability of Couette flow. Comm. on. Appl. Math. and Compot., 1987, 1(2): 22-33

[2] Heyan Wang H Y. Lorenz systems for the incompressible flow between two concentric rotating cylinders. Journal of Partial Differential Equations, 2010, 3: 34-45

[3] Avila M, Marques F, Lopez J M, Meseguer A. Stability control and catastrophic transition in a forced Taylor-Couette system. J. Fluid Mech., 2007, 590: 471-496

[4] Avila M, Belisle M J, Lopez J M, Marques F, Saric W S. Symmetric-breaking mode competition in modulated Taylor-Couette flow. J. Fluid Mech., 2008, 601: 381-406

[5] Avila M, Grimes M, Lopez J M, Marques F. Global endwall effects on centrifugally stable flows. Physics of Fluids, 2008, 20(10): 104-121

[6] Czarny O, Serre E. Identification of complex flows in Taylor-Couette counter-rotating cavities. C. R. Acad. Sci. II., 2001, 329(2): 727-733

[7] Chossat P, Tooss G. The Couette-Taylor Problem. Springer-Verlag, 1994

[8] Meseguera A, Avilab M, Mellibovskyc F, Marquesd F. Solenoidal spectral formulations for the computation of secondary flows in cylindrical and annular geometries. European Physics Journal, 2007, 146: 249-259

[9] Teman R. Infinite dimensional dynamic system in mechanics and physics. Appl. Math. Sci., Springer-Verlog, New York, 2000

[10] Lorenz E N. Deterministic nonperiodic flow. Journal of the Atmospheric Sciences, 1963, 20: 130-141

[11] Hilborn R C. Chaos and Nonlinear Dynamics. Oxford Univ. Press, 1994，10-30

[12] Boldrighini C, Franceschini V. A Five-dimensional truncation of the plane incompressible Navier-Stokes equations. Communications in Mathematical Physics, 1979, 64：159-170

[13] Franceschini V, Tebaldi C. A seven-modes truncation of the plane incompressible Navier-Stokes equations. Journal of Statistical Physics, 1981, 25(3)：397-417

[14] Franceschini V, Tebaldi C. Breaking and disappearance of tori. Commun. Math. Phys., 1984, 94: 317-329

[15] 王贺元. Navier-Stokes 五模类 Lorenz 方程组的动力学行为及数值仿真. 应用数学与计算数学学报, 2010, 24(2)：13-22

[16] Franceschini V, Boldrighini C. Sequences of infinite Bifurcations and turbulence in a five-mode truncation of the Navier-Stokes equations. Journal of Statistical Physics, 1979, 21(6)：707-726

[17] Franceschini V, Inglese G, Tebaldi C. A five-mode truncation of the Navier-Stokes equations on a three-dimensional torus. Commun. Mech. Phys., 1988, 64: 35-40

[18] Franceschini V, Zanasi R. Three-dimensional Navier-stokes equations trancated on a torus. Nonlinearity, 1992, 4: 189-209

[19] Teman R. Infinite dimensional dynamic system in mechanics and physics, Appl. Math. Sci., Springer-Verlog, New York, 2000

[20] 李开泰, 马逸尘. 数理方程 HILBERT 空间方法 (下). 西安: 西安交通大学出版社, 1992, 357-366

[21] 刘秉正, 彭建华. 非线性动力学. 北京: 高等教育出版社, 2004, 406-415

[22] 刘宗华. 混沌动力学基础及其应用. 北京：高等教育出版社, 2006, 75-77

[23] 化存才, 赵奎奇, 杨慧, 刘海鸿. 常微分方程解法与数学建模应用选讲. 北京：科学出版社, 2009, 161-164

[24] 苏金明, 阮沈勇. Matlab 6.1 实用指南 (上册). 北京：电子工业出版社. 2002, 1-378

[25] 陈怀琛. MATLAB 及其在理工课程中的应用指南. 西安：西安电子科技大学出版社, 2007, 1-275